2023年度河北省社会科学发展研究课题
城市更新背景下近代唐山陶瓷工业文明记忆整理与遗产保护研究
课题编号：20230204010

近代唐山瓷业

JINDAI TANGSHAN CIYE

鲁　杰◎著

燕山大学出版社
·秦皇岛·

图书在版编目（CIP）数据

近代唐山瓷业 / 鲁杰著. —秦皇岛：燕山大学出版社，2023.12
ISBN 978-7-5761-0577-3

I. ①近… II. ①鲁… III. ①陶瓷工业—手工业史—唐山—近代 IV. ①TQ174-092

中国国家版本馆 CIP 数据核字（2023）第 202831 号

近代唐山瓷业

鲁　杰 著

出 版 人：陈　玉
责任编辑：孙志强　　策划编辑：张岳洪
责任印制：吴　波　　封面设计：方志强
出版发行：燕山大学出版社 YANSHAN UNIVERSITY PRESS　　电　　话：0335-8387555
地　　址：河北省秦皇岛市河北大街西段 438 号　　邮政编码：066004
印　　刷：河北赛文印刷有限公司　　经　　销：全国新华书店

开　　本：787mm×1092mm　1/16　　印　　张：20.5
版　　次：2023 年 12 月第 1 版　　印　　次：2023 年 12 月第 1 次印刷
书　　号：ISBN 978-7-5761-0577-3　　字　　数：342 千字
定　　价：162.00 元

作者按

从缸窑说起

唐山市区东部有个地方叫“缸窑”。600 多年间，唐山陶瓷在这里繁衍生息、风雨兼程。这片方圆不过几公里的土地不仅是当代唐山陶瓷产业的中心，同时也是唐山陶瓷的源起之地。

曾几何时，唐山陶瓷职业技术学校、河北轻工业学院、唐山陶瓷研究所、唐山陶瓷公司、唐山美术瓷厂，以及一瓷、二瓷、三瓷、四瓷、五瓷、六瓷、七瓷、九瓷、十瓷等诸多瓷厂集聚在缸窑及其周边地区。随着城市变迁，如今这些瓷厂、学校均已搬迁，但是“缸窑”这个名字已经根植在唐山人的心中。2018 年至 2019 年，唐山博物馆策划、制作《唐山陶瓷口述历史》纪录片时采访了 20 多位陶瓷界人士，包括陶瓷研究学者、工程师、瓷厂厂长、劳动模范、陶瓷大师、收藏家等，用影像留住陶瓷人心中的这片圣地——缸窑。

原唐山市美术瓷厂厂长、画家崔德喜先生[①]说，缸窑就是他生命中的一个圆。1958 年，他考入校址在缸窑的地方工业学校，毕业后留校任教，从事陶瓷美术教育。1962 年，参军入伍再转业到陶瓷业内，担任美术设计、美术瓷厂厂长，最后到陶瓷技校又回归陶瓷美术教育，职业生涯从教师再到教师，终点回到起点。日子兜兜转转，生命的脚步就在缸窑这片天地来来往往。同学、同事、诸多好友似乎也都以“缸窑”为核心、以“陶瓷”为半径画出属于自己的圆。用崔德喜先生自己的话讲起来更多了一分幽默：“回想这一生，自己就像一头驴，蒙着眼睛，以为走了很远、很久，其实一直在原地画圈。”乍一听，忍俊不禁，一品味，调侃中道出的其实是一份深情。

杨桂林先生生长在陶瓷世家，他的父亲是唐山著名陶瓷艺术家杨荫斋先生。他从小就在缸窑摸爬滚打，缸窑收藏了他童年的快乐。他说，小时候缸窑遍地都是窑场，和小伙们捉迷藏，唐山话叫“藏猫猫”，就在一个又一个大缸里。烧缸的坯房又矮又长，没有窗户，很粗的管子垒砌到墙里当作窗户，

① 崔德喜先生于 2022 年 12 月 12 日去世，享年 82 岁。

冬天把稻草塞进管子里挡风。坯房里有成百个大缸，孩子们藏猫猫，藏到大缸里，负责找的那个孩子要把所有的大缸都看过来才能找到。夏天，暴雨过后，每个大缸里都会存有半缸的雨水，小伙伴们就到缸里洗澡、打水仗。杨桂林先生的这番话如同电影画面：一望无际的大缸、随处可见的笼盔、工业初期城乡交集的集市、孩子们无忧无虑的笑声。

拆迁之前的缸窑秦庄，家家户户用碗笼砌墙（摄于 2018 年春）

那时的缸窑是生动的、活泼的、淳朴的。

对于九十多岁高龄的孙丽生先生来讲，缸窑就是他“平铺直叙”的一生。他说：“在旧社会，我从十六岁开始学徒，后来拜张贺峰为师，在三合义、永立、十瓷、九瓷都干过，后来瓷厂名字改来改去，都记不清了，可是干的活都一样，地方都没离开缸窑。”谈起与他同辈的陶瓷人、和他一起在缸窑工作过的，谢鸿台、周兴武、苗品一、付长兴、张永臣……他感慨地说：“他们都走了，就剩我自己了。”2020 年，孙丽生先生仙逝，唯一的“自己”也走了。

几年前我多次拜访赵鸿声先生[①]和他的老伴高福芝女士。那时二老均已八十五六岁，老两口一个谨言慎行、一个开朗直率，性格互补得恰到好处。夫妻俩都出身于陶瓷世家，在唐山六瓷厂工作，共赴军旅，转业后又回到唐山陶瓷业内。20 世纪七八十年代赵鸿声先生和刘可栋、李远先生一起调研、编纂《唐山陶瓷公司志》。后来这套志书成为研究唐山陶瓷文化的基石。每次到他们家里，我都是以敬仰的心情听他们讲唐山陶瓷的年来岁往。这是唐山陶瓷的故事，这是属于“陶瓷人”的缸窑故事。

如果说唐山陶瓷是一棵树，那么缸窑就是它的根。我无法判定唐山陶瓷今后的发展方向，也无法预知唐山陶瓷将拓展到哪个空间，但我知道，无论唐山陶瓷走向何方，缸窑就在这里，根就在这里。

① 赵鸿声先生于 2022 年 1 月 24 日去世，享年 92 岁。

目　录

第一部分　唐山瓷业溯源

第二部分　近代唐山瓷业形成两大体系

第三部分　主要产品

第四部分　近代唐山日用瓷和陈设瓷艺术特征

第五部分　制瓷工艺流程

第六部分　分配制度

第七部分　产品销售

第八部分　近代唐山陶瓷的文化内涵

附录　民国时期启新瓷厂有关档案资料

第一部分

唐山瓷业溯源

瓷业，早期一般称为窑业、陶业。关于唐山瓷业的起源，有人追溯到新石器时代遗址出土的陶器。例如，距今 7 000 多年的迁西东寨遗址；距今 6 000 多年的西寨遗址；距今 5 000 多年的迁安安新庄遗址等。这些遗址出土的陶器以“筒形罐”为典型器物，属北方兴隆洼—赵宝沟文化及红山文化发展序列，是唐山考古发现的早期陶器。定居、使用磨制石器、种植农作物、驯养动物以及制作陶器是人类进入新石器时代的标志。制陶是新石器时代人类生产和生活的共性现象，并不是哪一地区的特性。在新石器时代之后，唐山在商周、战国、汉、辽金等不同时期的墓葬、遗址也多有陶器出土。例如，丰润龟地遗址出土的商代敛口陶罐、滦县后迁义遗址出土的商代花边陶鬲、滦县韩新庄出土的战国时期陶瓮、滦县塔坨墓葬出土的汉代鲜卑特征的盲耳陶罐等。陶器的出土见证了唐山地区早期文明的发展历程，彰显了古代“唐山人”的智慧，但与后来现代意义上的瓷业并无关联。除了陶器，唐山也出土过一些宋辽金元不同时期的瓷器，在唐山博物馆、乐亭博物馆、迁安博物馆均有展出。这些瓷器大多属缸瓦窑、龙泉务窑、定窑、磁州窑、钧窑产品。截至目前，唐山尚无明代以前本土烧制瓷器的考古发现和文献佐证。1931 年在《工商半月刊》上发表的《调查河北省之陶业》中也未曾提及唐山有沿袭下来的古代窑口。因此，从现有资料看，唐山瓷业依然按照《滦县志》的记载，从明初开始追溯。

一、明初肇始

唐山制瓷源自明初，至今有 600 多年历史。明初洪武及永乐年间为防卫北边、恢复农业生产、开垦土地、增殖人口，在全国推行大规模移民政策，将地少人多的“狭乡”之民迁移到地多人少的“宽乡”之地。明初定都应天（今南京），唐山地区为明之北疆，也是靖难之役的主要地带，地广人稀、荒芜凋零。《明史》《明实录》中关于将其他“狭乡”民众迁至这一带“宽乡”地区的记载比比皆是。如：“迁山西泽（今山西晋城）、潞（今山西长治）民于河北。”[①] 又：“徐达平沙漠，徙北平山后民三万五千八百余户，散处诸府卫，籍为军者给衣粮，民给田。”[②] 洪武“十年（1377 年），移山后降

① ［清］张廷玉等著：《明史 · 食货志一》卷七十七。
② ［清］张廷玉等著：《明史 · 食货志一》卷七十七。

民五百三十户、二千一百口入北平、永平二府”[①]。永乐“二年（1404年）九月，徙山西太原、平阳、泽、潞、辽（今山西左权）、汾（今山西汾阳）、沁（今山西沁源）民万户实北平”[②]。永乐三年（1405年）九月，从山西地区再次“徙民万户实北平”[③]等。无论洪武时期还是永乐时期，唐山一直是移民的输入地。在这场移民运动中，迁入唐山的主要来自山西介休、山东博山[④]。山西移民从“大槐树”[⑤]中转而来，山东移民从“枣林庄”[⑥]集结而至。介休[⑦]和博山[⑧]均为中国传统制瓷窑口，移民拥有制瓷技艺，定居后发现这里有丰富的制瓷原料和煤炭资源，便在耕作之余烧制粗瓷，这就是唐山瓷业的肇始。其中，移民而来的田、范、秦、常四大家族与唐山瓷业的兴起和发展息息相关。四大家族中常氏家族的移民时间是明嘉靖年间，其他三大家族均于明初“永乐二年”移民至此。《田氏家谱》记录：“我田氏一族，肇基自山西汾州府内，寄居在介休司东村中[⑨]。传家既久，永世无穷……爰及永乐二年，转徙永平。”[⑩]范

① 《明太祖实录》卷五。

② 《明太宗实录》卷二一。

③ 关于史料中对“实北平”移民的记载，参见李洪发所著《古代永平府地区移民问题研究》一书，河北大学出版社，2014年，第117页。明洪武二年置北平等处行中书省，治北平府、三十七州、一百三十六县；永乐元年正月，建北京于顺天府，称为“行在”，领八府、直隶州二、属州十七、县一百一十六。时蓟州所领玉田、丰润、遵化三县，永平府及所领卢龙、迁安、抚宁、昌黎、滦州及所领乐亭县，先后为两朝的北平行中书省、京师所领。因此明初唐山地区的移民除明确记载“移民永平”外，所谓“实北平”“实北平各府州县”也应一并考察。

④ 另有江西瓦屑坝、安徽桐城等地移民。李权兴等著：《明初移民考略》，原载《唐山学院学报》，2011年第24卷第1期，第18页。

⑤ 大槐树指山西洪洞广胜寺前的大槐树。洪洞地处交通要道，人口稠密。当初是移民驻员在广胜寺负责集中移民、编排队伍、发放凭照。移民背井离乡后，留在记忆里的就是大槐树和树上的喜鹊窝。因此流传着这样的歌谣：“问我先祖哪里来？山西洪洞大槐树。问我老家在哪里？大槐树上喜鹊窝。”大槐树成为一个移民符号，是故土的象征。

⑥ 很多文章把枣林庄与枣庄混为一谈。据李权兴等著《明初移民考略》记述：“山东兖州有个在淮河两岸声名远播的村庄，此村原名安邱府。明鲁王裔安邱分封于此，始有此称。清康熙初年又称枣林庄，清末复称安邱王府庄，简称安邱府至今。”

⑦ 介休窑是山西省最早发现的一处古窑址，创烧于宋。见冯先铭主编：《中国陶瓷》，上海古籍出版社，2001年，第392页。

⑧ 博山属山东淄博，20世纪70年代淄博地区在磁村发现了瓷窑遗址，从出土标本初步断明磁村窑始烧于唐而终于金。见冯先铭主编：《中国陶瓷》，上海古籍出版社，2001年，第394页。

⑨ 据唐山葛士林先生到山西介休调查，“司东村”应为“师屯村”。在葛士林的调查记录中提道：“师屯村过去做陶瓷，主要是大缸、盆罐，黑釉碗，这里的陶土原料非常丰富，满山都是。”

⑩ 引自《田氏家谱》。

氏家族后裔范星辉口述："老祖范时真与田家于明代永乐二年由山西省汾州府介休县司东村迁至西缸窑。"[①] 秦氏家族后代秦志新所著《唐山秦氏陶瓷世家》一文中称："明永乐二年，秦氏祖先秦保、秦强弟兄二人，由山东枣林庄移民到滦州。"[②]

二、创办"陶成局"

在田、范、秦、常四大家族中，秦家窑业日渐起色。明嘉靖年间秦宽、秦鸿才兄弟始创"陶成局"，由秦家独资，世袭继办。后来常家、杨家、裴家等加入进来，建窑烧缸。《滦县志》记载："滦县陶业有三百余年之历史。"[③] 其 300 余年的历史就是从明代嘉靖年间陶成局的创立开始算起的。

至于为什么陶成局局面昌盛，有一种观点认为陶成局供给遵化汤泉、遵化铁冶厂以及长城戍边官兵的生产及生活用具，使得产品促销。"明代后期，北方边防向长城一带转移……边境官吏、军士大量增加，需要大批用于防御的兵器、用于屯田的农具和生活用具……其生产、盛水、淬火需要大量水缸，使唐山缸窑出现千载难逢的发展机遇。"[④]"陶成局按照官府的规定，利用当地耐火粘土烧制大缸，为遵化铁厂提供生产、生活用具，展示着官窑的基本特色。"[⑤] 然而这些观点未从文献史料中找到佐证。但是据民国时期《庸报》报道[⑥]，1936 年唐山德盛窑业除了在天津设立第一、第二两个销售处外，还分别在迁安、胥各庄、遵化设立了第三、第四、第五售品处，从侧面证明这几个地区有相应的陶瓷产品需求，同时也证明这些地方是货物集散中心，并伴随着频繁的人口流动。

三、东、西缸窑的形成

明初唐山尚无缸窑，缸窑的名称是后来才形成的，移民定居这里后就地

①《唐山陶瓷公司志》编纂委员会：《唐山陶瓷公司志》，内部资料，1990 年，第 1 页。

② 秦志新：《唐山秦氏陶瓷世家》，原载《唐山百年纪事》，中国文史出版社，2002 年，第 205 页。

③ 此《滦县志》为民国版本，所以三百年是自嘉靖至民国算起。

④ 高金山主编：《唐山缸窑地区史》，内部资料，第 131 页。

⑤ 高金山主编：《唐山缸窑地区史》，内部资料，第 131 页。

⑥《庸报》，1936 年 4 月 3 日报道："第三售品处迁安县建昌营东关，第四售品处胥各庄河头镇河北，第五售品处遵化县聚盛转运公司内。"

取材建窑，慢慢形成了缸窑。先有移民，后有缸窑，而不是先有缸窑，后有移民。《田氏家谱》载：永乐二年（1404 年），田家“转徙永平，迁居滦郡，社选曹口，宅卜缸窑”①。《田氏家谱》于清代道光年间修纂，是以道光年间的地理语境进行记录的，只能证明道光年间已有“缸窑”，但无法依此确认缸窑何时形成。

据《唐山史地政治武备沿革略史》记载：唐山在明代“属永平府滦州义丰县及丰润两县管”②，明嘉靖年间秦氏陶瓷世家，在滦州陡河东岸兴建土窑（俗称馒头窑），开办手工作坊，烧制瓷器。以后又有不少人家相继建土窑烧瓷，所烧之瓷器主要是瓮、缸、盆、碗之类，多呈黄黑色。土窑用煤烧窑，火势熊熊，黄黑烟迷漫天际，这些土窑由东向西，断断续续绵亘数里，一直到滦州桥头社一带，形成东缸窑和西缸窑两地。《唐山陶瓷公司志》记述：“明永乐以后，东西缸窑两地居民逐渐增多，散居于若干小庄，如西窑的窑上庄，东窑的秦庄等等。自秦家在东窑建窑办厂后，原自然庄名渐被缸窑特征所代替，人们按其村落位置，称东边的为东缸窑，西边的为西缸窑，两窑之间相隔三里，形成了两个行政村，此即东西缸窑名称之由来。”③ 也就是说，以“陶成局”为中心，向周边不断拓展，逐渐形成缸窑，继而又分为东缸窑和西缸窑，后简化为“东窑”“西窑”。缸窑一带主要聚集着田、范、秦、常、杨、裴等家族。其中，田家、范家主要在“西缸窑”，秦家、常家、杨家、裴家主要在“东缸窑”。

清代，东缸窑、西缸窑均属于滦州开平镇义丰社。在此之前，义丰为县，属永平府滦州，“洪武二年（1369 年）九月以州治义丰县省入”④。当时义丰社村庄主要有：“下庄、杨家庄、赵家庄、屈家庄、东缸窑、帅家河、李家洼、鼓楼庄、陡河庄、李家庄、西缸窑、半壁店、国各庄、王岔道、崔家庄、后屯、周赵家庄、陈家庄、耿家营、椅子山、马家沟、王千庄、尚庄。”⑤ 民国时期，废止屯社。《滦县志》记载：“自民初分区域，废屯社，于是有改变乡村之制。区编若干乡村之小者或二村为一乡，或三四村为一乡。”⑥ 乡里有主村和附村。东窑在第 9 区第 28 编乡，主村是窑上庄，附村有大街庄、下庄、黄庄子、

① 引自《田氏家谱》。
② 唐山工商日报丛书，《唐山事》第一辑，民国三十七年（1948 年），第 8 页。
③《唐山陶瓷公司志》，内部资料，1990 年，第 2 页。
④［清］张廷玉等著：《明史 · 地理志一》卷四十，吉林人民出版社，1995 年，第 593 页。
⑤ 刘秉中著：《昔日唐山》，《唐山文史资料》第十五辑，第 85 页。
⑥ 张凤翰编修：《滦县志》卷三，民国二十六年（1937 年）版本。

会头庄子、秦庄、张庄子，294 户；西窑在第 9 区第 30 编乡，主村也是窑上庄，附村有后店子、前店子，167 户。高各庄、王家庄、张各庄当时与缸窑不在同一区、乡，这些村庄属第 9 区第 31 编乡，其中高各庄为主村，王家庄、张各庄为附村，163 户。随着行政区域的变迁，这一带后来统称为缸窑。

从《滦县志》中的记载可见，东、西缸窑均以窑上庄为主村，东窑窑上庄应是窑上村，也就是上村。其附村中的“下庄”后来也称为下村①。西窑的窑上庄，一直称为窑上庄②。陶成局窑址在西窑窑上庄东口一带。

民国时期，缸窑有窑神庙、真武庙。供奉窑神是东、西缸窑窑主、窑工祈求窑火兴旺的祭祀活动。每年窑神诞辰，必演戏酬神，颇为隆重。据老人们回忆，窑神庙正门朝南，正门里面是二门，过了二门是宽敞的院落，院内有八九尺高的石碑三四座，记载着庙史，其中有碑刻记载缸窑陶瓷生产始于明代永乐年间，目前碑刻已流失。真武庙原坐落在东缸窑大街西端，铁路小涵洞西约一百米路北，因建在十三层石阶之上，乡民简称十三台，

① 东缸窑区域主要由上村、下村构成，其中上村大街古称大河各庄，据长辈人讲在今上村大街东口外有一沙坑，人们称为东沙沟，在沙坑北沿上立有一石碑，上写“大河各庄”。大河各庄是弯道山周边最早的村庄。起初没有上、下村之分，后以唐遵铁路线为界，东为上村，归开平区管辖；西为下村，归路北区管辖。上村大街东西走向，为主街，街西北侧有三关庙，庙西有一条南北道，由大街往南道路东、西两侧共有七条街，东侧由南向北排列为周家街、裴家街、杨家街、工夫市街，西侧由南向北排列为常家街、刘家街、田家街。在上村村南口外有一条南北走向的壕沟，是古代挖掘陶土的遗址，始称常家沟。下村东西走向，由五个庄组成，以张庄子为中，东有黄庄、西有秦庄、南有下庄、北有会头庄，五庄呈回字形。下村有三大庙，最古老的当属张家庙，张家庙建在南北长形水坑南沿的顶上，因庙南宽北窄形似胡萝卜，人们俗称张家庙为胡萝卜坑。最大的庙宇当属下庄真武庙，因大庙建在十三层台阶之上，而得名十三台，三是秦家庙，位于会头庄庄西口内北侧。

② 西缸窑区域内有“窑五庄”和“窑七庄”的叫法。“窑五庄”分别是高各庄、王家庄、小张庄、何家庄、前店子。后王家庄、小张庄、何家庄三庄合体，改称三益村。世代相传，在三益村北三庄共建了庙宇“三益庙”，寓意“三庄共同受益”。以前店子为界，之后的后店子向北在（弯道山）南麓山坡上建庄，最晚来到弯道山南麓区域内的是建在弯道山西山梁之上的窑上庄，因庄东出口外坡下建有缸窑，以窑为参照物，取名窑上庄，至此又有了“窑七庄”之称。最早出现的是高各庄，位居今缸窑路东侧、建华东道北侧。之后王氏族人占居在今缸窑路西侧建王家庄，与路东高各庄东南西北斜向不足一华里。张姓族人沿王家庄向西发展至陡河东岸，起名小张庄。在唐山缸窑一带流传着这样一个传说：何氏族人来到这里，但是弯道山南部一带平整的滩地上已无地可占，官府不得不出面调解，从王家庄西和小张庄东的两庄之间的接合部，各划出一块地给何家，这样何氏家族便在王家庄、小张庄之间建起了何家庄，又从高各庄西南划出一块耕地给何家庄耕种。在王家庄、何家庄、小张庄北建有前店子，前店子位于弯道山南麓河滩平地最北端。

占地五六亩。据《滦县志》记载："在义丰社东缸窑庄，连真武庙三官庙，原共有香火地一顷四十亩。"① 大庙坐北朝南，整个院落呈不等边三角形，南宽北窄、西宽东窄，大门和旁门院内有八九尺高的石碑七八通。正殿东、西长约三十丈，宽约三丈的明柱长廊式建筑，正中间是泥塑真武大帝，两旁泥塑像有周公、桃花仙女、龟蛇二将等，民间也称大庙为周文庙。大庙后院是禅房、住室，1949年后推倒神像，大殿改成教室，成为东缸窑小学校，地震后变成一片废墟，在庙的遗址上建起民宅。唐山博物馆先后在2019年和2021年从缸窑拆迁村庄征集到原真武庙前赑屃②碑座和石碑，碑文记述了清道光十九年重修大庙时的相关情况。

在缸窑南高各庄建有雹神庙。《滦县志》记载："在桥头社高各庄，原有香火地三十七亩。"③ 雹神庙内主殿为雷神殿，供奉着神话传说中的五雷神：即风神、雨神、雷神、电神和雹神，彩色塑像神态各异，栩栩如生。另有两个配殿。唐山雹神庙历史悠久，香火旺盛，端阳节办庙会，庙会、集市设在陡河东岸，"乃春赛酬神，相沿成习，所售之物除农具外，则类多玩物，实无堪供陈列比赛之品"④。沿陡河由北向南绵延数里，是当时唐山的第一大庙会。20世纪50年代，雹神庙被拆除。如今的雹神庙旧址只遗存一棵粗壮的槐树，位于一个三岔路口。三岔路口往东过铁路到陡河东岸，往北通往建华桥，往南沿河西路到达大城山东麓，可达今启新1889工业园区。

四、唐山早期窑业状态

唐山窑业虽然在明嘉靖年间已形成，但是一直不甚发达，多为土法烧制的缸盆等粗瓷产品。即使在明嘉靖年间成立了陶成局，但生产方式、烧制品种依旧，缸窑的数量也不多。"清代咸丰年间，仅有东陶成窑厂数座，迨至民国初年，窑厂日渐增多，出品亦较前精良。民国二十年（1931年）后，始由江西景德镇聘来技术工人，添购机器，开始制造细瓷，经数年之精心研究，

① 张凤翰编修：《滦县志》卷四，民国二十六年（1937年）版本。

② 赑屃，又名龟趺、霸下、填下，龙生九子之长，貌似龟而好负重，有齿，力大可驮负三山五岳。其背亦负以重物，在多为石碑、石柱之底台及墙头装饰，属灵禽祥兽。

③《滦县志》卷四，民国二十六年（1937年）版本。此处义丰社应为废社之前的惯用称谓。

④ 天津市档案馆、天津社会科学院历史研究所、天津市工商业联合会：《天津商会档案汇编》上，天津人民出版社，1989年，《天津商会档案汇编》上，第990页。

出品始能与江西瓷比美。”[①] 据《中国近代工业史资料》记载：“唐山之麓，尚有凿石老坑，采煤旧硐，约数十处；由此而开平东北之缸窑、马子沟[②]、陈家岭、风山、白云山、古冶等处，目睹民间开煤者约二十余处；凿石烧灰，设窑烧炭，凿矸子土烧陶器砖瓦者，又不下二三十处；每处多则一二百人，至少亦有数十人作工。”[③] 光绪三十一年（1905 年）五月七日《直隶工艺总局调查直隶省各地土产记略目录》记载：“永平府滦州缸窑镇与开平镇等处，有窑烧造大小缸只、盆、碗等类，质粗而价廉。”[④]宣统元年（1909 年）七月初十日，唐山商务分会为呈复事：“缸窑所造之大小各样缸罐以及盆碗一切等物，虽属销路较远而制造仍循旧制，未有机器。”[⑤]

1931 年的《调查河北省之陶业》报告中总结了彭城、唐山旧式陶业的三个特点：第一，“两地陶业之原料，皆取于附近地带”[⑥]。也就是说都是就地取材烧瓷。而两地陶器之制法，亦皆由经验中得来，非具有科学上研究者，即此种旧式工业特点之一。第二，“为此种窑业与当地农业及居民经济生活时间上之配合，唐山陶业昔日原为农民副业，当农作暇日，每年冬季每窑烧磁两次，余时则概置而不用”[⑦]。第三，“两地磁器产类虽多，而各窑店营业规模则甚为狭小”[⑧]。1931 年《工商半月刊》发表的《调查河北省之陶业》中记载：“唐山陶业位于距唐山市三英里地方，距今三十年前，窑数不过二三十座。”也就是说，在 1900 年左右，不过有二三十座缸窑。1932 年《工商半月刊》再撰文：“距今三十年前，尚不甚发达。”

唐山制瓷自明初肇始，在嘉靖年间创立陶成局，但直到清代晚期，这种发展均处于自然“量变”的过程，产品以粗瓷的缸、碗、盆为主，从形式上未能脱离手工作坊的局面。清末洋务运动的兴起，开平矿务局的创立为唐山瓷业的发展带来新的契机。

---

① 唐山工商日报丛书，《唐山事》第一辑，民国三十七年（1948 年），第 37 页。

② 马子沟，即马家沟。

③ 孙毓棠：《中国近代工业史资料》第一辑下，第 613 页。

④《天津商会档案汇编》上，1989 年，第 979 页。光绪三十一年五月七日（1905 年 6 月 9 日）《直隶工艺总局调查直隶省各地土产记略目录》。

⑤《天津商会档案汇编》上，1989 年，第 990 页。

⑥ 戴建兵编著：《中国磁州窑史料集》，北京：科学出版社，2009 年，第 37 页。

⑦ 戴建兵编著：《中国磁州窑史料集》，北京：科学出版社，2009 年，第 38 页。

⑧ 戴建兵编著：《中国磁州窑史料集》，北京：科学出版社，2009 年，第 38 页。

第二部分

近代唐山瓷业形成两大体系

唐山被誉为“中国近代工业的摇篮”。清末洋务运动中李鸿章、唐廷枢等人创办开平矿务局并建立了中国第一座机械化采煤矿井——唐山矿一号井。从此，唐山以煤矿为中心形成了铁路、机车、水泥、纺织等一系列工业企业，中国第一条标准轨距铁路、中国第一台蒸汽机车、中国第一桶机制水泥、中国最早的卫生瓷均诞生在这里。随着近代工业的发展，唐山瓷业随之兴起，并形成两大体系，即“缸窑体系”和“启新体系”。这两大体系在发展过程中相互影响又各具特色，开启了唐山陶瓷工业化和社会化生产的新纪元，使并非传统窑口的唐山一跃成为中国重要陶瓷产区，从而在近代中国陶瓷业中占据了一席之地。1931 年的《调查河北省之陶业》中提道：“就河北一省言，制造粗陶器地方虽所在多有，然语其大者，陶业中心点实不外两地：一为彭城，占全省出品百分之六十；一为唐山，占全省出品百分之四十。”[①] 由此可见，近代唐山的陶瓷生产几乎占据了河北陶业的半壁江山，与千年窑火不息的磁州窑平分秋色。

一、“缸窑体系”的形成与发展

开平矿务局的创立为缸窑的瓷业发展带来契机。“迨至民国初年，窑厂日渐增多，出品亦较前精良。”[②]“民十五年以迄三十二年（即 1926 年至 1943 年）为全盛时代”[③]，“唐山陶业位于距唐山市三英里地方，距今三十年前，窑数不过二三十座。尔后年有增加。今则窑数不下百座，有窑店四十家经营之。近年兵匪为灾，彭城陶业大受不良影响，而唐山陶业则仍有长足之发展”[④]。按此调查所述，1900 年前后唐山只有 20 ～ 30 座窑，而至 1930 年达到不少于 100 座窑，从数量上可见一斑。

缸窑分为东缸窑和西缸窑。西缸窑有公聚成、德顺隆、义盛局等规模较大的瓷厂，职工百余人，其余各厂职工几十人不等。民国十一年（1922 年）四月直隶省第一次工业观摩会得奖名录[⑤] 中记载西缸窑的“滦县德顺兴”的瓷器获化学类超等奖[⑥]。东缸窑以秦家为核心，形成了新明、德盛、东陶成三

① 戴建兵编著：《中国磁州窑史料集》，北京：科学出版社，2009 年，第 36 页。
② 唐山工商日报丛书，《唐山事》第一辑，民国三十七年（1948 年），第 37 页。
③ 唐山工商日报丛书，《唐山事》第一辑，民国三十七年（1948 年），第 37 页。
④ 戴建兵编著：《中国近代磁州窑史料集》，科学出版社，2009 年，第 49 页。《1931 年河北省工业分类统计陶业和商业分类统计瓷器业》之《调查河北省之陶业》。
⑤《天津商会档案汇编（1912—1928）》，1996 年，第 3083 页。
⑥《天津商会档案汇编（1912—1928）》，1996 年，第 3095 页。

大瓷厂。据《唐山陶瓷公司志》记载，20 世纪 20—40 年代，东缸窑的三大瓷厂“资本总额、生产规模和用工人数及产品产量，可占唐山整个陶瓷工业的百分之七十以上”[①]。以这三大瓷厂为中心，整个缸窑一带形成陶瓷产业聚集地。缸窑的居民绝大部分从事窑业，且工资不低，生活比较优越。“窑分东西，形成对峙之势，外有陡河环抱，风景绝佳，住户以万计，制瓷工厂，凡八十余座，厂址宏大。”[②] 又：“男女工人多至三千余名。”[③] 由此可见，这一时期缸窑非常繁荣兴旺。“缸窑[④]资本自千元至万元不等，组织经理会计各一人，工人及工徒自二三十人至百人不等。工资每人每日四角上下，生产量每年约产三五千件，或一二万件。原料全出自本地，销路亦能行销各省。”[⑤] 20 世纪 40 年代后期，由于时局困难，出现交通梗塞、燃料断供、运费增加、税收摊派等诸多问题，缸窑窑场陷入危机。

（一）依托开平矿务局获取资本积累

清末，陶成局由秦氏家族后代秦履安经营，他拿到开平矿务局烧制矿井缸砖的订单，在原有生产缸、盆等粗瓷产品的基础上招收工人兼制缸砖，添置新设备，采用机器生产。据史料记载，秦履安亲自设计这些缸砖，缸砖结实耐用，满足了开凿矿井的需要。后又在古冶、林西建缸砖厂，专供矿井之用，获益颇丰。反过来，再用烧制缸砖获取的利益投资瓷业，添置新式设备，改变以前家庭作坊式的生产模式，成为具有工业化经营模式的陶瓷企业。

那么，陶成局为何能够获取开平矿务局的订单？除了陶成局本身的窑业基础外，张佩纶起了关键作用。

以开平矿务局为媒介，李鸿章、张佩纶、唐廷枢紧密联系在一起。首先，李鸿章与张佩纶之间本为世交，后来又进一步发展为翁婿关系。张佩纶（1848—1903），字幼樵，又字绳庵，号篑斋，又号言如、赞思。直隶丰润县齐家坨人（今唐山丰润齐家坨村），其父张印塘。太平天国起事后，清咸丰三年（1853 年），张印塘担任安徽按察使，“与回乡兴办团练的李鸿章

① 王长胜、李润平主编：《唐山陶瓷》，华艺出版社，2000 年，第 32 页。
② 《唐山事》第一辑，1948 年，第 37 页。
③ 《唐山事》第一辑，1948 年，第 37 页。
④ 此处的缸窑指烧制缸的窑，而非地名。
⑤ 《滦县志》卷十四・实业之陶业，民国二十六年（1937 年）版。

在战事中形成患难之交”[1]。后张佩纶成为政坛官场的新生代，“清流”[2]健将，也是军机大臣李鸿藻[3]的重要谋士。“张佩纶运用世交子弟的特殊身份，成为连接李鸿章和李鸿藻关系的联络人。”[4]张佩纶原配夫人去世后，李鸿章将其女李菊耦嫁与张佩纶。其次，李鸿章与唐廷枢属极为亲密的上下级合作伙伴关系。唐廷枢，号景星，广东香山人。其幼年在香港受过较系统的西方教育，精通英语。他先后在港英政府机关和上海海关任职。后又受雇于怡和洋行，被提升为总买办。唐廷枢多年买办生涯使其积累了巨额财富，并同华商有广泛联系，成为华商的“领袖与代言人”。为了提高自己的社会地位，唐廷枢在担任怡和买办期间，捐买了福建道的官衔，从此具有亦商亦官的双重身份。李鸿章起用唐廷枢经营管理“上海轮船招商局”，之后又一起创办“开平矿务局”，唐廷枢任总办。李鸿章知人善任，唐廷枢务实负责，二人相得益彰，为中国近代工业的发祥和发展作出了贡献。最后，张佩纶与唐廷枢的关系源自李鸿章。开平矿务局距离张佩纶的家乡丰润仅十余公里，唐廷枢作为矿务局总办，在李鸿章的授意下，当张佩纶回乡省亲时给予特别关照，并且安排张佩纶的亲属多人到矿务局任职。例如，清光绪五年（1879年）秋季，张佩纶为了安葬亲人需回归故里。李鸿章责成唐廷枢安排照顾张佩纶回乡时的交通、食宿事宜。据《张佩纶日记》记载：“光绪五年（1879年）九月初三日（10月17日），晴。合肥相公命开矿之道员唐廷枢送行，以小火轮船带余舟而前，七里海、塌河淀与河连成一片，潮平湍急，顺风相送，行一百六十里至芦台泊。”[5]又：“初四日（10月18日），晴。唐君舟乏煤，辞之。顺风行一百八十里至丰台丰乐桥下，族人佩续、

① 姜鸣整理：《李鸿章张佩纶往来信札》，上海：上海人民出版社，2018年，第1页。

② 所谓“清流”是指“清流党”，以张佩纶、张之洞、陈宝琛、黄体芳“翰林四谏”为首。这些人的特点是科举正途出身，特别是为翰林院、詹事府和御史台的官员。他们崇尚君主制度，敢于直言上谏，对于改善清朝末年之中国现况颇有助益。但被慈禧等统治者利用，用来牵制恭亲王奕䜣和以李鸿章为首的地方实力派。一时间台谏生风，争相弹击，凌厉无前，清流煊赫一时。

③ 李鸿藻（1820—1897），河北保定人。晚清“清流”领袖，主战派重臣之一。咸丰二年（1852年）进士，选庶吉士，授编修，督河南学政。同治元年（1862年），被提拔为侍讲，深受慈禧的信任，累迁内阁学士，署户部左侍郎。后历任礼部尚书、协办大学士，调吏部尚书等。

④ 姜鸣整理：《李鸿章张佩纶往来信札》，上海：上海人民出版社，2018年，第4页。

⑤ 谢海林整理：《张佩纶日记》上，《中国近现代稀见史料丛刊》第二辑，南京：凤凰出版社，2014年，第24页。

佩纪、表弟孙履庆已俟六日矣。”[①] 同时，唐廷枢还把开平矿务局的“风水师”李锡蕃介绍给张佩纶，为他家墓地察看风水，“唐君延江西李锡蕃昌言来局，精堪舆，特荐与余”[②]。从此，张佩纶与唐廷枢交往甚密。张佩纶的多个兄弟均到开平矿务局工作，唐廷枢给予关照。这在《李鸿章张佩纶往来信札》及《涧于日记》中屡有记载。如，在《张佩纶日记》中：光绪五年（1879年）“（九月）十三日（10月27日），晴，大风。送锡蕃还唐山，道出中门庄，询吴仁波家，则零落难言矣。为之立马踟蹰。先是唐山开矿，欲延公正绅士与居民联络，苦无其人，又欲开王兰庄故河以利运，合肥意属四兄，恐不屑就。唐观察屡以为请，兄勉允之，遂与司道公请入局筹浚水道”[③]。在《李鸿章张佩纶往来信札》中对此事也有应证：“胞兄佩经承夫子一言，矿局移请筹办水利，此尚士大夫乡居应为之事，虽为贫，犹不害于义，遂于九月下旬送胞兄佩经到局，携弱弟同去。衣食之谋，皆恃吾师煦育，任昉孤儿亦可愧矣。知蒙系念，琐屑布之，敬谢。”[④] 十月廿日李鸿章给张佩纶的回信中提及：“令兄由矿局移请筹办水利，讲求既熟，实系裨益民生之事，矧形势风土，素所谙悉，随宜措注，当可事半功倍。”[⑤] 光绪六年（1880年）三月[⑥]张佩纶致李鸿章信：“家兄承称奖甚至，但千万勿向唐道称奖，但在局托芘坐论足矣。一经理事务，不过一年之期，徒多纷扰。且吾师之言，唐道奉为神明，信用过专，恐多窒碍。受业先在蜀中，谁有议其兄者？设将矿局办有未妥，殊负吾师一番煦植之厚矣。家兄携一弟在局，早年废学。势不能及受业之拘谨，且葬事办理一切借资局中者不少，此皆受业自愧之处也。”[⑦] 由此可见，李鸿章对张佩纶家族兄弟关照异常，同时也窥见唐廷枢对李鸿章发自心底的“忠诚”与“是从”。

张佩纶与缸窑田家、秦家均有亲缘关系。“田家”是张佩纶嫡母的兄弟家，也就是张佩纶的舅父家。张佩纶生母为毛氏，嫡母为田氏。据张佩纶会试朱卷记载，其嫡母田氏乃滦州太学生、讳秀实公女（图 2-1）[⑧]。庠生[⑨]

---

① 谢海林整理：《张佩纶日记》上，第 24 页。
② 谢海林整理：《张佩纶日记》上，第 24 页。
③ 谢海林整理：《张佩纶日记》上，第 25 页。
④ 姜鸣整理：《李鸿章张佩纶往来信札》，第 9 页。
⑤ 姜鸣整理：《李鸿章张佩纶往来信札》，第 13 页。
⑥ 原文记录：“本函无日期，当在三月下旬张佩纶在天津之时”。
⑦ 姜鸣整理：《李鸿章张佩纶往来信札》，第 25 页。
⑧ 刘天昌提供。
⑨ 古代学校称庠（音 xiáng），故学生称庠生，为明清科举制度中府、州、县学生员的别称。

名棫、朴公胞姊。东、西缸窑旧时乃滦州属地，故张佩纶的外祖父田秀实一家或舅父田棫、田朴兄弟某支在西缸窑居住。从日记中可以发现，张佩纶对田氏这个嫡母非常敬重，而嫡母对他也关爱有加。光绪十五年（1889年）五月二十五日（6月23日）：“晴。今日田太淑人生日也。太淑人之贤慈，非一二语所能罄。于诸子，晚最爱余，乃自丁卯弃养，不及见不肖一第也。二十二年于兹，而佩纶濩落无所容，上隳家声，内惭慈训，为之惘然者竟日。子若孙无贤者，而余为时所弃，学日荒而年日老矣，恐无以副太淑人之明诲也。”[①] 张佩纶与缸窑秦家的关系更为密切。其长姊的女儿嫁到缸窑秦家。丰润谷氏家族的谷寿春娶张佩纶长姊为妻，生一子一女。谷寿春的女儿长大以后，嫁给东缸窑的秦履安。谷氏家族是丰润的名门望族。按《冀鲁豫谷氏族谱》[②] 记录：谷寿春，乃丰润县大安乐庄谷秉臣之子、谷静源之孙、谷昀之曾孙。其子谷绍绪，生于道光年间。《涧于日记》中也有记载：“履安娶谷氏姊女，生四男，三世聚居，真率有味，令人深羡其人伦之乐，便觉桃源犹在人间。”[③] 由此可见，田家是张佩纶的舅父家，张佩纶是秦家秦履安夫妻的舅父。

夫人
氏靳 太學生諱維幾公女 嘉慶己卯科舉人磁
州教諭諱璪曾公胞妹
誥封淑人 晉贈夫人
父印塘 號雨樵 嘉慶己卯科舉人 道光乙未大挑一等
分發浙江候補知縣歷任建
德仁和縣知縣海寧州知州
石浦同知杭州嘉興溫州府
知府 特授安徽分巡安徽
甯池太廣兵備道督理蕪湖
鈔關雲南按察使司按察使
安徽按察使司按察使兼署
安徽巡撫布政使司布政使
誥授通議大夫 晉封資
政大夫按察使司按察使加
二級
妣氏田 太學生諱秀實公女 生名棫樸公胞姊 誥

图 2-1　张佩纶会试朱卷

张佩纶多次来到缸窑，在田家、秦家停留。《张佩纶日记》记载：光绪五年（1879年）九月初九（10月22日），“同四兄至缸窑舅氏，时母舅已下世，两表弟福长二十五岁，福鸿十九岁，奉其生母以居。逆风行五六十里，甚苦。”[④] 光绪六年（1880年）三月二十八日（4月7日），张佩纶又只身来到舅舅家。其日记记载：“晴。至缸窑田表弟处谢。”四兄指张佩统，张佩统是张佩纶的长兄，但是在家族中排行第四，故称之为“四兄”。张佩纶“至缸窑

① 谢海林整理：《张佩纶日记》上，第216页。

② 谷氏族谱编委会编：《冀鲁豫谷氏族谱·河北丰润卷》，第十二卷，燕喜堂藏版，第340页。

③［清］张佩纶撰：《涧于日记》，清末民初文献丛刊，北京：朝华出版社，2018年，第156页。

④ 谢海林整理：《张佩纶日记》上，第24页。

田表弟处谢”之后，晚上“宿东缸窑秦履安甥婿家中”。[①]张佩纶在日记中对缸窑及秦家作了简要记录：“缸窑距唐山十二里，家多业陶者，垒石为垣，覆以碎甓残瓿，饶有野致。履安所居，曰东缸窑，去田氏又五六里。父寄（继）商，年六十四，敦厚古拙。履安娶谷氏姊女，生四男，三世聚居，真率有味，令人深羡其人伦之乐，便觉桃源犹在人间。吾辈动遭忧患，欲买山而隐，作乐志之问，赋闲居之篇，岂可得乎？中怀怅触者久之。甥女请名其子，命之曰庠、度、廉、庚，四子之师曰王秀才桀森，劬于读，所讲《登瀛社稿文》有余作，曰：慕子久，读子文烂熟矣。余愕然，出文见示，则赝作也。余感其意，为论向学之道。秀才颇奋勉。余期球后再过秦氏，证所业焉。”[②]

当开平矿务局矿井需要缸砖时，一方面陶成局具备供给实力，另一方面秦履安因亲属关系获取订单。

（二）以秦家三大瓷厂为中心形成陶瓷产业聚集地

秦家所属东陶成、新明、德盛三大瓷厂，在洋务运动这一特殊的历史机遇中，积极融入近代工业的大潮，带动了缸窑一带瓷业发展。通过对《唐山陶瓷公司志》以及唐山博物馆收藏、私人收藏的各类带“厂名款”瓷器的整理，缸窑地区的瓷厂目前梳理出 112 家[③]。如下：

陶成局、永庆局、东陶成、新明、德盛、义盛局、庆和成、真成局、三合义、三成局、建兴、裕发成、裕成局、泰成局、同成局、天德、谦益恒、世和顺、裕兴成、辅顺、瑞兴、振义、永立、天兴成、德顺隆、德顺局、德顺兴、新华、裕成隆、合成、祥瑞增、西裕成、东裕成、华兴、益顺成、峻成局、万和局、广泰成、益顺兴、广裕兴、广顺兴、公益、义源、劳工、工民、义和成、公巨成、复生一厂、克田、一志、德华、公利、建华、兴华、本茂局、德盛成、农民、东来局、双义成、工农、农工、合记、汉记、鸣远、声远盆厂、复盛局、文记磁厂、天义成、宝善兴、致远成、广裕昌、忠义、顺兴、良辅、祥泰成、公聚成、李鹤龄、周锡嘏、贞记合作窑厂、王栋臣、公平、浚源、永庆隆、余庆局、本发局、同昌、大同局、永信局、公顺

① 谢海林整理：《张佩纶日记》上，第 41 页。
② 谢海林整理：《张佩纶日记》上，第 41 页。
③ 统计数字中大厂分化的系列瓷厂，如东陶成系列、新明系列、公顺和系列等只按一家计入，不包括缸局和瓷庄。

和、集成、桐昌顺、东昌、宏成、巨成、大和、宝顺德、同兴、正大、张家窑、李家窑、同成、杨明、同合、东兴、东全顺、实业瓷厂、国货瓷厂等。

唐山在“1940 年 5 月各厂组成陶业公会，以晁幼德为公会会长，会址设在亮甲坨”④。1942 年“唐山市同业公会统计表”⑤中，陶业公会会长依然是晁幼德，所属商号是瑞信缸局，建号于 1940 年 5 月，同行 13 家。瓷业公会会长韩兆祥，公会会址在广东街，同行 21 家。韩兆祥所属商号为广发合，广发合建于 1931 年 4 月。各行业公会会长都是由同一行业中经营能力较强、规模影响较大的商店经理担任。

1. 东缸窑主要瓷厂

东缸窑主要以秦氏家族陶成局分化出来的三大瓷厂为主。三大瓷厂各自都有经营能者，东陶成以秦宏绪为代表、新明以秦幼泉为代表、德盛以秦幼林为代表。

（1）东陶成

明代嘉靖年间秦氏家族中秦宽、秦鸿才兄弟创立的“陶成局”，由秦家独资，世袭继办。到清代晚期同治、光绪年间，秦宽的后代秦继商、秦继良兄弟二人使制瓷局面渐渐昌大。后兄弟二人分家，秦继良将分得的部分窑厂更名为“东陶成”，秦继商则继续经营分家之后的“陶成局”，被称为“陶成局老厂”。“东陶成”在秦继良之后，由其子秦柏川继续经营，先后建了一厂、二厂、三厂。一厂主要生产粗瓷，二厂生产细瓷，三厂生产粗瓷和碗等日用瓷。秦柏川有三子，长子、三子因智力残障无法参与管理，次子秦宏绪全面负责经营。1945 年后弟兄三人分家，改一厂为“东陶成信记”，由秦宏绪任经理；二厂为“东陶成义记”，三厂为“东陶成东记”，分别由秦柏川之孙秦嘉福、秦嘉禄继承。“东陶成”原有基础雄厚，但是在经营上利用机器设备、电力和开发新产品方面次于“新明”和“德盛”两厂，最兴旺时“亦有工人 200 余名”⑥。

2017 年，秦柏川的后代秦大唐、秦岭向唐山博物馆捐赠了他们的母亲秦健生的 14 件遗物。秦健生即秦柏川的女儿，原名秦秀椿，1919 年出生，1940 年考入北平中国学院学习，1944 年留校工作，1946 年到北平“解放三日刊”工作，

④ 刘秉中：《昔日唐山》，唐山文史资料，第十五辑，1992 年，第 84 页。
⑤ 刘秉中：《昔日唐山》，唐山文史资料，第十五辑，1992 年，第 135 页。
⑥ 王长胜、李润平主编：《唐山陶瓷》，第 31 页。

1949 年到天津"知识书店"工作。秦健生是中国共产党地下党党员，抗美援朝期间向国家捐赠了 400 万元人民币[①]，演绎了秦氏家族的一段红色传奇。

（2）新明

陶成局分家后，秦继商及其子秦履安经营陶成局老厂几十年，在近代工业的大潮中有了长足发展，除老厂外还建立了德盛窑业及炼焦厂等。据记载："秦履安有四个儿子，均不幸早亡，留有四个孙子：长子秦艺林的三个儿子，即秦俊选、秦士选（字幼林）、秦万选（字子青，也有写作子清）；次子秦允恭的一个儿子，即秦幼泉。民国时期，秦履安对秦家企业再次进行分家，由四个孙子继承，秦俊选、秦士选、秦万选继承四分之三，包括德盛窑业、古冶炼焦厂及天津缸店。秦幼泉继承四分之一，包括'陶成局'老厂及二厂。"[②]秦幼泉继承的陶成局老厂，更名为"老陶成"，独资经营，但"职工不足 50 名"[③]，1920 年更名为"新明瓷厂"。唐山已故收藏家黄志强先生收藏一件"老陶成局"款的青花盘，口径 14 厘米。这件青花盘虽然属于普通日用瓷产品，但是外底有匠人手书的"老陶成局"四字双行方框双圈款是目前所见唯一的陶成局老厂产品（图 2-2、图 2-3）。

图 2-2 "老陶成局"款青花盘（正面），黄志强藏[④]

图 2-3 外底款识

新明瓷厂的发展主要经历了三个阶段。

第一阶段：秦幼泉与新明瓷厂。新明瓷厂成立后，秦幼泉力图革新改良。"唐山之窑业，能与德盛颉颃者，唯有新明瓷厂。考新明瓷厂与德盛窑业厂，兄弟窑也。皆源自陶成局。自明迄清，数百年间，株守旧法，毫无进化。迄

① 此捐赠票据现藏于唐山博物馆。

② 王长胜、李润平主编：《唐山陶瓷》，第 26 页。

③ 王长胜、李润平主编：《唐山陶瓷》，第 27 页。

④ 黄志强先生于 2020 年 7 月 7 日去世。

民初，风气大开，百业竞进，陶业自难故步自封，新明经理人，以非谋改良，难以图存，乃赴江西景德镇、河南彰德、山东博山、河北景县之彭城镇及大连等处考察，请蓋，以为借镜，已有长足进展。”[①] 又：“民国十五年（1926年）特聘专门人才悉心研究，制造旧式新式器皿，五彩七彩瓷器，以及缸砖、缸管、火砖、火瓦等件。至民国十七年（1928年），复添购制瓷各种机器出品日有起色。”[②] 经过发展，新明在老厂、二厂之外，又筹建了新明三厂，三个厂“共有职工150余名”[③]。民国十八年（1929年），北宁铁路管理局为密切铁路货商关系，召开商务会议并附商务会议代表姓名录。名录中秦幼泉、吴裕如、杨廉溪、田泽溥作为开平陶商同业公会代表参加[④]。从1932年9月25日《唐山工商日报》刊载的唐山东缸窑老陶成新明瓷厂的广告（图2-4）可知，新明老厂、二厂为老陶成局，厂址在东缸窑大街（今东缸窑上村大街）；新明三厂在东缸窑秦家庄。1932年，新明瓷厂向实业部商标局呈请，以“明星商标”注册，成为著名牌号，行销国内。

图2-4　1932年9月25日《唐山工商日报》刊载的唐山东缸窑老陶成新明瓷厂广告

第二阶段：秦焕然与新明瓷厂。1933年，秦幼泉因病迁居北京，经营权交给其长子秦焕然。秦焕然懂技术、善管理，新明瓷厂继续增设备、建窑炉，积极推动技术创新，扩大生产规模。第一，新明瓷厂生产的日用细瓷以釉上五彩（实为新彩）为主，彩绘表现形式清新秀丽、端庄典雅。第二，新明瓷厂产品质量获得了业界好评。“民国二十年（1931年）至二十三年（1934年），河北实业厅国货

① 《唐山事》第一辑，1948年，第32页。

② 《唐山事》第一辑，1948年，第32页。

③ 王长胜、李润平主编：《唐山陶瓷》，第28页。

④ 天津市档案馆、天津社会科学院历史研究所、天津市工商业联合会主编：《天津商会档案汇编（1928—1937）》，天津人民出版社，1996年，第2225页。

展览会连年给予特等奖状。二十二年（1933 年）北平市各界体长国货运动委员会给予优等奖状。同年及二十三年（1934 年）铁道部全国铁路沿线出产货品展览会，给予超等奖状。昔如门外汉，今已升堂而入室矣。”[①] 民国二十五年（1936 年）在津商会整理委员会拟定会员会等登记与数额报请社会局备案的列表中，新明瓷厂原定会费是 10 元，永利碱厂则为 8 元[②]。可见新明瓷业的实力与地位。同年，津商会征集参加名古屋泛太平洋博览会展品通函并附有关厂商名录，新明及德盛均位列其中[③]。第三，1937 年在唐山粮食街仁德里组成新明瓷厂总事务所，设经理、协理等管理经销业务。第四，1938 年，该厂改用电力生产，产量剧增。北平游艺园旁（永定门）、天津沿河马路、唐山新车站、唐山新石厂铁路旁、胥各庄河南大桥以西等地设立批发售品处五所。第五，在原有新明一、二、三厂基础上新建新明四厂（四厂具体位置尚未查明），同时在秦庄南面购进一个窑厂改为新明五厂，五厂位于东缸窑上村后街。1945 年以前，新明瓷厂鼎盛时“最多曾雇用职工 500 余名”[④]。

第三阶段：新明瓷厂分家。1947 年，在秦幼泉主持下，新明瓷厂分家。“秦幼泉本人分得北京新明瓷厂和北京永定门仓库及部分产品，秦焕然分得北京新明售品处、新明五厂和唐山新明事务所，秦铭新分得新明一厂及城子庄货栈，秦志新分得新明二厂及天津新明售品处，秦启新分得新明四厂。”[⑤] 秦焕然、秦铭新、秦志新、秦启新弟兄四人分家后，将自己所分得的瓷厂更名为新明瓷厂新记、铭记、志记、合记。中华人民共和国成立后，新明瓷厂进行了公私合营。另有一种说法，秦焕然、秦铭新、秦志新、秦启新弟兄四人的名字寓意“焕然一新”。

（3）德盛

德盛窑业分为老厂和新厂。据《滦县志》载：“德盛窑业老厂在唐山北东缸窑，新厂在唐山雹神庙旁。”[⑥]《唐山事》中也记载：“德盛窑业厂，在民国十九年（1930 年）前，设于滦县东缸窑，专造粗瓷，历二百余年，至民国十九年（1930 年）二月间，始在唐山市北雹神庙旁购地一般三十三华亩余，

① 《滦县志》卷十四 · 实业 · 陶业，民国二十六年（1937 年）版。
② 《天津商会档案汇编（1928—1937）》，1996 年，第 158 页。
③ 《天津商会档案汇编（1928—1937）》，1996 年，第 1319 页。
④ 王长胜、李润平主编：《唐山陶瓷》，第 28 页。
⑤ 王长胜、李润平主编：《唐山陶瓷》，第 29 页。
⑥ 《滦县志》卷十四 · 实业之陶业，民国二十六年（1937 年）版。

建立窑厂，即今之德盛窑业唐厂也。”[①] 据此可知，1930 年之前德盛窑业已在缸窑存在，1930 年之后另外新建“德盛窑业唐厂”。唐山收藏家李国利藏有两张乙丑年（1925 年）的德盛窑业发票（图 2-5），一张发票内容是“十二寸管子十根七毛集七元、二缸盆一个五毛、拨子一个集七毛，共合洋八元贰毛”。另一张发票内容类似，“十二寸管子十根合洋拾元”。这两张发票是同一天开出的，时间是“乙丑（1925 年）五月廿七日”。地址均为“天津金汤桥北河沿马路，德盛窑业制造厂分销处发票，电话总局二二一八号”。在“德盛窑业唐厂”之前名称是“德盛窑业制造厂”。

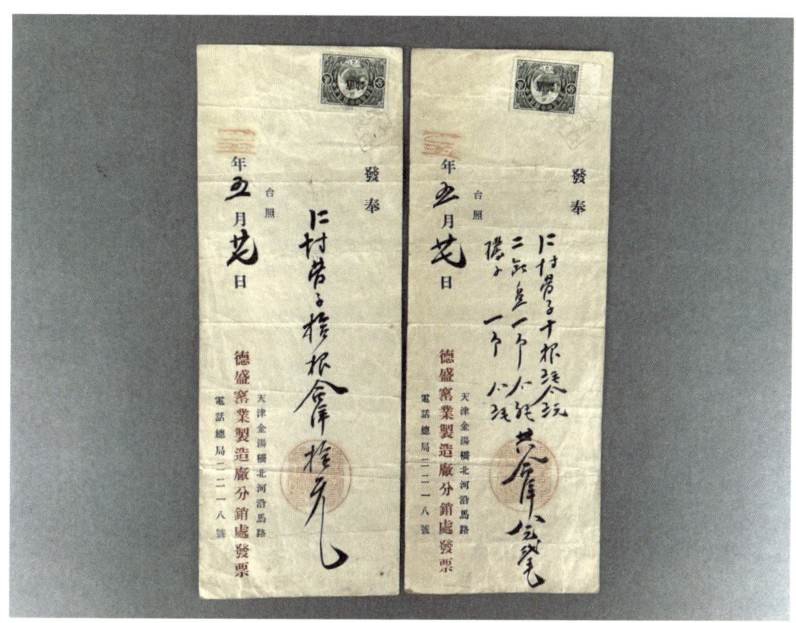

图 2-5　1925 年德盛窑业制造厂发票，李国利藏

秦幼林在唐山雹神庙和古冶开办炼焦厂，1927 年在炼焦厂院内开办新记榨油厂。1929 年，唐山连降暴雨，陡河水泛滥成灾，沿河两岸被淹，炼焦厂和榨油厂的机器设备及原料被毁，因此炼焦厂和榨油厂被迫停产。1929 年，在炼焦厂和榨油厂原址附近筹备成立“德盛窑业厂唐厂”，“至民国十九年（1930 年），因旧址不敷应用，又在唐山雹神庙旁购置新址，建筑楼房及新式瓷窑砖窑并购置机器，改用电力。所有卫生器皿及耐酸矽酐各砖，出产较富。据 1932 年《京报》登载的《调查唐山德盛窑业厂》记录：“该厂旧厂有四百年悠久之历史，不过只造粗陶及次等缸砖，前于民国十八年（1929 年）秦君鉴于洋货充斥市场之景况，及窑业家坐守成规，不思进步，乃决心割出

① 《唐山事》第一辑，1948 年，第 35 页。

资本二十万元，专为制造细瓷及缸砖之用。设新厂于北宁路唐山市雹神庙旁，门临北宁路之铁道，运输极便，面积约百亩强，分为三厂。第一厂为细瓷部，第二厂为火砖缸管部，第三厂为原料研制配合部。工作多用机器。计有轧碎机，制砖机球磨制□及研包机、成坯机、搅泥机、制模机、三角□压机等，原动力为柴油发动机及电机，计有各式之窑十二座，分倒焰瓷窑、砖窑及锦窑，计有研究室，有技师数人，专门研究改良制造者。”[①]（图 2-6）民国二十一年（1932 年）九月已在实业部注册，二十二年（1933 年）二月又在商标局注册[②]。德盛窑业厂由秦俊选、秦幼林、秦子青弟兄三人共同所有，秦幼林负责经营。德盛窑业唐厂为一厂，与一厂相邻的同昌碗厂被秦幼林买进，开办二厂，后又在胡家园建立三厂。

图 2-6　20 世纪 30 年代德盛窑业厂，引自《唐山写真》

德盛窑业在秦幼林的经营下，不断发展壮大。1933 年加入华北工业协会，这一协会于 1930 年成立，当时的工商部部长孔祥熙签字颁布“工业团体登记规则九条令华北工业协会”[③]。德盛窑业厂的厂址是天津娘娘宫东口河边。同一年，在公布的河北省国货陈列馆函寄本省各县著名产品及价值一览表中，德盛窑业厂的“火砖缸瓦瓷器”位列其中，地址是唐山。1934 年，新明瓷厂和德盛窑业厂产品参加河北省国货陈列馆春季国货展览会，陈列馆公函中提及：“当以事关提倡国货，振兴工商，经即分饬市内各业厂商，并摊派赵委员真吾、王委员翰臣等广为征集，兹据义聚永等号先后运到酒类等项货物 15

① 《京报》，1932 年 8 月 15 日。□为无法辨认的文字。

② 《滦县志》卷十四・实业之陶业，民国二十六年（1937 年）版。

③ 《天津商会档案汇编（1928—1937）》，1996 年，第 1450 ～ 1452 页。

种，共计22整件"[①]，其中，新明瓷厂出品3筐，德盛窑业厂为瓷器1箱计12件。1936年德盛窑业"占地百余亩，生产车间设有原料、细瓷、砖管三部，并增加了耐火砖、耐酸砖两类产品。共有工作室70余间，办公楼24间。设备有轮碾机、成型机、球磨机、制釉及研色机、倒焰窑、半倒焰窑、烤花、制砖机等"[②]。一厂"楼下有机轮处、铸坯处，楼上为彩绘处、实验室、办公所；有制坯机19台、球磨机3台、搅泥机1台、滤泥机2台、制模机1台、压垫机1台、制釉研色机4台；有倒焰式窑炉4座、锦窑5座，还有动力室等生产设备"[③]。二厂生产日用瓷并试制卫生瓷产品，"有压砖机7台、窑炉6座"[④]。三厂为原料部，"有球磨机2台、轧碎机1台"[⑤]。另据1936年《庸报》报道，唐山德盛窑业厂资本有国币二十万元，营业极为发达。现已行销各省。在天津设立了总事务所和总批发处。"工人数目，计火砖缸管部八十余人，粗瓷四十余人，细瓷三十余人，工徒七十余人，杂工五十余人，除供给食宿外，工资最高者，每人每日一元二角，最低工徒者，每日亦可得工资二角，工人工作，成绩优良者，并得额外奖金。"[⑥]1938年，德盛已"在上海设立了办事处，在北京成立了批发所……同时还在天津陈家沟和古冶车站附近成立了两个分厂。"[⑦]1939年，德盛窑业"已拥有职工700多人"[⑧]。据唐山市档案馆收藏的秦玉荣手书材料记录，1949年以前，德盛工人最多达1500人。

德盛窑业厂于民国三十二年（1943年）进行股份制改造，更名为"德盛窑业股份有限公司唐山工厂"。秦幼林任总经理，李承亭任工厂厂长，宋子峰任管理，李少白任技师长，下设营业股、会计股、总务股。在股份分配中，秦俊选及其子秦维新、女儿秦玉荣占三分之一；秦幼林、秦子青各占三分之一。仍由秦幼林掌管企业。据唐山市档案馆档案资料记载：1946年5月计算共500万股，每股法币10元，秦幼林家占全股的43.3%，秦子清占28.2%，这两家已迁往香港和台湾，新中国成立后即与德盛断了一切联系，亦未置委托人。秦玉荣及其父、母、兄、嫂共有股1 411 333，占全数28.2%。另外，

---

① 《天津商会档案汇编（1928—1937）》，1996年，第1522页。
② 《唐山陶瓷公司志》，内部资料，第5页。
③ 王长胜、李润平主编：《唐山陶瓷》，华艺出版社，2000年，第34页。
④ 王长胜、李润平主编：《唐山陶瓷》，第34页。
⑤ 王长胜、李润平主编：《唐山陶瓷》，第34页。
⑥ 《庸报》，1936年4月3日。
⑦ 王长胜、李润平主编：《唐山陶瓷》，第34页。
⑧ 王长胜、李润平主编：《唐山陶瓷》，第34页。

8 个高级职员（副理、襄理、管理等）共有 16 000 股，占全数的 0.32%，每人 2 000 股，是资方赠送。20 世纪 40 年代德盛窑业股份有限公司的广告上，注明注册商标是“得胜牌”，主要产品有耐火缸砖、耐火火泥、磁石火砖、建筑缸砖、耐酸陶瓷、电力瓷件、卫生器具、日用细瓷，并且“品质精良、坚固耐久、直接订购、交货迅速”。标注有北平批发处，地址在北平前外湿井胡同甲二六号；上海分公司，地址在上海南京西路 195 弄 531 号；唐山工厂，地址在唐山北雹神庙旁；天津售品处，地址在天津河北大街二二五号；总公司，地址在天津第八区金汤桥北沿河马路路西七二号。[①]1948 年，德盛窑业“有厂房 560 间，各种窑炉 40 座。有粉碎机、球磨机、搅泥机、轧砖机和机轮等机器设备共 150 台，有职工 303 人”[②]。

唐山市档案馆档案资料记载，1948 年 5 月后，唐山解放前夕，德盛窑业原料虽能维持，但亏空很多，欠债 222 612 斤小米，当时厂存只有 500 元金元券（合 30 斤小米），拖欠工人 3 个月工资，工人生活困窘，生产情绪极度低落，厂内成品结存虽尚值 110 489 斤小米，可是销路完全闭塞，资金周转枯竭。秦幼林及秦玉荣等意欲关闭唐厂，大批抽款，运走货物，并将机器装好，准备南运，遭到职工反对，最后秦家将物料和瓷砖低价出售，发给工人部分工资（仅够维持个人伙食），绝大部分都提走，工厂濒临垮台。为了恢复经济生产，1949 年 2 月，华北民主政府委派安平到该厂工作，号召职工克服困难，发展生产，厂况逐渐好转，产量日增。1 月份只产瓷器 7 吨，至 7 月份则产瓷 18 吨、产耐火砖 570 吨，1 月份职工共计 221 人，至 7 月份则增加到 400 人。

2. 西缸窑主要瓷厂

（1）东裕成

这是西缸窑第一个窑场，由明永乐二年（1404 年）从山西汾州府介休县移民而来的范家后代创办。范氏家族的第一代始祖名叫范时真。据唐山市第一瓷厂原厂长葛士林先生采访范家后代所记录的口述历史介绍，在清乾隆年间，范家有了自己的窑场，位于西缸窑窑上庄东部山坡之上。这里地势高，不存水，光照好，通风干燥，紧邻通向开平的大道，交通十分便利。据范家后代回忆，“东裕成”当年有两座大窑，包括一座碗窑和一座缸窑，缸窑容量能装 132 柱，列为缸窑之最，不仅产量高，而且其最大的特点就是善烧造

① 《唐山事》第一辑，1948 年，第 34 页。

② 王长胜、李润平主编：《唐山陶瓷》，第 35 页。

大件产品。当时范家的大缸远销东北与“口外”[①]，那些贩运大缸的骆驼队，经常彻夜在场外等待。

（2）德顺隆

田氏家族创办，在西缸窑属于规模较大的窑场。1943 年在德顺隆瓷厂的基础上，田氏家族四门第十四世传人田振东将窑厂长期租赁给外地资本经营，厂家改称德顺隆新记窑业股份有限公司，这是西窑的第一家股份公司，董事长邢赞亭、总经理谷静波。德顺隆新记公司以唐山为基地进行陶瓷生产，以天津为基地进行经营，拓展了产品的销售空间。1946 年聘请德盛瓷厂的技术人员程范吾任厂长兼任技师，特别提高了白瓷质量，使德顺隆新记窑业股份有限公司在当时唐山众多瓷业中成为一枝独秀。黄志强先生收藏一张 1947 年 7 月 1 日德顺隆新记窑业股份有限公司发行的股票（图 2-7）。德顺隆新记发行的第 21 号股票，原股票持有人是股东陈乐天。这张股票长约 34.5 厘米，宽约 26.5 厘米，整体保存完好。股票正文四周装饰的花边图案上方左右角分别印有“德顺隆”字样，花边图案的正上方是红色的“新记”字样，正下方是股票的编号 No.00021。股票票面上还印有公司名称、股东姓名、董事长和董事的姓名、公司登记时间、股本总额等内容，其中股票发行时间为“民国三十六年七月一日”。股票的正面上方贴有两张面额为 50 元的“中华民国印花税票”和一张面额为 10 元的“国民政府印花税票”，背面贴有 1949 年发行的四张面

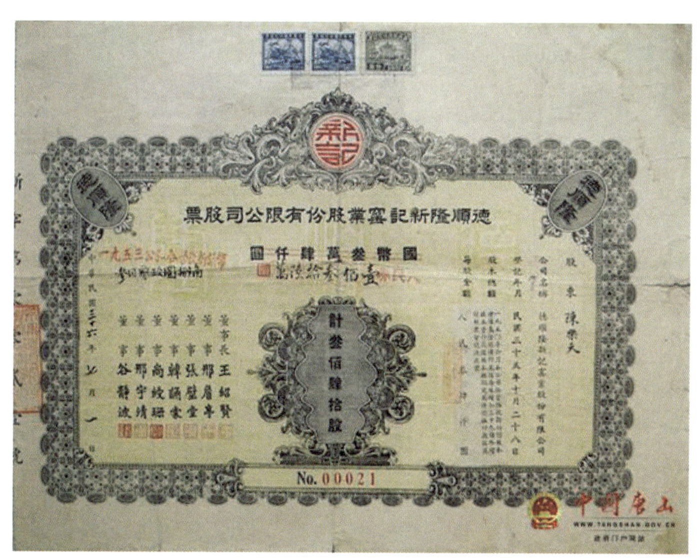

图 2-7　发行于 1947 年的德顺隆新记窑业股份有限公司股票，黄志强藏

① 长城以北泛称“口外”。

额为 1 000 元和一张面额为 100 元的“中华人民共和国印花税票”。1953 年，该厂更名为唐山市公私合营德顺隆窑业厂，1956 年德顺局、德顺兴、新华、万和局、裕成隆、合成、祥瑞增、西裕成、华兴、益顺成等 10 家陶瓷厂先后并入德顺隆，后演化为唐山市第六瓷厂。

（3）义盛局

义盛局是由山西移民田氏家族后代在西缸窑创办的陶瓷作坊，但是随着义盛局的拓展，在东缸窑也有作坊。唐山博物馆收藏一件褐釉小罐，虽胎体粗糙但釉色莹润，外底印有阳文“东窑义盛局”款识，“东窑”两字自右向左横排，“义盛局”三字自上而下竖排。民国时期，义盛局已在胥各庄河头、天津等地开设缸局（销售大缸等粗瓷产品的店铺）。当时义盛局烧制的大缸以“行缸”为主，同时也接烧定制的“老老缸”。义盛局除了烧制各种大缸外，还烧制盆、碗等日用瓷产品。民国后期义盛局衰落。1949 年后义盛局并入由西缸窑各窑场组成的唐山第三陶瓷生产合作社。据《唐山陶瓷公司志》中“一九四九年西缸窑瓷厂情况调查表”记载：当时的义盛局经理为田世瑗，流动资金折合玉米 200 石，共有职工 19 人，碗窑 1 座，盆窑 1 座，月产碗 2 000 支（每支为 15 个）、盆 1 400 套（每套 3、4、5 件不等）。1956 年实行全行业公私合营，义盛局并入唐山德顺隆窑业厂（唐山第六瓷厂前身）。2018 年，马连珠先生在东缸窑下村拆迁后的一个院落里发现一口被遗弃的带有“义盛局”字号的老缸。这口老缸高约 1.05 米，口径约 0.8 米，底径 0.55 米，内外施釉，口沿处有两个“义盛局”墨彩印制的标记①（图 2-8）。

图 2-8　民国“义盛局”缸沿上的款识，马连珠藏

3. 开平主要瓷厂

除缸窑一带的瓷厂外，开平还有公顺和瓷厂。厂址虽在开平，但其创办人于氏家族一直定居在缸窑，实际上也归类于“缸窑体系”。1922 年，于氏家族之于占河建立公顺和瓷厂，

① 民国时期唐山缸窑产品习惯用墨彩在缸沿手书厂名，目前唐山博物馆收藏有“义盛局”“东陶成”“三合义”“本茂局”“新明磁厂”“公顺和”“三成局”等墨彩厂名款的粗瓷大缸。

以生产各类缸器为主，是开平粗瓷厂前身。于家世代居住在缸窑一带。于占河有四子，长子于步潮，次子于步沧，三子于步滐，四子于步洲。长子居住在缸窑大街南 85 号，次子居住在缸窑大街南 84 号，三子居住在缸窑大街北 9 号，四子居住在缸窑大街南 83 号。据于长汪先生讲，其祖父于占河生前一直居住在缸窑大街北 9 号老宅院内，1940 年去世，享年 60 岁。

1940—1950 年，于氏家族将公顺和瓷厂分为“公顺和和记”“公顺和全记”及“公顺和存记”三个厂。

4. 古冶主要瓷厂

古冶的集成瓷业与“缸窑体系”瓷厂的产品类同。集成瓷业公司始建于 1920 年，地址在唐山市东矿区卑家店万山脚下。由唐山“瑞”字号老板夏平阳和滦县议员张久皋（有写作张久呆）、刘兴让等人合股集资，在古冶铁道南兴建，后改称集成瓷厂，生产大缸、陶管、粗碗。1940 年吴丝伦建成桐昌顺瓷厂，产品有缸、陶管、黑釉粗瓷碗和少量耐火砖。这两家作坊式瓷厂，按季节生产，春天开工，秋后歇工，每年生产 8 个月，后因战乱，交通中断，产品无法运出，导致资金缺乏，最终停工。经股东协商，将瓷厂分成小股独立经营。1946 年集成瓷厂解体分为东昌、宏成、巨成 3 个瓷厂，每个瓷厂 15 ~ 20 人，但巨成瓷厂分开后把窑炉、设备租给其他瓷厂，没有自己生产。1947 年桐昌顺又分成同兴、东兴、桐昌顺后记三个厂。1949 年在古冶铁路北建了永德瓷厂。

表 2-1 1949 年东、西缸窑瓷厂情况调查表[①]

企业名称	资金	职工人数		生产能力
		职员	工人	
三合义	玉米 1 319 石	10	75	月产缸 222 套，碗 4 100 支，壶 4 500 个
东陶成信记	玉米 190 石	4	56	月产碗 10 200 支，缸 186 套
东陶成义记	玉米 514 石	6	36	月产细碗 5 500 支，壶 780 个，杯子 11 310 支
本茂局	玉米 910 石	7	49	月产陶瓷 70 吨
宝善兴仁记	玉米 1 290 石	7	54	月产陶瓷 98.5 吨
庆和成	玉米 170 石	6	50	月产缸 300 套，白粗碗 3 300 支
东全顺	玉米 590 石	7	38	月产陶瓷 85 吨
致远成	玉米 207 石	7	14	月产缸 18 吨
三成局福记	玉米 108 石	3	10	月产碗 4 500 支，痰盂 900 个
东陶成东记	玉米 105 石	6	18	月产碗 4 500 支，痰盂 900 个
裕兴成	玉米 160 石	5	34	月产缸 220 套，粗碗 2 700 支
辅顺	玉米 120 石	5	16	月产碗 3 300 支，电料磁码 15 000 对

① 本表引自《唐山陶瓷公司志》，有删减。

（续表）

企业名称	资金	职工人数		生产能力
		职员	工人	
瑞兴	玉米 170 石	3	8	月产碗 1 600 支，壶碗 2 000 余件，缸盆 200 余套
振义家庭磁社	玉米 20 石	5	9	月产粗碗 1 600 支
峻庆局义记	玉米 120 石	4	6	月产盆 700 套
广裕昌	玉米 816 石	6	45	月产缸 300 套，碗 4 200 支，壶 1 480 个
忠义磁厂	玉米 200 石	3	21	月产壶 200 个，碗 3 000 支
合记磁厂	玉米 620 石	8	35	月产 50 吨
德盛成	玉米 498 石	8	46	月产缸 59 吨，粗碗 11 吨，细瓷 3 吨
汉记磁厂	玉米 5 石	2	11	月产陶瓷 30 吨
老陶成	玉米 80 石	3	20	月产缸 320 套
新明瓷厂	玉米 150 石	2	11	月产缸 210 套
鸣远瓷厂	玉米 30 石	3	5	—
声远盆厂	玉米 12 石	2	5	月产盆 500 套
复盛局	玉米 34 石	1	7	月产盆 800 套
文记磁厂	玉米 100 石	3	5	月产盆 1 200 套
天义成	玉米 160 石	4	12	月产缸 410 套
顺兴磁厂	玉米 50 石	2	7	月产粗碗 3 吨，瓷盆 4 吨
良辅磁厂	玉米 100 石	3	16	月产盆 300 套，碗 600 支，陶管 30 丈，痰盂 600 个
裕丰瓷厂	玉米 700 石	12	50	月产碗 6 000 支
周锡嘏	玉米 24 石	2	10	月产老缸 400 套
双义成	玉米 50 石	2	7	月产缸 250 套
工农磁厂	玉米 84 石	2	14	月出窑 1 个
农工磁厂	玉米 10 000 斤	1	8	月产粗碗 1 500 支
合作窑厂	玉米 50 市	2	6	月产小缸套 160 套
贞记合作窑厂	玉米 40 石	2	6	月产小缸套 160 套
农民磁厂	玉米 100 石	2	13	月产缸 125 套
义来局	玉米 190 石	4	12	月产缸 300 套
德顺隆新记	玉米 700 石	8	男 87，女 24	1 ～ 4 个月产细瓷 1 080 件，粗三工碗 9 000 支
谦益恒	玉米 595 石	7	男 26，女 1	月产缸 220 套，碗 1 000 支，盆 200 套
德顺局	流动金 玉米 200 石	5	30	月产碗 3 000 支，大缸 360 套，砖 1 500 块
真成局	玉米 286 石	5	18	月产缸 20 吨，碗 5 吨
峻成局	流动金 玉米 200 石	7	25	月产缸 200 套，碗 1 000 支
义盛局	流动金 200 石 不动金 280 石	6	男 12 女 1	月产碗 2 000 支，盆 1 400 套

（续表）

企业名称	资金	职工人数		生产能力
		职员	工人	
同城局	玉米 700 石	7	18	月产缸 570 套，碗 1 300 支
世和顺	玉米 400 石	3	15	予计年产缸 2 200 套
天德	小米 5 万斤	4	23	月产碗 5 100 支
德顺兴	流动金 玉米 120 石	4	18	月产碗 3 000 支，大缸 100 套
西裕成	玉米 226 石	3	11	月产碗 3 500 支
德顺隆盛记	流动金 34.8 万元 合玉米 58 石	2	男 10 女 1	月产碗 3 150 支
新华约记	流动金 玉米 315 石	3	12	—
万和局	玉米 300 石	5	12	予计年产缸 3 100 套
永立		4	12	予计年产碗 48 000 支
天兴成		7	男 17 女 2	月产碗 1 200 支，莲子壶 30 个 50 件，壶 1 300 个
广泰成	流动金 玉米 120 石	3	6	月产里半套小缸 280 套，盆 60 套，小光底盔 250 套
益顺兴	流动金 33 万元	1	10	月产碗 2 000 支
华兴	流动金 玉米 70 石	3	6	月产盆 1 000 套
桐昌顺	玉米 180 石	4	12	月产碗 1 800 支，盆 1 000 套
广裕兴	玉米 264 石	2	7	月产缸 120 套
公益	流动金 玉米 200 石	2	16	月产碗 4 000 支
义源	玉米 160 石	3	6	每窑产碗 1 800 支，工人得 700 支，厂方得 1 100 支
祥瑞增	玉米 120 石	3	9	月产陶管 106 丈，碗 400 支
劳工	玉米 120 石	4	12	未出品
工民	玉米 72 石		16	未出品
裕成	玉米 200 石		14	未出品
义和成	玉米 21 石	5	5	月产碗 1 600 支
祥泰增劳工	玉米 24 石		5	月产 4 件盆 600 套
李鹤龄	玉米 18 石		5	无成品
王栋臣	玉米 100 石	1	5	月产盆 1 000 套，小光底 250 套

注：

1. 碗每支为 15 个；

2. 缸每套为 4 个；

3. 小光底盔每套 3 件；

4. 盆每套 3 ～ 5 件不等；

5. 陶管每丈等于各种规格管子的直径相加；
6. 生产能力栏一般均为月产量。

二、"启新体系"的形成与发展

"启新体系"以启新瓷厂[①]为代表。启新瓷厂从启新洋灰公司中派生出来，"原为启新洋灰公司之支部"[②]。清末洋务运动的兴起，各类官督商办、官商合办的工矿企业及军事工程的建设，使水泥需求日益增多。1889 年开平矿务局总办唐廷枢筹建"唐山细绵土厂"[③]，"原料石灰就地开采，但坩子土来自广东香山，运输费用大，加之土法立窑烧制烧出的水泥成本质量差，1892 年停办。"[④] 1900 年周学熙在此基础上创办"唐山洋灰公司"，1906 年 4 月改为"启新洋灰公司"。后启新洋灰公司不断扩充，原细棉土厂旧址废置不用，"1909 年不再烧制水泥"[⑤]，"在启新洋灰公司理事决议下建立了瓷厂"[⑥]，"1914 年初具瓷厂规模，开始先后制作日用瓷、小缸砖（马赛克）、红铺地砖，由汉斯·昆德兼管制瓷"[⑦]。启新瓷厂无旧式窑业的传统，从建立之初即从国外引进设备与技术，直接进入机械化生产，显现了"后发优势"。

（一）启新瓷厂的成立

1. 成立原因

启新瓷厂成立，有这样几点原因。

第一，旧厂新用。水泥的烧制除了原料重要外，另一要点就是窑。唐廷枢创办细棉土厂用的是旧式立窑。周学熙接手后，从丹麦购入新式旋窑，另建新厂。因此原细棉土厂改为"西分厂"，不再烧制水泥，而是烧制灰块并制作砖瓦。在这样的状况下，为了旧厂再利用，启新洋灰公司理事会决议在

① 启新厂名应为"启新磁厂"，咨询启新专家娄友昆先生亦支持用"启新磁厂"，因《唐山陶瓷厂厂志》等书籍中均以瓷厂记录，造成引用时不便，因此为便于记述，遂用启新瓷厂。
② 《滦县志》卷十四·实业之陶业，民国二十六年（1937 年）版。
③ 细棉土是英文水泥 cement 的音译。
④ 唐少君：《周学熙与启新洋灰公司》，载于《安徽史学》，1989 年第 4 期，第 39 页。
⑤ 《唐山陶瓷厂厂志》，内部资料，1991 年，第 2 页。
⑥ 《唐山陶瓷厂厂志》，内部资料，1991 年，第 2 页。
⑦ 《唐山陶瓷厂厂志》，内部资料，1991 年，第 2 页。

“西分厂”建立瓷厂。

第二，水泥花砖的生产需求促进了瓷厂成立。水泥花砖是水泥的副产品，也是启新洋灰公司的重要产品之一。为了提高水泥花砖生产质量，公司派人到各地窑口调研学习，从而对瓷厂的建立、瓷器的生产起到了促进作用。据《周学熙自述》记载：“因洋灰本制花砖，如考求挂柚（应为釉）之法，亦可烧制各种磁器，以之改良磁业，开辟利源，故派人到各处磁窑考察研究，学习造法，又由昆德在外国调查新法，于是在洋灰公司内附建瓷厂，设备机器材料及磁窑，烧制大小磁器。”[①]

第三，汉斯·昆德的专业能力得到启新洋灰公司的信任。汉斯·昆德来自德国烧窑世家。据“汉斯·昆德纪念馆”的展览介绍，从19世纪早期开始，汉斯·昆德家族至少有5代人都是烧窑工匠。1896年5月26日，汉斯·昆德获得德国罗斯托克大学博士学位，博士论文是《烧制砖及墙体风化问题的原理及预防措施》。他1898年来华，几经辗转，1900年在周学熙创办“唐山洋灰公司”之际，经天津税务司德璀琳[②]推荐，来到唐山。汉斯·昆德以水泥技师的身份进入启新的舞台。汉斯·昆德解决了烧制水泥的本土原料问题，为周学熙恢复水泥生产作出了重要贡献。宣统三年（1911年）启新洋灰公司与汉斯·昆德签订的合同中写道：“一，启新洋灰有限公司工厂续聘化学司昆德汉斯三年，自西历1911年12月1号起至1914年11月底止。二，合同内所列各项条款，仍皆按照光绪三十四年四月初七日签字之合同办理。惟昆德薪水每月行平银500两改为650两。”[③]汉斯·昆德又“考查唐山迤北迤东各地方以及北戴河一带所产各种造磁之原料，视其情形足能证明可以在唐山开设磁厂制造各种磁件”[④]。

第四，启新瓷厂成为汉斯·昆德的二次创业空间。开平矿务局被英国骗

---

① 文明国编：《周学熙自述》，第197页。

② 德璀琳（1842—1913），英籍德国人，19世纪后期中国外交和天津城市开发中的关键人物。从1878年到1893年（中间除了1882年至1884年）的13年间，德璀琳先后10次被推举为英租界董事长。八国联军侵华期间，他胁迫开滦矿产负责人张燕谋阴谋夺取了开滦矿产，并因此被中国海关开除。德璀琳一生无子，生了5个女儿，大女婿是他推荐给李鸿章担任旅顺海军基地工程师和教练的德商汉纳根，二女婿美国人腊克是美丰银行的经理，三女婿包尔曾任奥国驻天津领事，四女婿英国人纳森是开滦矿务局总经理，五女婿是英国的驻华使馆武官。由于德璀琳全家显赫的地位，他的家庭成为天津社交中心。

③ 耿玉儒、耿兴正：《王筱汀与启新洋灰公司》，郑州：中州古籍出版社，1994年，第135页。

④ 民国启新档案，唐山博物馆藏。

占后[①]，李希明与汉斯·昆德不顾自身危险保护了启新洋灰公司与开平矿务局相关的重要档案，为周学熙从英国人手中收回启新洋灰公司又作出了重大贡献。据《周学熙自述》记载："盖是年春余试办时，原订由开平（指开平矿务局）垫款，及乱作，开平入英人手，本公司按据要件，均在局中，幸技师德人昆德者，携出保存，英人百计向之索取，以为副业，彼坚不付与，谓此乃中国产业，不能相授，仍献之于余，始得据以交涉收回，重行举办。使昆德者当日不携出，或私授英人，则此产早与矿产同入开平掌握中矣，所以未蹈复辙者，昆德之功不可没。"[②]"（李）希明，天津人，从余创办启新，其功最著，当庚子（1900年）乱后，昆德既保存启新案据，坚不与开平，时希明任翻译，知其事，引昆德献之，余遂得重办。"[③]同时，英国不断扩大生产，需要从启新购进大量水泥，而汉斯·昆德坚持以市场定价，影响英国利益。当时迫于英国压力，中方不得不解除汉斯·昆德总技师的职务，改聘丹麦人金森。此外，第一次世界大战中，身为德国人的汉斯·昆德遭到开滦矿务局中的英国人和比利时人的极力打压，被遣回德国。后汉斯·昆德重返启新，但启新已另聘水泥技师。中方在启新总经理李希明的主持下，在已停产的水泥厂"西分厂"开办了瓷厂，交由汉斯·昆德经营管理，促成汉斯·昆德的第

---

① 1897年，张翼筹建秦皇岛港时，曾以开平矿务局资产作抵押，向英国矿业商行毕威克-墨林公司（简称墨林公司）借款20万英镑（约合145万两白银），这笔借款为日后英国人骗占开平矿权提供了可乘之机。1900年，八国联军侵华。八国联军占据了开平矿务局在天津的煤场、码头、轮船以及开平矿务局天津总部和唐山各矿厂。天津陷落后，张翼与时任关内外铁路总办唐绍仪被英军扣押。其间，德国人德璀琳和张翼探讨了动乱时期如何保护矿务局资产问题。参照李鸿章在1884年中法战争和1894年中日甲午战争期间保护企业资产的做法，张翼给了德璀琳一份保矿手据，委托德璀琳全权处理开平矿务局产业，并提出了三条要求：一是将开平矿置于外国旗帜保护下，二是办成中外合资企业，三是公司股份扩大到100万英镑。开平矿务局总办周学熙、见证人唐绍仪，后来也在手据上签了字。德璀琳提出让墨林公司成为合作伙伴，与该公司代理人胡华（即后来的美国总统胡佛）签订合同，证明开平矿务局是中外合资的商办企业。后德璀琳与胡华签订合同，胡华带着这份合同去英国注册公司。这就是研究者口中的《卖约》。1901年1月，胡华返津后找到德璀琳，对《卖约》进行了修改，原合同中"将大清帝国开平矿务局改为英国有限公司"，被修改为"将大清帝国开平矿务局产业移交与英国有限公司"，同时授予胡华极大的权力，"该胡华有权将其由此约所得之一切权利、数据、利益，转付、移交与有限公司"。张翼坚持不签字。外方律师提出把张翼的要求起草个补充协议，即《副约》，张翼才同意签字。胡华很快就把《移交约》和《副约》寄到英国，英、比资本家立即同时签署了另外三份合同，骗占矿权并接管开平矿务局。

② 文明国编：《周学熙自述》，合肥：安徽文艺出版社，2013年，第86页。

③ 文明国编：《周学熙自述》，合肥：安徽文艺出版社，2013年，第229页。

二次创业。

2. 成立时间

从目前研究结果看，启新瓷厂成立时间存在多种观点，归纳起来主要有五种：

第一，成立于1909年和1914年。这一观点来自《唐山陶瓷厂厂志》，1909年，原细棉土厂旧址改称为“西分厂”，不再烧制水泥，在启新洋灰公司理事决议下建立了瓷厂，招募工人30余人，于1914年初具瓷厂规模①。

第二，成立于1917年。源自《启新水泥厂史》，1917年“启新公司西分厂改产陶瓷器皿等。”②

第三，成立于1918年。源自《周学熙自述》：是年（1918年），启新洋灰公司筹划添办瓷厂。周学熙收回唐山细棉土厂，创办启新洋灰公司后，一直担任启新洋灰公司总理至1924年。

第四，成立于1920年。《劝业丛报》第一卷第二期“调查”栏目刊载的《启新洋灰公司》一文中，记载启新洋灰公司“在唐山之工厂由一处而扩为三处：一为老厂、一为旧厂、一为新厂”③，并且“老厂已不制造洋灰，而改作制造铺地用彩色洋灰砖、白色陶器、绝电磁头及瓦管等之工场”④。这里的“白色陶器”指的应是卫生瓷。“这篇调查是由三人共同完成：作者之一俞同奎是北京工业专门学校（北京工业大学前身）校长和北京大学化学系主任，是中国化学教育的开拓者；另外两位作者王季点和吴匡时都是农商部职员，所以此篇调查报告的可信度较高。”⑤

第五，成立于1921年。源自1930年12月出版的《河北省立第四中学校校刊》刊载的《启新瓷厂之调查》：民国十年（1921年），聘请中外技师随地就宜改创瓷厂，制造各样瓷器、电瓷及小缸砖等物。1934年天津《益世报》刊载：“民初该公司（指启新洋灰公司）扩充新厂，购置新机，而将旧有者废弃不用。迨民十（1921年）有现任洋灰公司协理李希明者（彼时充该公司唐

① 《唐山陶瓷厂厂志》，1991年，第2页。

② 《启新水泥厂史》，第277页。

③ 《劝业丛报》第一卷第二期“调查”栏目刊载的《启新洋灰公司》，河北大学图书馆数字资源库。

④ 《劝业丛报》第一卷第二期“调查”栏目刊载的《启新洋灰公司》，河北大学图书馆数字资源库。

⑤ 黄荣光、宋高尚：《技术的传统、引进和创新——唐山启新瓷厂发展述评》，载于《科学文化评论》第18卷第1期，第59页。

厂经理）出面聘请中外技师，改创磁厂，创造磁器电磁及小缸砖等。”[①]1948年出版的《唐山事》第一辑中，也提到是1921年。“民国十年（1921年），启新洋灰公司李希明以老厂旧具，空闲可惜，因地制宜，聘请中外急事，改创瓷厂。”[②]

（二）启新瓷厂的发展

从启新瓷厂发展历程看，主要经历了三个阶段，分别是李希明阶段、汉斯·昆德阶段和奥特·昆德阶段。

1. 李希明经营阶段

李希明，名李士鉴，字希明（图2-9），天津北洋武备学堂、路矿学堂毕业，晚清时李希明到德国考察实业，与周学熙一起创办启新洋灰公司，被人称为“洋灰李”，1932年去世。

图 2-9　李希明

这一阶段，主要是瓷厂创建。虽然瓷厂的成立时间尚未有定论，但1924年7月1日汉斯·昆德开始独立经营是没有争议的。唐山博物馆收藏的民国启新档案中也有佐证。在此之前，启新瓷厂均处于初创阶段。即使是初创，启新瓷厂也是直接从机械化起步的，同时表现出了产品类型丰富而非单一的特征。日用瓷及陈设瓷未占有重要地位。《唐山陶瓷厂厂志》记载，启新瓷厂建厂之初，生产杯盘器皿、卫生器具、恭桶脸盆及小缸砖、电瓷等。1917年，由德国购置磨泥、压泥以及制瓷转盘机械设备。1919年，从德国购进搅泥机、球磨机、单缸泵等大型机械。1921年11月22日发布《瓷厂及洋灰货品制造部之管理试行章程》[③]，明确该部工作由昆德博士负责指挥：

（一）该部隶属于洋灰公司经理之下监视，该部由昆德博士负责指挥，工作由技师魏克君负责。

（二）该部之财政及账目由洋灰公司总账房朱载骞君管理。

① 《益世报》，1934年9月17日。

② 《唐山事》第一辑，1948年，第35页。

③ 黄荣光、宋高尚：《技术的传统、引进和创新——唐山启新瓷厂发展述评》，载于《科学文化评论》第18卷第1期，第59页。

（三）购买一切应用原料煤料等由洋灰公司库房张子春君办理，至支物单须由魏克君签字有效。

（四）在洋灰公司修机厂造作机件及器具以及大件修理机件时，须得洋灰公司经理之允准后方可照办，后时可由该部技师开具修理机件单，逐条书明一切情形，送呈经理批示至由修机厂造成后送交库房，再以支物单取用。

（五）对于管理工人及工作等事可由各部工头开具日报单于次日上午送交技师（磁件部工头陆彬、缸砖部工头锅藩、花砖部工头刘漠臣、铁匠电机匠及所有西分厂各工人工头李景源），第十、十一、十二牌及所有铁匠、机匠等俱由魏克君管理，惟铁匠及机匠等可归入三牌乙。

（六）该部之公事房设于老厂化学房之傍，所有一切记载均存该处（如收据原料成货制造法等）。

（七）所有订单及售出货物等可送交洋灰公司货物处周新甫君装发。

（八）订单及报单用华洋合璧（英文）可由技师助手刘香甫君翻译。

（九）所有技师所开定单、每日报单，以及各种函件，须送交昆德博士检阅指示后分送洋灰公司各部办理。

（十）所有关于该部一切函件须书交该部，勿交个人，俾可按照前条所述分送各处。

从这份材料可以看出，虽然条例的第一条规定该部门由昆德负责，但是在财务、原料、机械、员工管理方面没有给昆德具体的权限，他仅仅起到一个技术总顾问的作用。在《唐山陶瓷厂厂志》中关于魏克的记录有误。厂志中记载：至 1922 年“启新洋灰公司派汉斯 · 昆德去欧洲考察新式洋灰机械，并物色造瓷专家。1923 年，汉斯 · 昆德回到中国，请来造瓷专家德国人魏克，并由德国购进造瓷机器，用本地原料制瓷”。[①] 从档案看，1921 年魏克已经在瓷厂工作。

这一时期的日用瓷和陈设瓷产品被称为“洋灰瓷”。一方面，水泥俗称“洋灰”，因启新瓷厂与启新洋灰公司的密切关系，故有此称谓；另一方面，

① 《唐山陶瓷厂厂志》，内部资料，1991 年，第 2 页。民国启新档案中记录，1921 年魏克已在启新的瓷厂工作。1930 年 1 月被汉斯 · 昆德辞退。在 1930 年 1 月 14 日昆德致启新洋灰公司函中提道：查魏克君现时已在德国某瓷厂另就他事，故由本年起魏克与启新瓷厂之间系已行终结。之后，启新洋灰公司回复的函件中记录：启新洋灰公司与启新瓷厂所订之合同由阁下单独负责。阁下已将魏克君辞退，启新公司对于魏克由合同内除名一节无异议。

这一时期的产品色泽灰黄，胎体不致密，不洁白，烧成温度不够，尚有吸水性，被人们视为“洋灰瓷”。目前所见，主要有白釉产品、青花产品和釉下红绿彩产品。如，一件青花笔筒，直径 18 厘米、高 18 厘米，黄志强先生旧藏，被认为是启新瓷厂早期“洋灰瓷”的代表产品（图 2-10）。笔筒腹部绘青花花卉，纹饰绘制的线条流畅，具有一定的绘画水准，但是胎体粗糙，釉上莹润但是整体出现开片，无款。李国利先生收藏四件青花小碗，青花纹饰是民窑常见的手绘乱笔花草，碗的口径 11 厘米、底径 4.5 厘米、高 5.8 厘米，每件碗的外底均有“启新公司”青花印章方框款，框的边长 1.2 厘米（图 2-11、2-12）。启新瓷厂是 1925 年才正式定名的，之前瓷厂归属洋灰公司，

图 2-10　白釉青花笔筒，唐山博物馆藏

图 2-11　“启新公司”青花碗，李国利藏

图 2-12　外底款识

其中一件印章盖在了外底及圈足处，证明印章应为软章，同时四个印章有细微差别，证明印章有多个，也由此推断这类器物当时是批量生产。此外，这一时期出现了早期釉下红绿彩产品。《周学熙自述》中记载，1917 年启新曾派人到各地窑口学习。釉下红绿彩属于釉下五彩产品的一个类型，是启新瓷厂使用本厂原料的尝试和创新。这时的产品虽釉色莹润，但色彩单调，纹饰简单，多为潦草的花卉、福寿图案。烧成不稳定，有的胎色洁白，有的呈暗黄色。初期器物很多没有款识，这与后来启新瓷厂产品普遍带款不同。据《唐山陶瓷厂厂志》记载："瓷质未能从根本上得到改善，难与江西瓷竞争，产品积压，公司灰心，计划停办瓷厂。"① 1924 年，汉斯·昆德建议公司添置制瓷机械，因公司无意经营，拒绝继续投资。但汉斯·昆德见此项事业在华北尚有发展可能，乃生承包之意。

2. 汉斯·昆德经营阶段

这一阶段从 1924 年下半年汉斯·昆德承包瓷厂开始至 1936 年汉斯·昆德自杀结束（图 2-13）。

图 2-13　汉斯·昆德

据唐山博物馆收藏的民国启新档案可知，汉斯·昆德是 1924 年 7 月 1 日开始承包瓷厂的。在承包时与启新洋灰公司签订了合同，合同共计 15 条，包括承办年限、资产抵价、付息额度、产品类别、净利抽取等（详见书尾附录一）。1925 年 1 月，昆德给启新洋灰公司天津总事务所发函，在照译函件中记录："昆德与魏克自接办瓷厂以来，至今也已半载。"② 而启新瓷厂定名时间为 1925 年 7 月 1 日，"议决瓷厂与洋灰公司脱离关系，由昆德一人包办。于民国十四年七月一日成立。租借厂址器具，契约限期十年，所有一切产业估洋十六万元。按月一分纳租，命名曰启新瓷厂。所有职员均由昆德聘任。"③《中国近代工业史资料》记载："双方协议，因于是年（1925 年）7 月 1 日成立合同，包租厂址，并机器家具及窑等，限期 10 年，所有一切产业，统计估价 160 000 元，按月 1 分纳，命名为启新瓷厂，所有职工皆为该德人昆德

① 《唐山陶瓷厂厂志》，内部资料，1991 年，第 3 页。
② 民国启新档案，唐山博物馆藏。
③ 《滦县志》卷十四·实业之陶业，1937 年版。

分别聘雇之。”[①] 其中，“资本。除以洋灰公司资产抵本洋 16 万元外，昆德尚出资本洋 10 万元，共计约 26 万元。组织。瓷厂组织甚属简单，内部计分 5 部，即工作、收发、营业、查工、会计等是也。此外，则于上海、北平、天津 3 处各设分销处一，均由厂主昆德派员经理。原料来源。中国原料计占 95% ～ 96% 以上，陶土亦有购买英德者；惟其量则甚微。关于化学原料完全购自德国。销售状况。销路为中国北部，营业极佳，每年所产之货物尽能销罄无存。瓷器种类。分为电瓷、卫生器皿（即便桶系面具等）及普通瓷品”[②]。但是自 1924 年 7 月 1 日至 1927 年 6 月底有三年瓷厂承办代理期限。之后从 1927 年 7 月 1 日开始启新洋灰公司每年从瓷厂净利中抽取 30%，还要求瓷厂每月要送呈损益表一份，每年作详细报告一份。公司对瓷厂管理情形以及一切簿记及销售事务等项可得随时监察[③]。

汉斯·昆德愿意承包瓷厂，还有一个比较隐晦的原因就是他对当时瓷厂销售状况的误判。在他承包之前，他看到瓷厂的货品不断运往天津，认为销售情况良好，后来接手后才知，货品多积压在那里。“以先磁厂所造各项磁件按批运往天津。昆德以为其销售颇广，但以后始知从前所运往天津之货大半堆存。彼时洋灰公司各分销家栈内未能照数售出。”[④] 之后，汉斯·昆德在承包初期，与启新洋灰公司就租金、利息、旧货资产等问题进行了“拉锯式”讨价还价，这在民国启新档案中多有记录（图 2-14，内容详见书尾附录二）。一方面，昆德多次致函洋灰公司提及“销售旧存磁件甚为困难”“实不足付给启新公司

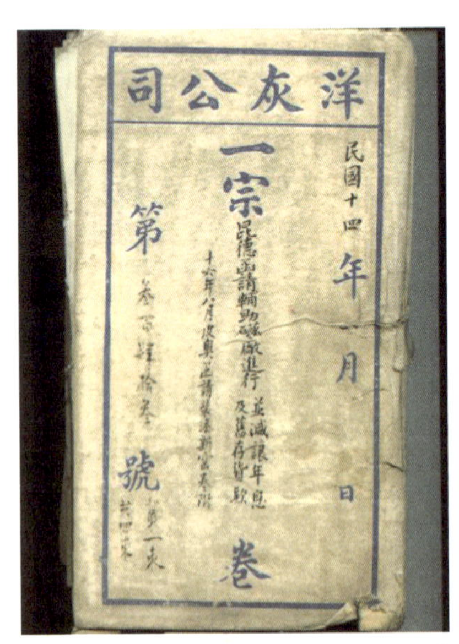

图 2-14　民国启新档案，唐山博物馆藏

① 陈真：《中国近代工业史资料》第三辑，北京：生活·读书·新知三联书店，1961 年，第 336 页。

② 《唐山工业调查录》，《河北实业公报》第 15 期，1932 年。载于陈真：《中国近代工业史资料》第三辑，北京：生活·读书·新知三联书店，1961 年，第 336 页。

③ 详情请参阅附录之 1927 年“照译拟致启新磁厂函稿”以及 1927 年“照译启新磁厂复函”。

④ 详文可见附录：1926 年 10 月 30 日“照译昆德对于启新磁厂报告”之民国档案资料。

六个月之一分利息”[①]“查目下磁厂经济情形异常困难，如启新公司不假以实在辅助，昆德实难急需接济”[②]。另一方面，启新洋灰公司“查昆德前函拟请减让年息及旧存货款等情当经总汇处呈奉理事长批既有合同，盈亏各听天命，何能因一时之滞销，要求减让辅助，殊无此情理。如果此半年中营业发达利市三倍彼当如何？”（图 2-15、2-16）[③]启新洋灰公司派人查瓷厂财务账目，提出存在的问题，昆德对问题予以回复并进行解释。

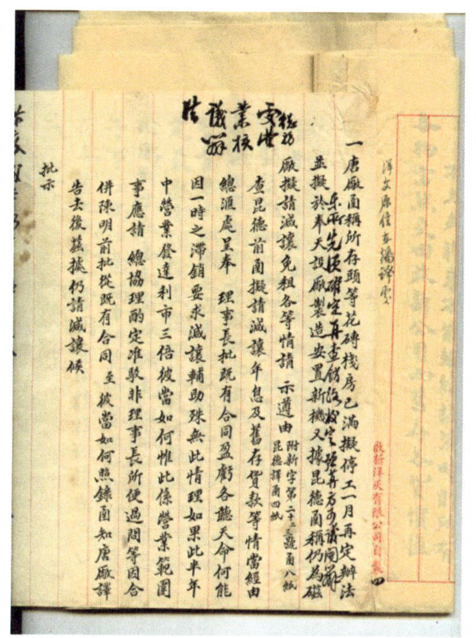

一唐廠函稱所存頭等花磚棧房已滿擬停工一月再定辦法

設廠製造安置新機又據昆德函稱仍為磁

廠擬請減讓免租各等情請 示遵由 附新字第二十二號函八紙 昆德譯函四紙

查昆德前函擬請減讓年息及舊存貨款等情當經由

總滙處呈奉 理事長批既有合同盈虧各聽天命何能

因一時之滯銷要求減讓輔助殊無此情理如果此半年

中營業發達利市三倍彼當如何惟此係營業範圍

事應請 總協理酌定准駁非理事長所便過問等因合

併陳明前批既有合同至彼當如何照錄函知唐廠譯

告去後茲擬仍請減讓候

批示

图 2-15　民国启新档案中洋灰公司与瓷厂之间就旧存货款的相关函件

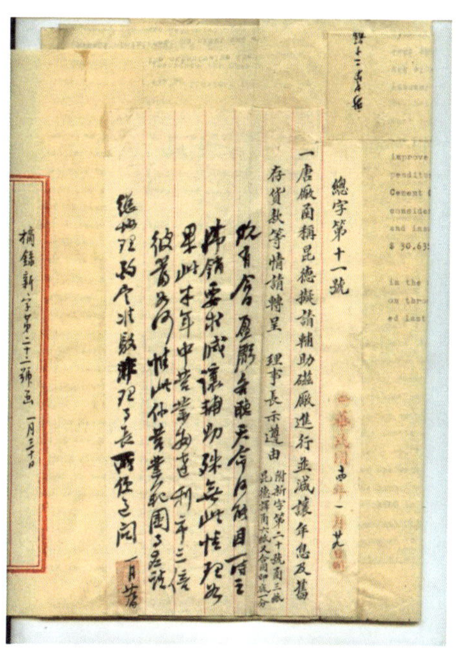

總字第十一號

一唐廠函稱昆德擬請輔助磁廠進行並減讓年息及舊

存貨款等情請轉呈 理事長示遵由

图 2-16　民国启新档案中洋灰公司与瓷厂之间的就旧存货款相关函件

据《天津档案汇编》记载：1928 年 7 月 16 日，启新瓷厂以“龙马负图”商标在全国注册局注册。1928 年起组织举办国货展览会，天津特别市第一次国货展览会评列的特等国货中，启新洋灰公司的洋灰及其瓷砖获得的评语是“一百分，成绩优良”。其商标为龙马太极图（图 2-17、2-18）。同时参展的还有开滦矿务局的 KMA 商标的缸砖缸筒，也获得了“出品改良，坚固可用”[④]的评语。

① 民国启新档案之《1925 年 1 月照译昆德博士来函》，唐山博物馆藏。

② 民国启新档案之《1925 年 1 月照译昆德博士来函》，唐山博物馆藏。

③ 民国启新档案之《1925 年 1 月照译昆德博士来函》，唐山博物馆藏。

④《天津商会档案汇编（1928—1937）》，天津：天津人民出版社，1996 年，第 1508、1509 页。

图 2-17　启新洋灰公司“龙马太极图”商标

图 2-18　启新瓷厂“龙马负图”商标

这一时期，启新瓷厂的日用瓷和陈设瓷生产得到迅速发展并达及鼎盛。造型方面，西式、中式并蓄；装饰技法方面，釉上、釉下产品纷呈；成型方面，注浆工艺盛行；销售方面，行销海内外。此外，启新聘用民间画家驻厂绘瓷，这些画家将新工艺与中国传统绘画技法相结合，使启新产品脱颖而出。唐山其他瓷厂纷纷仿效启新瓷厂，使用电力机械、注浆成型工艺生产陶瓷制品，极大地提高了生产效率，生产能力迅速提高，启新瓷厂带动唐山陶瓷生产进入了工业化发展时代。

生产组织上，启新瓷厂按产品和工序分工设置 10 个部、3 个房。10 个部为“大磨部、电瓷部、便桶部、压砖部、璇活部、注活部、大套部、大盖部、炉盆部、推煤部；3 个房是釉子房、模子房、机器房”[①]。其中，“五部两房”由制造部统管。“五部两房”即镟活部、注活部、便桶部、压砖部、贴花部、模子房和釉子房。厂房主要在“南大炕约 300 m^2，西大屋有 400 m^2，北大炕约有 400 m^2 左右和原 16、17 号窑楼上的地方”。[②]

据《唐山陶瓷厂厂志》记载，1930 年起由于经济困难、工人罢工等各种原因，启新瓷厂亏损。由于激烈的行业竞争和启新瓷厂内部劳资双方矛盾加剧，瓷绘艺人集体离厂，造成日用细瓷停止生产，从而使启新瓷厂转为以卫生瓷、化学瓷、电瓷为主要产品。从唐山博物馆收藏的 1930 年、1931 年、1932 年、1933 年启新瓷厂营业状况每月报告中得知，这一时期，瓷厂营业状况不振主要是战争原因。1933 年启新瓷厂的营业情况报告中记录，自 1933 年 6 月“因此地被日军侵占，故磁厂工作结果极劣且因减少工人三分之二工作者，只约全数三分之一。故造货出数较前月减少一半，但因各工头仍须留

① 《唐山陶瓷厂厂志》，第 150 页。

② 《唐山陶瓷厂厂志》，第 64 页。

用，照给工资，是以工资项下与造货出数比较为数自较高也。关于天津、北平及唐山之销路，因受此影响，一落千丈”[①]（详见书尾附录三）。同时，因时局不靖、铁路受阻，不得不改由唐山丰南胥各庄运煤河转运，增加运输成本。“用大车装货运至河头，由该地改装驳船，分运塘沽及天津，似此运输所费当属不赀。”[②] 另据 1934 年《河南民报》报道：“厂方因赔累减工资遂招工潮，唐山启新磁厂罢工。”[③]《华北日报》也报道：“唐山启新磁厂又一度罢工，经调节后始行复工。”[④] 从产品存世情况看，1930 年以后的日用瓷和陈设瓷产品确实非常少见，目前唐山博物馆只收藏有辛未（1931 年）、壬申（1932 年）、癸酉（1933 年）、丙子（1936 年）、丁丑（1937 年）零星数件器物，与之前所见的产品数量相比，存在断崖式下跌，实物留存状况与厂志记载吻合。1936 年 2 月 27 日，汉斯·昆德自戕。民国二十五年（1936 年）三月一日的《唐山工商日报》对于汉斯·昆德的去世作了报道：

有功于工业之德人

昆德博士遽归道山

生前对水泥资料多有发明

本市启新磁厂厂主昆德博士，系德国人，曾随启新洋灰公司总经理李希明来唐山创办洋灰公司，在唐采勘矿石，制炼水泥。卒因该民对地质矿务各科，学识丰富，埋头化验，尤有高深经验，本市洋灰业有今日之发达，昆氏之力居大。后复以本市所产矸子土泥化验，制造磁料，遂有启新磁厂之成立。本市磁器之出产，又昆氏之力也。现经营启新磁厂，除家常用具外，所制之磁砖、电料、卫生便器等，无不与舶来品相伯仲，且价值较舶来品过廉，故能畅销各埠。昆氏对唐埠生产有莫大之功绩，但人多忽略不祥。该民已六旬有六，精神健忘，有如壮年。二十七日，尚照常工作，仍到厂监视一切，至晚安寝。忽于二十八日晨无疾而逝，生前未发现若何病状，故未得施治。据医学家谈，该民一生致力科学，埋头化验，平生用脑力甚多，病况不明，但终不外充血或脑膜炎等症云。[⑤]

① 民国启新档案，唐山博物馆藏。详文见本书附录。
② 民国启新档案，唐山博物馆藏。详文见本书附录。
③《河南民报》，1934 年 2 月 7 日。
④《华北日报》，1934 年 2 月 8 日。
⑤ 本文引自《唐山陶瓷》，第 43 页。

另据《周学熙自述》中记载："惜乎此人既于首次欧战被遣回国，及重来启新办理磁厂失败，竟自戕殒，可胜叹哉！德国人个性极强，守信用，识大体，为其民族之优点，昆德有焉。"[①]

3. 奥特·昆德经营阶段

这一阶段从1936年汉斯·昆德去世，奥特·昆德继承父业、接收启新瓷厂开始，直至1948年奥特·昆德去天津结束。事实上，在汉斯·昆德去世后两年内，其长子卡尔·昆德与奥特·昆德曾共同掌管瓷厂，但卡尔·昆德志不在此，瓷厂实际经营者为奥特·昆德。期间，在1945年至1948年由李希明之子李进之任厂长，而奥特·昆德担任副厂长和总工程师，在此依然归类为同一阶段。

奥特·昆德（图2-19）所学是德国窑业专业，当时只有20岁，但术业有专攻，他对瓷厂进行了一系列改革。第一，改变原料配方，以本地矸子和进口德、英等国矸子配合使用，从而提高了瓷器质量。第二，更新花色品种，试制卫生瓷、高低压电瓷、化学瓷、铺地砖。特别是电瓷，与西门子公司合作，把启新瓷厂生产的高压电瓷贴西门子商标，交给西门子销售，获利颇丰。第三，为维护产品信誉，只卖一等品的产品。经过奥特·昆德的努力，挽救了瓷厂的危机。

图2-19　奥特·昆德

奥特·昆德从德国购进一批设备，如轮碾机、球磨机、混练机、真空练泥机、高压试电设备、旋坯机及摩擦压力机等，使生产工艺技术水平得到了显著的提高，当时启新瓷厂成为国内同行业中利用机械化生产陶瓷比较早的工厂。20世纪30年代后期，职工人数增加到400～500人，产品有卫生瓷、高低压电瓷、化学瓷、耐酸瓷、铺地砖和少量日用瓷等品种，启新瓷厂成为华北陶瓷厂中最大的一家。1939年出口的产品由德国人经营的"美最时"洋行包销，运到我国台湾、香港，以及南洋群岛、菲律宾、印度、泰国等地。在天津商务总会民国元年改选会董名单中，民国五年（1916年）美最时洋行位列会董，地址在英租界，代表是张华堂[②]。1940年，产品畅销，供不应求，

① 《周学熙自述》，第86页。

② 《天津商会档案汇编（1912—1928）》，1996年，第85、86页。

工人增加到500多人，从启新东修机厂购进球磨一台。1942年启新瓷厂新建180平方米倒焰窑两座、烟囱一座，改建原有三座厂房。这一时期扩大出口墙地砖和卫生陶瓷。

第二次世界大战期间，日货商运受到影响，给瓷厂生产创造了发展条件，电瓷成为当时产量最大的获利产品。1942年奥特·昆德进行扩大再生产，又建两座倒焰窑及一座烟囱，1943年继续改建原有厂房，启新瓷厂迈入了一个新的鼎盛时期，工人达到500余人。

1945年日本投降，启新瓷厂被列为“敌伪财产”，国民党经济部华北区负责人之一姒南笙委派李进之以经济特派员身份接收启新瓷厂。工厂这时被称为“经济部接收启新瓷厂”。1946年李进之自任厂长，去掉“经济部接收”几个字，重新称为“启新瓷厂”。奥特·昆德被委任为副厂长兼技师。1948年10月李进之、奥特·昆德等人携带个人财产及一些账册离开启新前往天津。奥特·昆德后从天津离开中国。1948年12月12日，唐山解放，军代表进驻，启新瓷厂成为国有企业。1955年更名为“唐山陶瓷厂”，专门生产卫生瓷。

第三部分

主要产品

近代唐山瓷业“缸窑体系”和“启新体系”的共同特点是产品类型丰富，除日用瓷和陈设瓷外，还生产卫生瓷、工业瓷、化学瓷、各类砖品等。但是，两大体系的产品也存在较大差异。第一，粗瓷产品方面，“缸窑体系”一直持续生产，而启新瓷厂未见这类褐釉粗胎产品。第二，卫生瓷方面，启新瓷厂生产出中国最早的卫生瓷并带动了缸窑的卫生瓷生产。第三，电瓷方面，启新瓷厂从 1921 年开始即着手大规模电瓷生产，之后电瓷销售兴旺，特别是 20 世纪 30 年代后期电瓷成为启新瓷厂的发展重点。第四，砖品方面，两大体系都注重砖品生产。“缸窑体系”侧重耐火砖、耐酸砖，启新瓷厂侧重小缸砖，即矸子土砖。第五，日用瓷和陈设瓷方面，“缸窑体系”多学自景德镇、彭城等地，工艺、用料、装饰技法、纹饰题材等更多体现中国传统陶瓷风格；启新瓷厂则“中西合璧”，从国外引进新设备、新技法、新工艺，各种产品随时就势，引领了近代唐山瓷业的发展方向，也走在当时中国制瓷业的前沿。

一、“缸窑体系”主要产品

“缸窑体系”的产品主要分为粗瓷、细瓷、卫生器皿和砖品。粗瓷是缸窑大宗产品并且一直持续生产，后德盛、新明、东陶成等瓷厂进行瓷业改良，不仅细瓷生产得以提升，同时也丰富了其他产品类型。

（一）粗瓷产品

在日用细瓷发展起来之前，缸窑的主打产品是粗瓷的缸、碗、盆、罐等。其中，以缸居多，主要供应农村使用，兼供酒坊、油坊、酱醋坊、染坊、豆腐坊所需，大部分地产地销。据《滦县志》记载：“除德盛、新明、启新三厂外，如西缸窑、开平、古冶等处皆制缸盆坛碗等器，销售于东西南邻近各省，颇为畅旺。坯泥较粗，釉为黄土烧成各器，皆作黑红各色，间有作黧色者，遂因火力之大小，致有新奇之变化，亦不足贵也。然骨重质坚，风雨不能剥蚀，潮湿不能霉烂，较诸秦缶汉瓦，当然耐久，亦河北之特产也。”[①] 这些黄土烧成、黑红各色之器即为粗瓷产品。民国时期，唐山缸窑的数量远远多于碗窑，这与河北彭城恰恰相反，彭城碗窑数量远多于缸窑。而且，唐山的缸、碗、盆、罐常在同一窑内混烧。

① 《滦县志》卷十四·实业之陶业，民国二十六年（1937 年）版。

1. 粗瓷缸

唐山的地理、气候、风俗等各种因素导致“缸”的需求量大。粗瓷大缸，耐酸耐碱，不渗不漏，透气性好，吸水率低，适宜存放粮食，既防潮又防鼠。另外因受战乱、自然灾害影响，那时的唐山人有根深蒂固的恐慌心理，家里必须存放几缸粮食以备不时之需。不仅民国时期如此，直到20世纪末唐山农村依然有这样的习俗，每年将收获的新粮存缸里，替换掉前一年的陈粮，一年一年循环往复，确保家里有存粮。大缸不仅储粮，还有一个功能是储水，在没有自来水的年代，家家都用水缸储水，从井里打水，挑到家里，倒进水缸。即使在20世纪中叶，唐山市区虽然普遍有了自来水，但自来水并没有通到每家每户，一个街道或者几条胡同只有一处自来水，人多的时候需要排队用水筲接水，然后挑回家，倒进水缸。此外，大缸还用来存放熟食。冬天，特别是春节期间，唐山有很多过年的风俗，节前从腊月二十三“小年”以后就开始筹备年货，做各种过年吃的食品，大锅炖肉，在炖肉的肉汤中放进豆片、白菜、黄豆芽、蘑菇熬“瓜祭”，炸排叉、蒸馒头、黏饽饽……把这些做好的吃食都放进大大小小的缸里，盖上盖子，缸放在室外，特别是房屋的后院。北方冬季严寒，缸里的吃食冻得冷硬，吃的时候，在锅里蒸、煮，几乎一个正月都不用再做新饭。大缸还用于手工业生产，酿造、腌糟、榨油、印染、造纸、制卤、冶炼以及酒坊、豆腐坊、粉坊、酱菜坊、油坊、染坊、纸坊等，都离不开大缸。缸窑烧制的产品里专门有一类缸被称为“豆腐缸”，也就是豆腐坊常用的器皿，古老的酒厂总是堆满陶瓷缸瓮和酒坛，这类缸俗称“酒节子”。

按照缸的形制，分为“行缸”“地缸”“浅缸”“老老缸”四大类，每窑只烧一类，这一窑烧“行缸”，下一窑烧“地缸”，另一窑烧“浅缸”或者烧一窑“老老缸”。行缸、地缸最普遍，老老缸比较少。套烧的缸，一般套烧三件，也有套烧四件。

（1）行缸

行缸也写作“形缸”“型缸”[①]。“行缸”指的是高度在0.8米以下的四种规格组成一套的缸，称之为“四件行缸”。最大的为“一号行缸”，之后依次为“二号行缸”“三号行缸”“四号行缸”。其中，二号行缸俗称“小瓮子”；三号行缸俗称“二缸”；四号行缸俗称“三缸”。唐山东、西缸窑各窑场烧制的行缸，主要是家庭储粮、盛水、腌制咸菜之用。行缸是唐山缸窑数量最多的产

① 笔者向唐山缸窑的缸师傅王作勤请教，他说他们在窑内就写为“形缸”。

品，除在唐山本地销售外，还畅销华北及东北地区。

唐山博物馆征集到的各类“行缸”，测量的尺寸如下：

一号行缸：高 80 厘米、口径 62 厘米、底径 42 厘米。

二号行缸“小瓮子”：高 70 厘米、口径 48 厘米、底径 33 厘米。

三号行缸“二缸”：高 61 厘米、口径 37 厘米、底径 28 厘米。

四号行缸“三缸”：高 38 厘米、口径 31 厘米、底径 21 厘米。

（2）地缸

地缸比行缸瘦小一些。地缸多用于酿酒，埋在地下，具有保湿性能，被人称为“酒中小灶”。地缸发酵可以有效地隔绝细菌，也可避免有害微生物污染和杂味的产生，提高洁净度。地缸同样也可以储粮、储水、储物。地缸内套烧的二号地缸俗称“钵子”（钵用三声，下同），三号地缸俗称“小平子”。烧成时，地缸也可套烧在行缸内。

一号地缸：高 56.5 厘米、口径 48.5 厘米、底径 40 厘米。

二号地缸“钵子”：高 55 厘米、口径 47 厘米、底径 35 厘米。

三号地缸“小平子”：高 40 厘米、口径 28 厘米、底径 20 厘米。

（3）浅缸

浅缸比行缸、地缸矮，但是口径大，造型上显得“矮胖”，因此得名。浅缸一套一般两件，俗称“大浅儿”“二浅儿”。如果再需要套烧，就是小豆腐缸。

大浅儿：《唐山陶瓷公司志》记载，“高 2 尺 1 寸，口径 3 尺 1 寸”，换算成厘米应为高约 70 厘米、口径 103 厘米；唐山博物馆收藏的“大浅儿”高 85 厘米、口径 110 厘米、底径 64 厘米。

二浅儿：《唐山陶瓷公司志》记载，“高 2 尺，口径 2 尺 8 寸”，换算后，高约 66 厘米、口径约 90 厘米；唐山博物馆收藏的“二浅儿”高 75 厘米、口径 95 厘米、底径 54 厘米。

（4）老老缸

老老缸也有人称为“老缸”。老老缸是高度在 0.9 米以上的大缸。“老老缸”有三个品种：大老老缸、二老老缸、三老老缸，也称为“大老缸、二老缸、三老缸”。这三种老老缸口径大，容量也大，主要用于陶瓷制釉、酿造及榨油等行业。因为老老缸制作工艺难度大，成品率低，唐山东、西缸窑各窑场很少烧制，基本为定制产品，并且与用户约定，烧制的老老缸出现一尺以下的裂痕，修补后以正品计价出售给用户。因老老缸比较大，一般在三老缸里还要继续套烧。

大老缸，《唐山陶瓷公司志》中记载，“高3尺8寸，口径3尺1寸”；据唐山缸窑的缸师傅王作勤口述，大老缸的口径与大浅儿的口径相同。

二老缸，《唐山陶瓷公司志》中记载，“高3尺6寸，口径2尺4寸”，换后为高约120厘米、口径约80厘米；唐山博物馆收藏的二老缸高101厘米、口径82厘米、底径58厘米。

三老缸，高96厘米、口径73厘米、底径53厘米。

（5）豆腐缸

顾名思义，豆腐坊常用的缸型，分为“大豆腐缸”和“小豆腐缸”。在窑内码放在“三老缸”上的豆腐缸要大一些，高55厘米、口径70厘米、底径49厘米。

大豆腐缸：高53厘米、口径60厘米、底径43厘米。

小豆腐缸：高37厘米、口径46厘米、底径34厘米。

（6）其他小缸

缸在窑内按“套”码成柱状，为充分利用窑内空间，最上边码一些小型器物，也成套成组，从大到小套烧，大件的俗称“大顶瓜”、二号俗称“大顶头”、小件俗称“小顶头”。其中的“顶”标志着它们的位置，即为最上边。这些小缸用来腌咸菜、放熟食等。

大顶瓜：高38厘米、口径41厘米、底径36厘米。

大顶头：高27厘米、口径32厘米、底径27厘米。

小顶头：高22厘米、口径27厘米、底径17厘米。

（7）酒节子

酒坛俗称“酒节子”，口沿及底施全釉。大酒坛口小腹部大，满釉。多用于酿酒业，做工较其他酱釉缸精细。从烧制工艺来讲，酒坛、荷花缸比普通褐釉缸要复杂得多，同时烧成数量也较少。普通缸都是成套烧成，将不同大小的缸套烧，增加窑的容积率。而酒坛口小、腹部大，不能套烧，只能一件一件烧成，占用较多窑炉空间。但是窑场主会想尽办法合理分配窑炉空间，有时是缸与盆同烧，在缸与缸的空隙还加上一些石灰石，缸、盆烧成后，石灰石烧成石灰，以作他用。关于“酒节子”之名的来源，据马连珠先生考证，清代早期他外祖父家是开烧酒作坊的，他外祖父曾讲过，烧锅下外壁有一个小孔，平时用带哨的小木棒堵住，放酒时拿开，酒顺着小孔流出，人们将容器放在下面接酒，因“节”与“接”同音，人们将“接”误读成“节”，遂有

“酒节子”之名。

目前，所见到最大的一件酒节子由孙照程先生收藏，口径 85 厘米、高 112 厘米，出自缸窑上村。唐山博物馆征集到的酒节子也均来自缸窑，尺寸如下：

酒节子 1：高 89 厘米、口径 49 厘米、底径 63 厘米。

酒节子 2：高 74 厘米、口径 27 厘米、底径 33 厘米。

酒节子 3：高 68 厘米、口径 21 厘米、底径 31 厘米。

（8）莲花缸

多褐釉，器身贴塑一些花草、人物、花鸟鱼虫、二龙戏珠、狮子滚绣球等。鱼虫图案，工艺是手工或模印的泥浆贴花，纹饰凸起，立体感强。经过施加不同的釉料，烧成后釉面呈褐色，一般是比较富裕的家庭放置于庭院影壁之前，用于种植荷花和养鱼，有朴实庄重之感。莲花缸的体积与二大浅缸相同，式样近似老老缸。同酒节子一样，莲花缸只能一件一件烧成，占用较多窑炉空间。莲花缸也大小各异，唐山博物馆收藏一件莲花缸，高 68 厘米、口径 85 厘米、底径 62 厘米。

2. 粗瓷盆

在窑内，盆一般摆放在合缸上边，一组仰，一组合。码放在行缸、地缸、浅缸、老老缸之上的盆各有不同型号，因老老缸最大，老老缸上码的盆最大，盆可以套很多件，盆的罗叠也是一组仰、一组合，合的这一组称为“四节子”。仰的一组，底部有垫饼，也形成麻底；合的一组，因口朝下，底部是光滑的。

三老缸上的盆：高 35 厘米、口径 67 厘米、底径 47 厘米。

一组四件套盆，从大到小，尺寸依次为：高 16 厘米、口径 32 厘米、底径 21 厘米；高 14 厘米、口径 28 厘米、底径 18 厘米；高 12 厘米、口径 24 厘米、底径 15 厘米；高 10 厘米、口径 20 厘米、底径 12 厘米。

3. 粗瓷罐

罐在窑内放在上边，窑上边的温度高，所以釉在高温下呈色发红。另外，罐也施满釉，单独摆放，不能罗叠。唐山俗称“黑钵儿”的器皿，实际上就是罐。另外，唐山俗称为“盔”的器皿也是一种罐类产品。

大黑钵儿：高 39 厘米、口径 19 厘米、底径 33 厘米。

中黑钵儿：高 25 厘米、口径 14 厘米、底径 22 厘米。

小黑钵儿：高 17 厘米、口径 11 厘米、底径 14 厘米。

《唐山最后的缸师傅》[1] 节选

王作勤做缸的技术为家传，爷爷王任方外号“王飞手”，旧时一个远近有名的缸师傅。王作勤17岁跟其三叔王立才学做缸，学够4年，21岁出师。

缸师傅做缸（需用缸轮）。缸轮为一组两个，一个是动力轮，俗称旱轮；另一个是工作轮，俗称水轮。首先是起底，俗称“拽泥头”，然后做“羼子”，即做缸底和下半截。然后抬出去晾晒，下午再做上半截。如果是大缸，就要分为4节，第一节叫“羼子”，第二节叫“二节子”，第三节叫“大沿”，第四节叫“拔口”。拔口就是缸沿。每做一节都要搬出去晾晒，以增加“挺劲”。

做大缸要使用缸坨子，泥放在缸坨子上先“捣底”，然后往上盘泥条，再用手拉坯。好的缸师傅做缸不用尺，眼到手到，就能做到分毫不差。

在唐山缸窑，缸师傅都要经过拜师学徒。学徒都是在冬季，泥硬水冷，非常艰苦。缸师傅出师需要有老师保举，俗称“架托”。在唐山缸窑，缸师傅皆为年聘制，窑主或东家要请缸师傅，都要在头年说定，并主动送上“定头”，俗称“白使”，以表达对缸师傅的尊重。

缸师傅的劳动强度非常大，不仅要技术好，还要身体好，像王作勤这样的缸师傅，一天能做几十套缸坯，绝非一般人可以承受。当然，在旧社会，缸师傅的收入也是不菲，通过“分货制”，月薪可达300块，但缸师傅依然是靠出卖体力与技术谋生的劳动者。过去的大缸生产只在春、夏、秋三季进行，冬季不做，他们的消费比农户要大很多。

4. 粗瓷碗

粗瓷碗主要有一大碗、二大碗、三大碗、四大碗等。尺寸大小从一大碗到四大碗依次递减。一大碗、二大碗俗称大海碗，四大碗最小，多为百姓日常家用。这些碗的口径也有一定标准，行规常以“寸”[2]为单位进行区分，其中三大碗口径约6～7寸，一大碗、二大碗口径相应增大，四大碗减小。装饰上多为酱釉涩圈碗和青花碗。酱釉涩圈碗在碗的内底有一圈釉被刮掉，露出胎质。青花碗有的施化妆土，用青料涂抹一些简单的花纹，内底也多有涩圈。涩圈是因这些碗在窑内多为罗叠正烧，内底刮去一圈釉避免粘连，烧成后无釉部分即为涩圈。此外，还有一类蓝边碗，在口沿外装饰玄纹的蓝边，俗称“蓝边碗”，实际上蓝边碗也是用青料绘制的蓝边。在陶瓷行业中，“蓝

① 葛士林：《唐山最后的缸师傅》，原文发表在《唐山劳动日报》2018年9月17日。
② 1寸约为3.33厘米。

边碗”还有特殊的用途，即在销售交易中起基准价格的作用。“蓝边碗”一摞用草绳捆起来，行业内称为“一葤”，15个蓝边三大碗作为“一葤”，其市场销售价格作为基准价格。“葤”也叫“支”，工人的工资也凭此定价，“日工资从1.8支碗到2支碗不等”，指的就是日工资27个蓝边三大碗到30个蓝边三大碗不等。碗窑工人还可以与窑主分享出品，以代工资。细碗工人得三分之一，粗黑碗工人得二分之一。而习惯上工人所得之细碗，例必廉价售与窑主，粗碗始可自由出售。

5. 其他粗瓷产品

酱釉凉墩：凉墩与莲花缸的烧制方法类同，图3-1中所见凉墩上部和下底直径30.5厘米、高43厘米。通体施酱釉，腹部两组开光，开光内堆塑松树图案，开光外连珠纹。

图3-1　酱釉粗瓷凉墩，李国利藏

褐釉“唐山东来局”小罐：口径3.8厘米、底径7厘米、高11.5厘米。外底阳文“唐山东来局”五字（图3-2、3-3）。

图3-2　褐釉“唐山东来局”小罐

图3-3　外底款识

褐釉“东窑义盛局”敞口罐：口径8.5厘米、底径7.5厘米、高10厘米。外底阳文“东窑义盛局”（图3-4、3-5）。

图 3-4　褐釉“东窑义盛局”敞口罐　　　　图 3-5　外底款识

褐釉“唐山永信局”玉壶春瓶：口径 3.1 厘米、底径 6.5 厘米、高 13 厘米。外底阳文“唐山永信局”五字（图 3-6、3-7）。

图 3-6　褐釉“唐山永信局”玉壶春瓶，孙照程藏　　　　图 3-7　外底款识

（二）日用细瓷和陈设瓷

近代唐山“缸窑体系”日用细瓷和陈设瓷的发展以 20 世纪 30 年代为节点分为前后两个阶段。20 世纪 30 年代之前，缸窑的细瓷主要是青花产品，青料有土青也有化学青料，青花产品大多胎体粗糙，但釉色比较莹润，有的画工尚可。《滦县志》中记载：“况又附制蓝瓷各器，如茶壶饭碗痰筒等器，遂营业不甚发达，而工省价廉，足供农家之用。”[①]20 世纪 20 年代末有些瓷厂尝试进行釉上新彩生产，目前仅见一件有“戊辰”（1928 年）纪年款的釉上彩掸瓶。20 世纪 30 年代之后，细瓷制作水平提高，以嫁妆瓷为主，出现一些质优产品。嫁妆瓷是结婚陪嫁用瓷，自清代中期开始出现，至民国时期已非常盛

① 《滦县志》卷十四 · 实业之陶业，民国二十六年（1937 年）版。

行。根据家庭经济条件，嫁妆瓷的陪嫁数量不等。一般来说，分为一抬、二抬、三抬、四抬、全抬嫁妆瓷。全抬嫁妆瓷几乎包括了各类生活用瓷。从存世实物看，近代唐山生产的嫁妆瓷中，日用瓷主要是餐具，包括碗、盘、壶等，壶以直筒提梁壶居多。陈设瓷多为瓶、罐、花盆、水仙盆、笔筒等，尤以掸瓶居多，有 300 件、150 件等不同规格①。罐主要为冬瓜罐、将军罐，另有药罐、糖果罐等。此外，缸是两大体系均较为流行的陈设用瓷，“缸窑体系”多鱼缸、荷花缸等大缸，“启新体系”多小型卷缸。

缸的成型工艺并不复杂，但因器物较大，故烧造较难。式样不多，见有收口、直口两式，但规格较多，大者以件称之，有千件、800 件、500 件、300 件、大 150 件、小 150 件之别，小者以寸称之，有 10 寸、9 寸、8 寸、7 寸、6 寸之别。

嫁妆瓷小议

自清代中晚期开始，瓷器成为婚嫁的必备之物。在清末的大户人家里，婚嫁的陪送品十分讲究，嫁妆越丰厚说明主家的地位越高，而精美的瓷器恰恰能反映出这一点。而在婚嫁品中，瓷器是用来撑门面的主角，摆放到显眼的位置，由于它的特殊作用，所以被统称为“嫁妆瓷”。

古代的嫁妆瓷的功能有很多，可以作为生活用具，可以用作陈设观赏，当然，不少嫁妆瓷既可以作为陈设品，也有实用功能。“嫁妆瓷”的主题大多为早生贵子、大吉大喜、花开富贵、喜庆吉利等等，再配着古色古香的器型和精致细腻的工艺，着实为婚庆增添了不少光彩。神话故事有群仙祝寿、八仙过海、麒麟送子、麻姑献寿、天女散花等，表达了当时人们对于美好仙境的一种向往。历史故事主要是三国人物故事，如三顾茅庐、三让徐州、群英会、辕门射戟等。寓意社会伦理道德，如孟母择邻、八蛮进宝等。吉祥图案有福、禄、寿、鹤鹿同春、富贵白头等。仕女婴戏主要表现仕女在庭院和孩子们一起游戏、一起玩耍的情景，表现了仕女悠闲恬静的生活。在瓷瓶背面上的诗文，主要是与主体图案相关的内容，诗文多以行草书之，并落之时

① 此处的“件”是行话，量词，表示瓷器的大小。《景德镇陶录》载：“陶瓷有以‘圾’称者（俗称‘件’），自五圾起以至百圾、五百圾、千圾。”在古时，“圾”“件”“岌”三者通用。用到瓷器上，就是形容瓷器越大，“件”数越多。也有人认为，古代“圾、件、岌”均表示大小，后来“圾和岌”被人舍掉了，只用“件”来表示。另有一种说法，陶瓷的“件”是一个体积单位，即一匙羹瓷土为一件，一件工艺品使用多少匙羹的瓷土，就是多少件。300 件器高约 60 ～ 65 厘米、150 件器高约 45 厘米、100 件器高约 28 厘米、80 件器高约 22 厘米。

期与姓名。

晚清、民国时期嫁妆瓶作为一种文化的出现，代表了当时的一种风尚，也表达着人们对于新人的祝福及对美好生活的向往。

民国时期唐山嫁妆瓷配置[①]

1. 一抬嫁妆瓷配置

共 4 种：150 件瓶 1 对、50 件壶 1 件、皂盒 1 对、恒镜 1 件。

2. 两抬嫁妆瓷配置

共 7 种：150 件瓶 1 对、皂盒 1 对、胭脂盒 1 件、50 件壶 1 件、口杯 1 对、缸盅子 4 件、茶盘 1 件。

3. 三抬嫁妆瓷配置

共 9 种：150 件瓶 1 对、莲子壶 1 件、鸡心杯 4 件、茶盘 1 件、胭脂盒 1 对、口杯 1 对、帽筒 1 对、皂盒 1 对、花瓶 1 对。

4. 四抬嫁妆瓷配置

共 11 种：300 件瓶 1 对、状元罐 1 对、帽筒 1 对、花瓶 1 对、茶具 1 套、皂盒 1 对、口杯 1 对、胭脂盒 1 对、痰盂 1 件、150 件瓶 1 对、50 件壶 1 对。

5. 全抬嫁妆瓷配置

共 43 种：300 件瓶 1 对、150 件瓶 1 对、花瓶 1 对、帽筒 1 对、状元罐 1 对、将军罐 1 对、插字瓶 1 对、大头罐 1 对、皂盒 1 对、口杯 1 对、胭脂盒 1 对、箭筒 1 件、痰盂 1 件、瓷灯 1 件、50 件壶 1 件、筒杯 4 件、茶盘 1 件、卷缸 1 件、墨盒 1 件、笔架 1 件、80 件壶 1 件、100 件壶 1 件、20 件壶 1 件、两盒半壶 1 件、盒半壶 1 件、鸡心杯 4 件、缸盅子 4 件、大令杯 4 件、美人杯 4 件、酒壶 2 件、茶具 1 套、酒具 1 套、瓷枕 1 对、瓷暖瓶 1 对、大果盘 1 件、瓷夜壶 1 对、隔碗 1 件、笔洗 1 件、水杯 1 件、水滴 1 件、色椿子 1 罗、卷揽台式 1 件、卷揽地式 1 件。

注：卷揽，景德镇称为鱼缸，唐山俗称为卷揽。

晚清民国时期天津嫁妆瓷配置[②]

大瓶 1 个、花瓶 1 对、帽筒 1 对、茶壶 1 把、盖碗 2 盏、茶缸 2 个、粉盒 2 套（每盒 5 层）、漱口盂 1 对、点心缸 1 对、木瓜盘子 1 对、其他器物，

---

① 此资料由庄国亮提供。

② 陈扬：《晚清民国时期陶瓷业之新政及其影响》，《东方博物》，第 38 辑。

共25件为一堂。

为便于区分，下面按照瓷厂来进行产品分类。

1. 新明产品

本书共列出9件新明瓷厂产品，其中1930年产品1件，1931年产品3件，1932年产品1件，无年款但有厂名款的产品4件。

1930年新明新彩仕女图掸瓶（一对）：口径18厘米、底径12厘米、高42.5厘米。釉面泛淡青色，纹饰为“黛玉葬花”，画面上由树木、花草、山石、围栏组成庭院风光，勾勒树干，树叶为点染。高挽发髻者为林黛玉，两个丫鬟陪伴，前边丫鬟手持花镐和花篮。背题：水边篱落月黄昏，扑面风来别有香。料是罗浮青梦醒，蕊珠仙子咏霓裳。款为“时在庚午冬月新明出品”。但在《红楼梦》中黛玉被称为“绛珠仙子”，此瓶背部题款为“蕊珠仙子”。如果不是艺人误题，此画面可解读为“仕女游春”（图3-8、3-9）。

图3-8　1930年新明新彩仕女图掸瓶，私人收藏

图3-9　背部题款

新明新彩仕女图掸瓶（一对）：口径17.8厘米、底径12厘米、高42.3厘米。釉面泛淡青色，纹饰为“仕女游春”，但此瓶纹饰的树木为柳树，且绿彩涂染，画面为四个人物。一仕女高挽发髻，坐在石上读书，丫鬟捧书侍立其后，右侧两位立姿少女似在呼唤读书少女随她们一起去游玩，莫要辜负大好春光。背题：都是闺中女相如，闲游花阴乐自娱。无限荣华无限福，美人颜色古人书。款为“新明瓷厂出品”（图3-10、3-11）。

图 3-10　新明新彩仕女图掸瓶

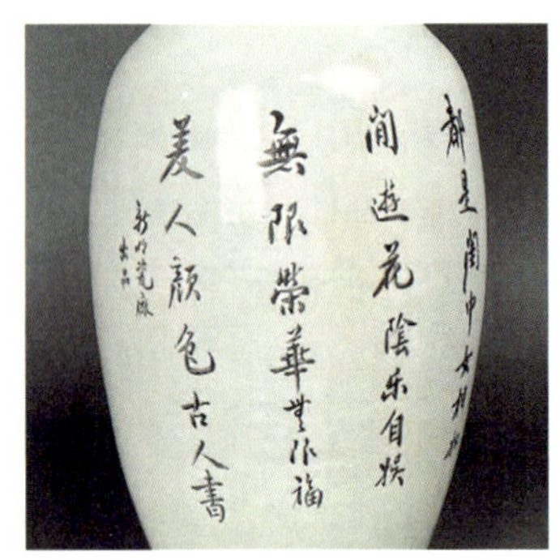

图 3-11　背部题款

1931 年新明新彩花鸟纹掸瓶（一对）：口径 24.7 厘米、底径 24.7 厘米、高 55 厘米。釉面泛淡青色，纹饰题材是“两只黄鹂鸣翠柳”，树冠涂染浓郁的绿色，树干用黑色勾边，边缘粗壮，树干上点缀一些梅花状纹样，枝节遒劲，树枝上栖落两只黄鹂，辅助纹饰为粉色花卉。背题：两只黄鹂鸣翠柳，一行白鹭上青天。窗含西岭千秋雪，门泊东吴万里船。款为“岁次辛未秋月新明出品”。纹饰整体感觉比较拘谨，黄鹂不够灵动，树木花草皆呈定式。20 世纪 40 年代这类纹饰经过变化，成为缸窑一带瓷厂的流行样本。这种以黑色粗线条勾勒树干的画法是新明瓷厂的典型风格（图 3-12、3-13）。

图 3-12　1931 年新明新彩花鸟纹掸瓶

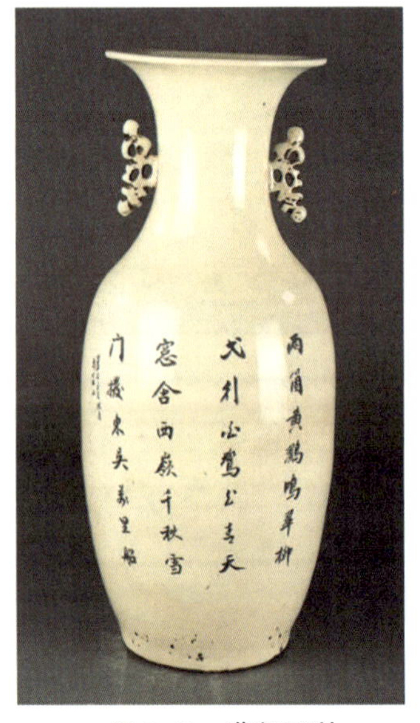

图 3-13　背部题款

1931 年新明新彩仕女游春直筒提梁壶：口径 14.6 厘米、底径 19.5 厘米、高 16.4 厘米。壶的腹部一侧饰两个仕女游春画面，配以树木、栏杆，树枝勾边填色，花朵点彩。仕女高挽发髻，所着衣服一人红绿搭配，一人蓝紫搭配，颜色对比鲜明。另一侧手书“可以清心”四字，款为“岁次辛未秋月新明出品”，壶盖手书“吉祥”两字（图 3-14、3-15）。

图 3-14　1931 年新明新彩仕女游春直筒提梁壶

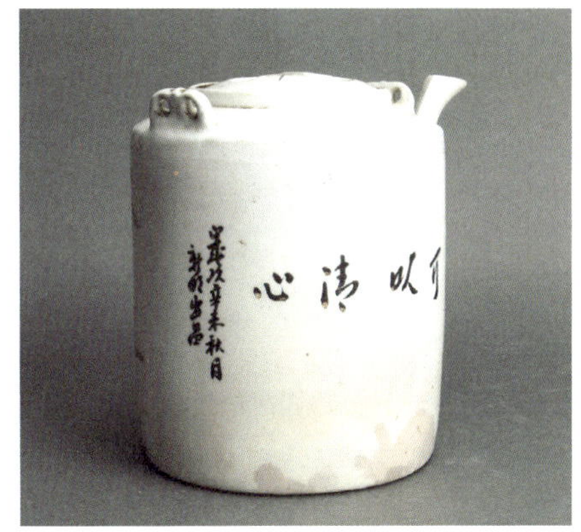

图 3-15　背部题款

1931 年新明太师少保帽筒（一对）：直径 12.8 厘米、高 28.4 厘米。纹饰为民国晚期的红彩太师少保画面，瓷器常见的狮纹。狮子有瑞兽之誉，在中国传统文化中，有“龙生九子，狮居第五”的传说。狮子一大一小，谐称“太师少师”或“太师少保”。题字“太师少保 ”，款为“辛未夏月新明出品”（图 3-16）。

图 3-16　1931 年新明太师少保帽筒

新明新彩山水纹瓜棱壶：有残。口径 5 厘米、底径 5 厘米、高 8.8 厘米。花边口，从口至底分布粗细规则分布的棱线，腹部正面绘房屋、树木、远山，背题“新明磁厂出品”六个字，字体横排。宝珠钮盖，盖上四字：可以清心。壶柄为竹节状，流口处有残。器物胎色洁白，胎质致密，釉色莹润，外底有一锥形凸起（图 3-17、3-18）。

图 3-17　新明新彩山水纹瓜棱壶

图 3-18　背部题款

新明新彩松鹤延年纹小将军罐：口径 13 厘米、底径 13 厘米、高 10.3 厘米。主体纹饰为松鹤延年，配以折枝牡丹。画工精细。背部题款：松鹤延年，新明磁厂出品。外底有红色釉上“新明磁厂”四字单圈款（图 3-19、3-20、3-21）。

图 3-19　新明新彩松鹤延年纹小将军罐

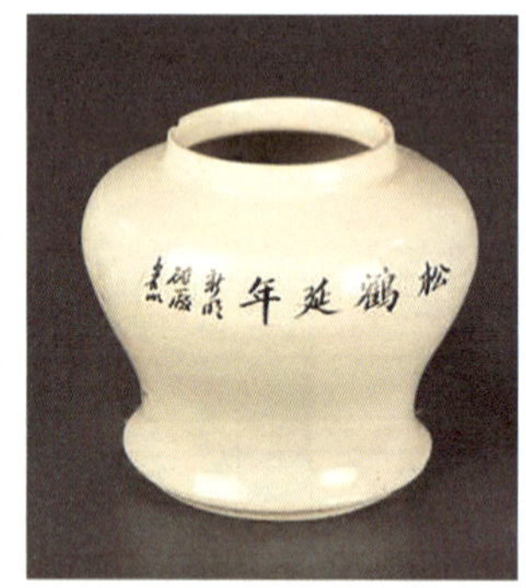

图 3-20 背部题款

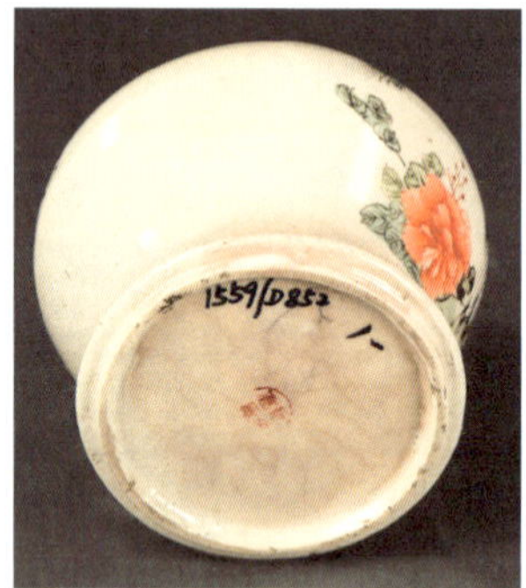

图 3-21 外底款识

1932 年新明新彩仕女纹观音尊（一对）：口径 8.5 厘米、底径 11.2 厘米、高 20 厘米。主体纹饰仕女游春。场景是庭院，两个仕女高挽发髻，一坐一立，手持鲜花，一人红衣绿裙，一人绿衣黄裙。配以树木、芭蕉、书籍、桌案。背题：美人颜色古人书，壬申新明出品（图 3-22）。

图 3-22　1932 年新明新彩仕女纹观音尊及背部题款

新明贴花瓜棱壶：口径略扁，约 7.5 厘米、底径约 6 厘米、高 8.8 厘米，通高（带盖）11 厘米。盖的上部手书“吉祥”两字，底款为“新明瓷厂”四字红色方框，框的边长 1.6 厘米（图 3-23、3-24）。

图 3-23　新明贴花瓜棱壶，马连珠藏

图 3-24　外底款识

2. 德盛产品

本书共列出 14 件德盛产品。德盛产品有纪年款的仅见于掸瓶、帽筒。纪年仅见 1931 年、1932 年、1934 年。其余产品只有“德盛”厂名款，无纪年。德盛小件产品数量较多。

德盛青花菊花纹笔筒：直径 7.8 厘米、高 10.5 厘米。纹饰为青花菊花，画工精美，菊花花瓣非常细腻，外底有“德盛出品”四字楷书单圈款（图 3-25、3-26）。

图 3-25　德盛青花菊花纹笔筒

图 3-26　外底款识

德盛釉上彩“林间春燕”笔筒：直径 7.2 厘米、高 10.8 厘米。外底“德盛”青花方框款，框的边长 1 厘米（图 3-27、3-28）。

图 3-27　德盛釉上彩“林间春燕”笔筒，李国利藏

图 3-28　外底款识

德盛釉上彩莲子壶：口径 7 厘米、底径 6.2 厘米、通高 15 厘米。外底“德盛”青花方框款，框的边长 1.1 厘米（图 3-29、3-30）。

图 3-29　德盛釉上彩莲子壶，李国利藏

图 3-30　外底款识

德盛新粉彩束腰形痰盂：有人将其定名为“敞口尊”，其实为痰盂，痰盂也为嫁妆瓷的一种。口径 22.4 厘米、底径 17.4 厘米、高 19 厘米。腹部一侧绘粉色菊花纹和绿色枝叶，另一侧题字：晓日微醒酒，东风半倚栏。款为“德盛窑业厂制”。从传世情况看，德盛的痰盂数量较多，但是精品少见，此件为难得的“德盛”新粉彩精品（图 3-31、3-32）。

图 3-31　德盛新粉彩束腰形痰盂

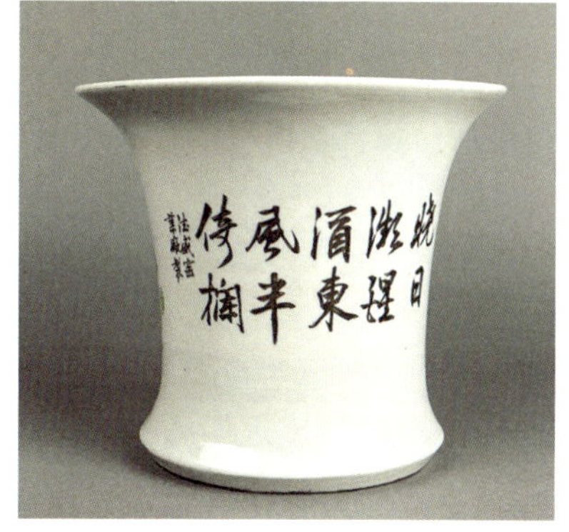

图 3-32　背部题款

德盛新粉彩花鸟纹盘：口有残，直径 26 厘米、高 1.5 厘米。盘内饰新粉彩花鸟，主要有牡丹、竹枝、禽鸟。上题：一从高士移培后，只许仙禽共往还。寓意乔迁之喜或者作为嫁妆瓷嫁娶之喜。款为“德盛窑业厂制”（图 3-33）。

图 3-33　德盛新粉彩花鸟纹盘

德盛新粉彩花鸟纹花盆：口径 15 厘米、底径 6.9 厘米、高 14.9 厘米。背题“花函清香”，外底“德盛出品”单圈款，圈的直径 2 厘米（图 3-34、3-35）。

图 3-34　德盛新粉彩花鸟纹花盆，李国利藏

图 3-35　外底款识

德盛出品新彩“仕女游春”将军罐（一对）：高 16.5 厘米、口径 13 厘米、底径 10 厘米。肩腹部主体纹饰是仕女游春，两仕女衣着一红一绿，配以粉色桃花、绿色草地，春天的气息扑面而来。背题：“姿容绝代”横排四个大字，然后在左侧有“德盛出品”四字两列竖排。器物的胎土细腻洁白，釉色莹润，颜色鲜艳（图 3-36）。

图 3-36　德盛出品新彩“仕女游春”将军罐及背部题款

德盛新彩人物纹奶杯：长径 11.9 厘米、短径 9.3 厘米、高 10.9 厘米。这类器型应为德盛学自启新。主体纹饰为仕女赏春，纹饰上方有印花连珠花草纹。外底有“德盛”双字楷书方框款（图 3-37、3-38）。

图 3-37　德盛新彩人物纹奶杯

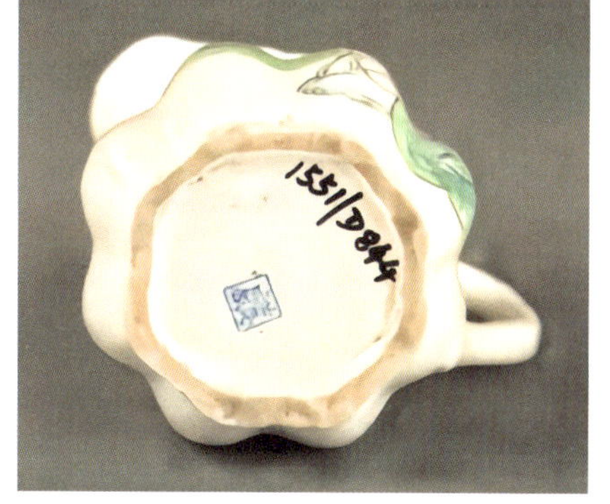

图 3-38　外底款识

“得胜牌”釉上贴花渣斗：口径 14.1 厘米、底径 14.1 厘米、高 9.4 厘米。器物一侧纹饰为釉上花纸贴花，另一侧为贴花注册商标“得胜牌”，商标下有“德盛窑业厂”厂名，外底为青花“得胜牌”款。从这件器物上可以见证，“得胜牌”商标无论青花还是釉上贴花红绿彩均为同一时期使用（图 3-39、3-40）。

图 3-39　“得胜牌”釉上贴花渣斗

图 3-40　外底款识

德盛出品新彩“羲之爱鹅”壶[①]：口径 5.5 厘米、底径 9 厘米、高 15 厘米。梨形硕腹，腹部一侧为釉上彩曦之爱鹅人物故事，另一侧题：心清香渺，款为“德盛出品”。外底单圈“德盛出品”四字款（图 3-41、3-42）。同类造型的壶还见有花鸟纹产品，壶盖不同。

① 羲之爱鹅：古人四爱之一。四爱指“王羲之爱鹅、林和靖爱梅鹤、周敦颐爱莲、陶渊明爱菊”，也有“王羲之爱鹅、周敦颐爱莲、陶渊明爱菊、米芾爱石”的说法。

图 3-41　德盛出品新彩“羲之爱鹅”壶

图 3-42　背部题款

德盛出品新彩“羲之爱鹅”直筒壶：口径 5.8 厘米、高 14.5 厘米。腹部“羲之爱鹅”人物故事，背题：一壶春雪，款为“德盛出品”（图 3-43、3-44）。

图 3-43　德盛出品新彩“羲之爱鹅”直筒壶

图 3-44　背部题款

德盛贴花小壶：口径 6 厘米、底径 5.8 厘米、高 9 厘米。外底青花“德盛出品”楷书单圈款，圈的直径为 1.8 厘米（图 3-45、3-46）。

图 3-45　德盛贴花小壶，李国利藏

图 3-46　外底款识

德盛贴花渣斗：口径 8 厘米、底径 6 厘米、高 8.5 厘米。正面腹部贴花，花色以紫色为主，外底“得胜牌”青花款（图 3-47）。

图 3-47　德盛贴花渣斗

德盛绿釉小赏瓶：口径 4.2 厘米、底径 8.2 厘米、高 11 厘米。外施绿釉，内施白釉。外底“得胜牌”青花款（图 3-48、3-49）。

图 3-48　德盛绿釉小赏瓶，李国利藏

图 3-49　外底款识

德盛胭脂红釉小渣斗：同样器型也有贴花产品。口径 8.2 厘米、底径 6.4 厘米、高 8.4 厘米，外底“得胜牌”青花款（图 3-50、3-51）。

图 3-50　德盛胭脂红釉小渣斗，李国利藏

图 3-51　外底款识

德盛胭脂红釉小烟灰缸：口径 5.8 厘米、底径 5.5 厘米、高 3.3 厘米（图 3-52）。

图 3-52　德盛胭脂红釉小烟灰缸，李国利藏

德盛珊瑚釉开光新粉彩冬瓜罐（一对）：缺盖，口径 9 厘米、底径 12 厘米、高 25 厘米。珊瑚釉开光，釉色莹润、柔和，一侧开光内饰人物纹，三个仕女和两个丫鬟在庭院内作画；另一侧开光内为雉鸡牡丹纹，左上题款：德盛出品，外底无款（图 3-53、3-54）。

图 3-53　德盛珊瑚釉开光新粉彩冬瓜罐正面

图 3-54　德盛珊瑚釉开光新粉彩冬瓜罐反面

3. 东陶成产品

东陶成产品列出 4 件，均有纪年款和厂名款，纪年分别为 1931 年和

1934 年。

1931 年东陶成喷彩开光“得鱼盈篮”掸瓶：口径 25 厘米、底径 25 厘米、高 58 厘米。器物整体有两处开光，分别在颈部和腹部。颈部开光处题字：得鱼盈篮。在开光之外喷黄彩，颜色渐变；腹部开光处绘人物故事，女子头戴斗笠、身穿红衣，男子臂挎鱼篓，儿童手里抱着一条大鱼。背景为树木、栏杆、山石。树干为勾边天墨色，树枝为涂染红绿彩。腹部开光之外喷洒蓝彩，颜色同样渐变。器物的背部题款：一朝早起到池塘，不觉归来落夕阳。则得鲜鱼不自饱，心苦劳神为谁忙[①]。款为“辛未夏月江西客次东陶成出品”。此外，还有一枚红色印章。这是近代唐山瓷器中见到的最早的一件喷彩器物（图 3-55、3-56）。

图 3-55　东陶成喷彩开光“得鱼盈篮”掸瓶

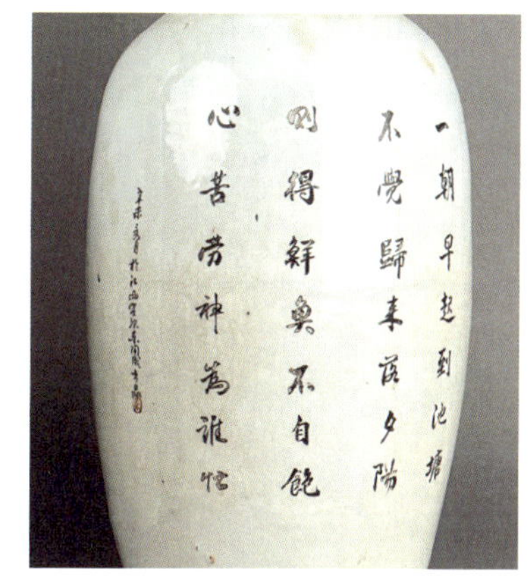

图 3-56　背部题款

1931 年东陶成新彩“仕女游春”掸瓶：口径 21.8 厘米、底径 21 厘米、高 44.8 厘米。纹饰为四个仕女游春，仕女衣服颜色各异，树叶为常见的点彩。背题：庭院梅花丛，金闺罢晓妆。自怜倾国色，只是伴花香。款为“辛未菊月（农历九月）东陶成出品”（图 3-57、3-58）。

---

① 此诗出自戴熙《题画》。大意是：渔民打到了鱼，也不能饱自己的肚子，辛辛苦苦为谁而忙呢？作者从现实中汲取了素材，饱含着对渔民的同情来写这首诗。戴熙能注意到渔民的艰辛及“得鱼不自饱”的困苦处境，为他们发出“辛苦为谁忙”的不平之鸣。

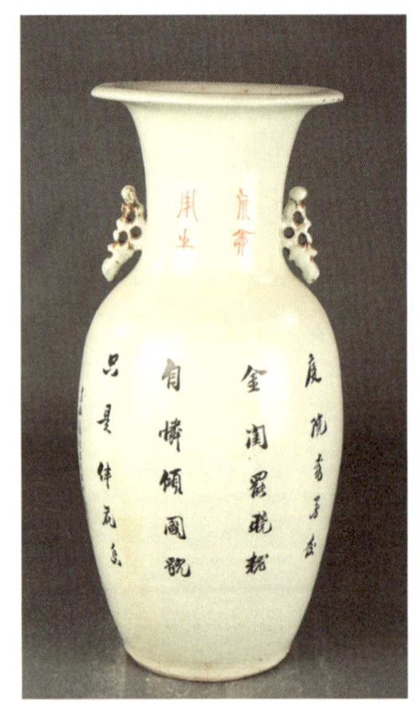

图 3-57　东陶成新彩“仕女游春”掸瓶　　　　图 3-58　背部题款

1931 年东陶成新彩花鸟纹掸瓶：口径 18.8 厘米、底径 13.6 厘米、高 45.5 厘米。纹饰为花草树木，两只鹌鹑，寓意平平安安。背题：云窗日色融，当与美人同。煎深茶已熟，沉吟不语中。款为“辛未春月开平东陶成出品”（图 3-59、3-60）。

图 3-59　东陶成新彩花鸟纹掸瓶　　　　图 3-60　背部题款

1934 年东陶成花鸟纹掸瓶：口径 23.8 厘米、底径 23 厘米、高 47.2 厘米。纹饰为秋实图，菊花盛开，麻雀栖落在结满果实的树枝上。上部题：东篱秋实，东陶成出品。背题：秋浦黄花艳，鸟栖别有情。林中频躁躁，飘磊乐无穷。款为“甲戌禾月东陶成出品”（图 3-61、3-62）。

图 3-61　1934 年东陶成花鸟纹掸瓶

图 3-62　背部题款

4. 缸窑其他瓷厂产品

1932 年德顺局新彩“登鹳雀楼”婴戏纹冬瓜罐：口径 9.5 厘米、底径 13 厘米、高 24.2 厘米。正面纹饰五个身着不同颜色衣服的幼童正登高前往鹳雀楼，幼童面目表情生动。背题：白日依山尽，黄河入海流。欲穷千里目，更上一层楼。款为“壬申春月上浣德顺局作”（图 3-63、3-64）。

图 3-63　德顺局新彩“登鹳雀楼”婴戏纹冬瓜罐，李国利藏

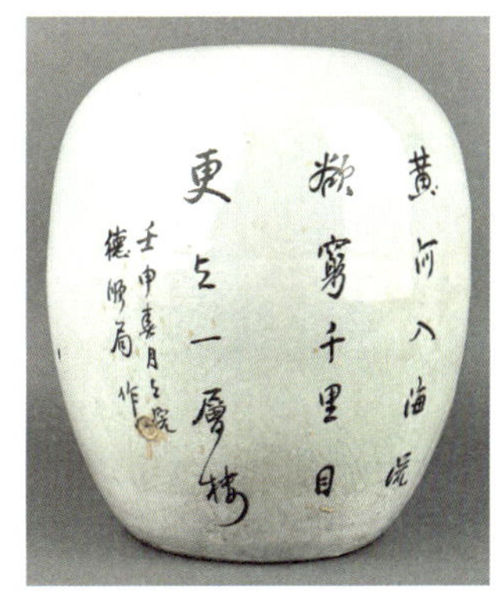

图 3-64　背部题款

1933 年庆和成新彩人物掸瓶：口径 19.8 厘米、底径 16 厘米、高 56.3 厘米。款为“癸酉年夏月庆和成出品”。

1931 年“裕成”新彩人物纹掸瓶：口径 16.8 厘米、底径 13.5 厘米、高 42 厘米。纹饰布局为传统构式，一棵树从底到颈部，树叶为常见的点彩。在树干一侧画一窗，从窗口往外看，庭院的场景历历在目。人物故事是传统的“三娘教子”。画工精致，人物形态表达细腻。背题：会向瑶台月下逢。款为“时在辛未裕成出品”（图 3-65）。

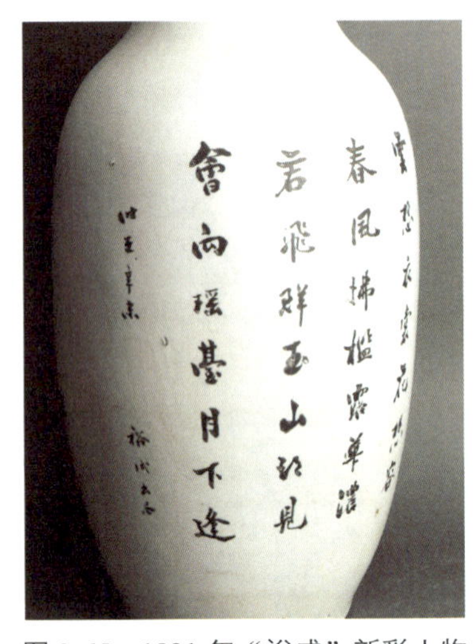

图 3-65　1931 年“裕成”新彩人物纹掸瓶背部题款

1931 年祥泰成新彩人物掸瓶：口径 17.2 厘米、底径 14 厘米、高 43 厘米。背题：芙蓉不及美人妆，水殿风来珠翠香。却恨幽情掩秋扇，空照明月待君春。款为“辛未秋月中浣祥泰成出品”（图 3-66、3-67）。

图 3-66　1931 年祥泰成新彩人物掸瓶，李国利藏

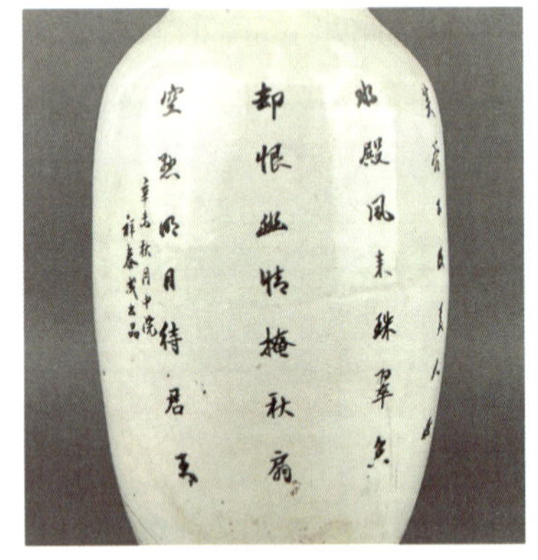

图 3-67　背部题款

1941 年“德盛成”出品“桃园问津”掸瓶：口径 21.3 厘米、底径 15.5 厘米、高 58.3 厘米。正面纹饰为桃园问津图，颈部题：时在辛巳年□□作。背题：洛阳访才子，江岭作流人。闻说梅花早，何如此地春[①]。款为“德盛成出

① 原诗为唐代孟浩然所作《洛中访袁拾遗不遇》，原诗应为“何如北地春”。瓷器上应为笔误。

品”（图 3-68、3-69）。民国晚期，桃园问津题材极为盛行。唐山博物馆收藏有 3 对这类纹饰的掸瓶。经过比较，这类产品有的出自缸窑，有的出自启新。启新产品从釉色、胎质、画工等方面看均优于缸窑产品。缸窑画面特点是叉子笔画的树叶虽为辅助纹饰但色彩醒目。启新产品的辅助纹饰则色调柔和（图 3-70、3-71）。这一时期，缸窑和启新的画师流动较大，作品有了趋同现象。

图 3-68　1941 年“德盛成”出品“桃园问津”掸瓶，李国利藏

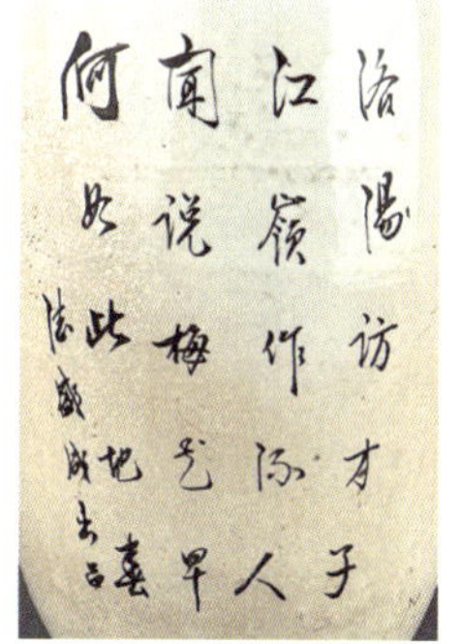

图 3-69　背部题款

1941 年本茂局釉上彩“郭子仪拜仙”掸瓶（一对）：口径 21 厘米、底径 15.5 厘米、高 55 厘米。耳残。正面纹饰为郭子仪拜仙故事[①]。郭子仪身穿铠甲，织女头擎华盖，童男童女手持“富贵寿考”。颈部题款：富贵寿考 时在辛巳秋月 本茂局出品。背题：果然修得汾阳福，富贵绵绵到白头。郭家半朝朱紫

① 郭子仪（697—781），被称为郭令公，华州郑县（今陕西华县）人，祖籍山西太原，唐代政治家、军事家。在平定安史之乱以及平叛回纥入侵长安中均成就了丰功伟绩。郭子仪守护唐朝将近4代，经历了唐四代皇帝并且两次担任宰相，被称为“中兴的名将”。在中国传统“三星神”民间故事中，郭子仪代表福禄寿中的“禄”。郭氏家族非常兴旺，子孙众多，被称为“五福老人”。“郭子仪拜仙”故事主要内容是郭子仪在沙漠边塞当兵驻防，后来到京城催军饷，走到离银州十几里的地方时，忽然起了风暴，刮得飞沙走石天昏地暗，没法向前走了，就躲进道边一间空屋里打了地铺住下。这天夜里，房子左右忽然一片红光，抬头看，只见空中有一辆华丽的车子慢慢降落下来，车上的锦绣围帐中坐着一个美丽的女子正俯身向下看。郭子仪急忙跪拜祝告说：“今天是七月初七，您一定是天上的织女降临了，请赐给我富贵和长寿吧！”仙女笑着说：“你能得到大富大贵，也能长寿的。”说罢，车子又慢慢升上天空，那仙女一直看着郭子仪，很久才消失。郭子仪后来由于战功而官居高位，大富大贵，声名显赫。唐代宗大历年初，郭子仪镇守河中时得了重病，三军部下十分忧虑，郭子仪就请来御医和幕僚王延昌、孙宿、赵惠伯、严郢等人，对他们说：“我虽然病很重，但我自己知道绝不会死的。”接着他就把在银州遇见织女的事说了，大家这才放了心，都向他祝贺。后来，河北节度使安禄山和部将史思明叛乱，即史上有名的“安史之乱”，郭子仪率军平定叛军，官至极品，福寿双全。

贵，俸传辈辈喜封侯（图 3-72、3-73）。

图 3-70　1943 年启新瓷厂“桃园问津”掸瓶

图 3-71　背部题款

图 3-72　1941 年本茂局釉上彩“郭子仪拜仙”掸瓶，孙照程藏

图 3-73　背部题款

东陶成青花“花开富贵”大缸：口径 55 厘米、底径 35 厘米、高 48 厘米、口沿厚 4.8 厘米。腹部纹饰一侧为牡丹、一侧为菊花，青料为化学料。口沿上有墨书：东陶成款。在口沿上墨书厂名款是唐山缸窑一带瓷厂的惯用方式（图 3-74、3-75、3-76）。

图 3-74　东陶成青花“花开富贵”大缸，李国利藏

图 3-75　背面纹饰

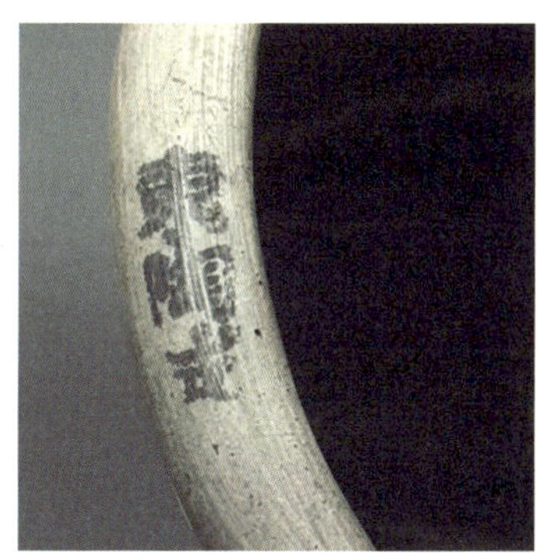

图 3-76　口沿款识

青花开光花卉纹莲花大缸：口径 72 厘米、高 67 厘米、口沿厚度 5 厘米。纹饰分为两部分，主体部分在腹部，四组开光进行分隔，开光内为花鸟纹，花鸟分为四季：春季牡丹花鸟寓意富贵白头、夏季荷花鸳鸯寓意和和美美、秋季菊花鹌鹑寓意平安长寿、冬季松鹤寓意延年益寿。辅助纹饰在口沿下部，依然分为四组开光，彼此用锦地连接，开光内全部为菊花纹饰。

青花开光花卉纹莲花大缸：口径 72 厘米、高 52 厘米、口沿厚度 5 厘米。纹饰也分为两部分，主体部分在腹部，四组开光，开光内为花卉纹，分别是牡丹、竹、菊、荷。口沿下为辅助纹饰，也为四组开光，开光内分别为梅兰竹菊，彼此用锦地连接。

青花开光花卉纹莲花大缸：口径 70 厘米、高 52 厘米、口沿厚度 6 厘米。纹饰也分为两部分，主体部分在腹部，四组开光，两组开光为花卉纹，分别是荷花和梅花；另两组开光为人物故事纹。口沿下为辅助纹饰，布局也为四组开光，开光内为单一的菊花纹（图 3-77）。

图 3-77　青花开光花卉纹莲花大缸

这三件青花大缸纹饰均为开光布局。对大件器物来讲，开光便于整体器型的布局，显得张弛有度、繁而不乱。这类青花缸在民国时期磁州窑也多有发现。那一时期，唐山与江西、山东、湖南及河北邯郸等地陶瓷产区均有交流学习，唐山人分赴这些地区，也曾从上述地区聘请技师以提高制瓷技艺，曾有多批景德镇、淄博、醴陵、彭城等地瓷匠来到唐山，他们给唐山带来制瓷技术，同时也带来原料和产品，唐山本地也生产和使用这类器物。

青花开光“西游记”纹青花缸：口径 104 厘米、底径 70 厘米、高 84 厘米、口沿厚 8 厘米。开光内的图案分四部分：五指山、盘丝洞、铁扇公主、红孩儿。此缸是目前存世的民国时期唐山瓷中体积最大的青花大缸。

开光“西游记”纹青花缸征集花絮[①]

2018 年 4 月，东缸窑下村 5 庄进行拆迁，5 庄指张庄、黄庄、下庄、秦庄、会头庄。刘志田先生将祖传的一件青花大缸捐赠唐山博物馆。这件青花大缸是刘志田同族曾祖辈刘子周亲手制作并留存下来的，成为祖传物件。刘子周是唐山缸窑真成局（三瓷厂前身）的东家。真成局原生产酱釉瓷，后改为生产白瓷。这件大缸由真成局烧造。

刘志田的祖父与刘子周是亲叔伯兄弟，刘先生的曾祖父行大，刘子周父亲行三，因刘子周父母婚后未能生育，后过继二哥之子。刘子周父母 40 岁才喜得亲生儿子。刘子周长大成人后，成为真成局少东家。刘子周为讨母亲欢

① 根据马连珠先生文章整理，有删减。原文发表在《唐山文史》2018 年第 4 期。

喜，在自家窑场制作此大缸，特请一名女画师设计完成开光西游记画面。

刘志田先生口述，听上辈人讲，寿日那天，同族及亲朋好友前来刘府为老夫人祝寿。拜寿前最大的看点就是刘子周为母亲献此寿礼。此缸后来养鱼、养莲花，母亲去世后，刘子周将此缸摆放在大门和二门之间的影壁墙前，作为镇宅之宝。后刘子周在西缸窑置宅，将东缸窑的宅院留给同族叔伯长兄即刘志田的爷爷居住，青花大缸也一并留在老宅，直至这次拆迁。其间，多次有人上门购买此缸，均被刘志田一家婉言拒绝。刘志田认为此大缸虽然留在他家，但真正的拥有者是刘子周家族，他不过是这件大缸的守护者。

据下庄老辈人讲，在民国时期，庄上遇有红白喜事，真成局的碗、盘无偿提供给各家使用，用多少拉多少，从不计数，拉回多少算多少。

刘志田先生捐赠大缸，唐山博物馆派员工前往搬运，大缸比刘先生家的院门还宽，不得不把院门拆除才运出来，除了工作人员外，村民们也一起帮忙。2018年9月，唐山博物馆邀请著名古瓷鉴定专家穆青先生来馆授课，中场休息时穆老师来观赏这件大缸，连连称赞，他认为这是难得的民国瓷器精品，此缸之大，画面之精美，特别是唐山本土烧造，被唐山博物馆收藏，难得一遇。

（三）砖品

民国时期，缸窑一带瓷厂除生产粗瓷、日用细瓷和陈设瓷之外，还生产瓷暖气、过滤器、卫生瓷（广告中称为“卫生器”）、建筑砖等产品。卫生瓷以德盛窑业厂、德顺隆窑业厂为主，前期仿制启新瓷厂引进的德国陶瓷机械进行试制，获得成功，然后开始批量生产。目前，唐山博物馆收藏有德盛瓷暖气、过滤器，但没有卫生器的藏品。因“缸窑体系”耐火砖存世较多，这里重点对耐火砖进行说明。

1. 陶成局砖

陶成局生产的各种工业用砖品是借鉴烧制缸盆的材料和技术生产的。目前，“江南机器局”砖被考证为“陶成局”烧制。砖长22厘米、宽11厘米、高5.5厘米。砖的正面有模印阴文“江南机器局”五个字。砖体经高温煅烧呈古铜色，砖角等处有些破损。此砖是为江南机器局定制的（图3-78）。清末

图3-78 “江南机器局”砖

洋务运动中最重要的两个企业，即“南江南、北开滦”。南江南，指的就是江南制造总局；北开滦，指的是开平矿务局与滦州煤矿合并之后的“开滦”。

2. 德盛砖

据 1932 年《庸报》报道：唐山德盛窑业厂“再所制造之耐高热火砖，经多年之研究，其耐火力已达摄氏表一千七百九十度。曾经河北省工业试验证明，故现在各铁路、各碱厂、各兵工厂、各料品厂及各大工厂，均乐为购用，因较诸舶来品有过之无不及，在先此项耐高热缸砖各工厂大多数购诸日本，或用日本原料，在我国制造，每年漏卮之数甚多，自德盛窑业厂耐高热缸砖一出，已起而代之”①。

（1）1932 年以前的耐火砖

这类砖带有“T.S.C”等字母标记。“T.S.C.”英文缩写字母的含义是“TANG SHAN CLINKER（唐山缸砖）”，下方的“F.F.”“A.A.”和“S.C.”是产品型号。1931 年德盛窑业在《铁道年鉴》中刊载的广告明确提及②（图 3-79、3-80、3-81）。

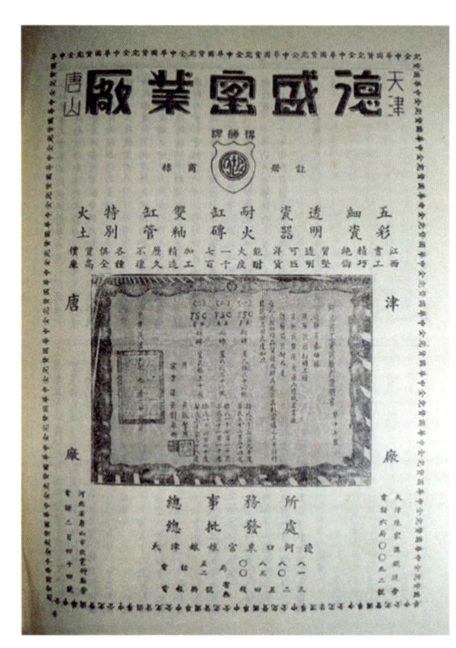

图 3-79　1933 年《铁道年鉴》中刊载的德盛窑业厂广告，附有 1931 年缸砖产品试验证明书

广告在“德盛窑业厂”两侧标示出“津厂”“唐厂”两处地址，唐厂址在“河北省唐山市北雹神庙旁”，津厂在“天津陈家沟铁道旁”。在广告下方有“总事务所、总批发处在天津娘娘宫东口河边”。广告中涉及德盛当时的各类产品，有五彩细瓷、透明瓷器、耐火缸砖、双釉缸管、特别火土。同时还赞美有佳：其中的五彩细瓷“江西画工精巧绝伦”，透明瓷器“质坚透明可匹洋货”，耐火缸砖“能耐火度一千七百”，双釉缸管“加工精造历久不坏”，特别火土“各种俱全质高价廉”。广告的特别之处，是正中影印的民国二十年九月二十三日（1931 年 9 月 23 日）河北省工业试验所给唐山德盛窑业厂出具的三种耐火砖的一张试验

①《庸报》之“唐山德盛窑业厂设备科学化”，1932 年 10 月 31 日。

② 铁道部铁道年鉴编纂委员会：《铁道年鉴第一卷》，册五，第 1195 至 1197 页之间的广告。民国二十二年（1933 年）五月出版。

证明书。证明书内容如下：

河北省工业试验所证明书 第十七号

请验者：秦幼林

请验物品：缸砖三种

产地或制造者：唐山德盛窑业厂

请验项目：耐火度

查此三种缸砖品质优良，堪为建筑高热窑炉之上等材料，兹试验其耐火度如次：

T.S.C.—FF 砖：盖氏锥三十六号，摄氏一千七百九十度，华氏三千二百五十四度。

T.S.C.—AA 砖：盖氏锥三十二号，摄氏一千七百一十度，华氏三千一百一十度。

T.S.C.—SC 砖：盖氏锥三十二号，摄氏一千六百七十度，华氏三千零三十八度。

所长：张圣恩

窑业课长：刘皋卿

中华民国二十年九月二十三日

其中型号 FF 代表特号，用途为铁路机车火箱用耐火砖；型号 AA 代表一号，用途为铁路机车拱砖；SC 型号代表二号，用途为铁路炉灰坑用耐火砖。

图 3-80　T.S.C.（AA）缸砖

图 3-81　T.S.C.（SC）缸砖

（2）1932 年以后的耐火砖

这类耐火砖阴刻“得胜牌”三个字并有盾形商标，因盾形商标为 1932 年注册，所以此类砖是 1932 年之后的产品（图 3-82）。1933 年唐山德盛窑业厂产品广告中提及[①]，“得胜牌”特号耐火砖的耐火度数据与 1931 年广告上的

① 此广告由黄志强收藏，广告内容由黄志强先生生前提供。

图 3-82　盾形商标耐火砖

试验证明书上的 T.S.C.—FF 耐火砖数据完全相同，都是摄氏 1790 度，盖氏锥 36 号；型号 FF 代表为特号，其用途中一项为铁路机车火箱用耐火砖。“得胜牌”一号耐火砖的耐火度数据与试验证明书上的 T.S.C.—AA 耐火砖数据也完全相同，即摄氏 1710 度，盖氏锥 32 号；型号 AA 代表为一号，其用途中一项为铁路机车拱砖。“得胜牌”二号耐火砖的耐火度数据与试验证明书上的 T.S.C.—SC 耐火砖数据相近，分别是摄氏 1630 度和 1670 度，盖氏锥 28 号和 32 号；SC 型号代表为二号。其用途中一项为铁路炉灰坑用耐火砖。通过对比研究，确认河北省工业试验所给唐山德盛窑业厂出具的试验证明书上 T.S.C.—FF 型、T.S.C.—AA 型、T.S.C.—SC 型三种耐火砖，是唐山德盛窑业厂早期生产的铁路专用耐火砖。

据 1936 年德盛产品广告[①]刊载：“得胜牌”耐火砖的用途更加广泛。其中的“得胜牌”特号耐火砖，除作为铁路机车火箱耐火砖之用外，还用于各种锅炉高热炉灶、炼铁炉、玻璃窑炉、石灰和洋灰窑炉砌里、化学工厂各种高热炉灶。其中的“得胜牌”一号耐火砖，除作为铁路机车拱砖之用外，还用于各电力厂、机厂锅炉炉灶镶里、冶金炉及烟囱衬砖、瓦斯厂及制酸厂修筑之用。其中的“得胜牌”二号耐火砖，除作为铁路炉灰坑用耐火砖外，还适用于砖窑锅炉基及烟囱烟道之衬砖。

至 1948 年，耐火砖依然是德盛主打产品。1948 年德盛产品广告[②]从上至下分为四部分。第一部分是广告题头：德盛窑业股份有限公司、注册商标

① 此广告黄志强收藏。广告内容：（1936 年）“查本厂以旧有数百年之经验，以唐山特产火土采用科学方法、新式机器，所制成之各种各式火砖（耐火砖）、缸砖、耐酸砖、墙面砖、铺路及建筑缸砖。既妥靠合用，且价格低廉。一经购买，无不认为满意。历经各大工厂、各铁路长期采购，给有证明函件。本厂因火砖用途不同，特将其成分分为‘高铝’‘高字’‘特号’‘一号’‘二号’等数种，以应不同之需要。其各种耐火度、成分、压力、折力，经实业部中央工业试验所既且国内大学试验室等实验分析，均合标准规定，以之施用于锅炉拱门、化铁炉、机车炉箱、化学工业耐火炉灶、耐酸建筑、窑炉、建筑房屋、铺砌路面，均属通用。本厂出品均经实业官厅及国货机关查核，确为纯粹国货，给予一等国货证明书。并经参加各地国货展览会，给予超等优等奖状，用主诸君，幸垂察焉。”

② 载于《唐山事》第一辑，1948 年，第 34 页。

得胜牌。下边是北平、上海、唐山、天津的相关地址。分别为：北平批发处·北平前外湿井胡同甲二六号，电话三局一九〇〇号；上海分公司·上海南京西路591弄135号，电话三局八一八五号；唐山工厂·唐山北雹神庙旁·电话二四四号；天津售品处·天津河北大街二二五号，电话六局〇二五五号。第二部分是产品宣传：品质精良、坚固耐久、直接订购、交货迅速。第三部分是出品要目：耐火缸砖、耐火火泥、磁石火砖、建筑缸砖、耐酸陶瓷、电力瓷件、卫生器具、日用细瓷。第四部分是总公司地址：天津第八区金汤□北沿马路路西七二号·电话2□0091，电报挂号4523号（图3-83）。

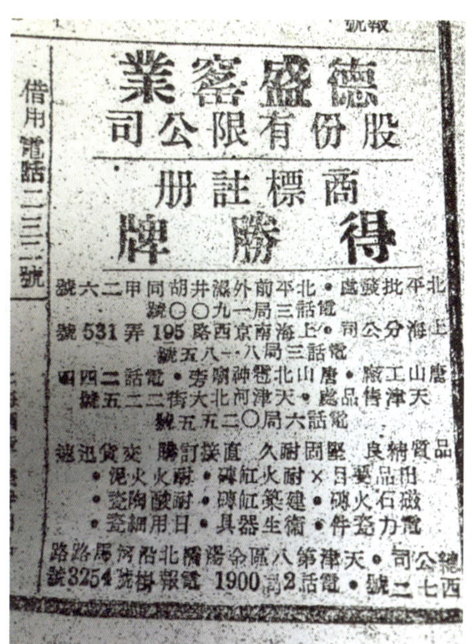

图3-83　1948年德盛产品广告

3. 新明砖

目前所见到的“新明”砖大约有十几个品种。如阴刻楷书“新明”砖、阴刻篆书“新明”及字母A款砖、阴刻篆书“新明”款及数字2砖、阴刻楷书“新明”及五角星砖等（图3-84）。

图3-84　“新明”砖

4. 东陶成砖

东陶成生产的“义记”牌建筑砖只有几块，其中一块的砖面正中凹印“义记”两个美术字，上方凹印“东陶成”三个字（“成”字不清楚）；另外的一种是在砖的上角两端凹印“义、记”两字，在砖的中央圆圈内一个大“东”字（图 3-85）。

图 3-85 “东陶成”砖

5. 缸窑其他各厂砖品

其他唐山老砖的收藏实物还有：致远成、东亚、东兴、京兆、同正、古冶大中、公利、裕丰、辅顺……在陶成局的带动下，东缸窑的致远成、汉记磁厂，西缸窑的真成局、同成局、本茂局等多家窑厂烧制缸砖和耐火砖供应市场。此外，德盛窑业厂（唐山建筑陶瓷厂前身）生产的高铝耐火砖为国内首创。

二、“启新体系”主要产品

启新瓷产品类型丰富。据 1929 年《新江苏报》之“唐山启新磁厂参观记”中记载：“采用西洋新法烧制瓷器，行销国内颇广。其瓷器之式样为华式西式两种，西式瓷器销场尤大。惟炼制之法尚待研究改良，因现出之品，其质地仍较厚，颜色且微黄，不及江南瓷之壤胎极薄釉有宝光，故其出品乍视之，极似日货。因原料制法大致相同也，其出品除壶瓶碗盏等日用品外，卫生器皿及铜砖瓷砖电料尤为大宗，且行销特广。”① 另据 1931 年《工商半月刊》记载：“启新附设之制磁部，为一完全新式之瓷业，居一德人临到之下……产品种类新颖，凡洋式厨房饭桌各项用具及卫生用品、电业用品悉在制造之列。”② 由此可见，日用瓷只是启新瓷厂产品中的一小部分，其余产品反而是大宗。其中，小缸砖一直是瓷厂的重要产品，贯穿瓷厂始终，后卫生器皿、电瓷成为瓷厂创利的主要产品。20 世纪 20 年代后期至 30 年代初是启新日用瓷和陈设瓷的兴盛时期。

① 《新江苏报》之“唐山启新磁厂参观记”，1929 年 12 月 25 日。

② 《中国近代磁州窑史料集》，1931 年 6 月 15 日《工商半月刊》之《调查河北省之陶业》，第 50 页。

（一）日用瓷和陈设瓷

近代启新日用瓷和陈设瓷可分为中式产品和西式产品两类。中式产品用于内销，以中国传统造型为主；西式产品为西方人订制，造型上与西方审美取向相结合。还有一类产品是中西结合，即中式造型但采用西式装饰技法，或者西式造型却用中式纹饰，充分体现了中西文化的碰撞与交融（图 3-86、3-87）。

图 3-86　20 世纪 30 年代启新瓷厂日用瓷制作车间，引自《唐山写真》

图 3-87　20 世纪 30 年代启新瓷厂日用瓷产品，引自《唐山写真》

1. 中式风格产品

启新瓷厂的中式风格产品均为嫁妆瓷系列，主要有日用瓷、陈设瓷、文房用瓷等。日用瓷主要有盘、碗、盆等餐具；陈设瓷主要有掸瓶、观音瓶、状罐、冬瓜罐、将军罐、帽筒等；文房用瓷主要有笔筒、色盘等。

（1）碗

釉下蓝彩团龙碗：口径 19 厘米、底径 8.2 厘米、高 7.2 厘米。外腹部饰五组蓝色团龙图案，外底“启新磁厂”四字单圈款。有人将其归类为“青花”产品，实际上这种蓝料是化学合成，与传统青花使用的“钴”原料不同（图 3-88）。

图 3-88　釉下蓝彩团龙碗，刘希甫藏

釉下五彩“寿”字碗：这类产品数量较多，古玩市场常见，价位几十元到几百元不等。主要有三种尺寸，从大到小依次为：口径 18.2 厘米、口径 16 厘米、口径 11.5 厘米，外腹纹饰红绿彩花卉，花卉之间有变形“寿”字做间隔，有的演化为花卉，内底饰一朵简单的抹花。最小的碗，外底为“启新磁厂”四字单圈款，圈的直径 1.2 厘米。其余款为四字单圈，圈的直径 2 厘米（图 3-89）。

图 3-89　釉下五彩“寿”字碗

釉下五彩婴戏图碗：口径 12.3 厘米、底径 5.6 厘米、高 6 厘米。纹饰为釉下五彩，两个孩童目光专注，似乎被什么吸引，配以花草树木、山石。外底黑色“启新磁厂”四字单圈款并有“π”标记（图 3-90、3-91）。

图 3-90　釉下五彩婴戏图碗，孙照程藏

图 3-91　外底款识和标记

釉上彩仕女纹碗（一对）：口径 11 厘米、底径 4.5 厘米、高 5.8 厘米。主题纹饰“仕女赏春”，背题：平安如意。外底无款（图 3-92）。

图 3-92　釉上彩仕女纹碗（一对），孙照程藏

（2）盘

按装饰技法分，有青花、釉下彩、釉上彩、贴花等；按造型分，有圆盘、椭圆形盘、海棠形盘、高足盘等；按用途分，有茶盘、果盘、食碟等。

釉下五彩“寿”字盘：这类盘与釉下五彩“寿”字碗配套，留存的数量较多。尺寸主要有：直径 23.5 厘米、17.5 厘米、14 厘米、10 厘米等，外底的款有“唐”字款、黑色“启新磁厂”四字单圈款，圈的直径 2 厘米，还有无款产品。其中一件的底款，“启新磁厂”四字为双笔隶书（图 3-93、3-94）。

图 3-93　釉下五彩“寿”字盘

图 3-94　外底款识

釉下五彩花卉盘：口径 13.7 厘米、底径 7.8 厘米、高 2 厘米。与“寿”字盘所用色料相同，外底均为“启新磁厂”四字单圈款（图 3-95、3-96）。

图 3-95　釉下五彩花卉盘

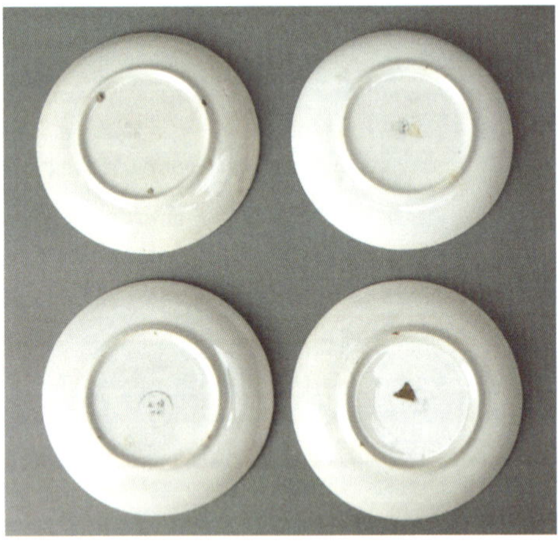

图 3-96　外底款识

釉下五彩花卉碗：口径 20.5 厘米、底径 8.5 厘米、高 7 厘米，碗的外腹部饰釉下花卉纹饰，红、绿、蓝三种色彩，但三种色彩并不浓艳，外底“启新磁厂”四字黑色单圈款，已模糊（图 3-97、3-98）。

图 3-97　釉下五彩花卉碗

图 3-98　外底款识

1931 年釉上彩山水纹高足盘：口径 16.7 厘米、底足直径 7.8 厘米、高 9

厘米。盘内绘山水纹饰，题款：山川水秀，款为“时在辛未春月作”。底足外沿贴两道金线（图 3-99）。

图 3-99　1931 年釉上彩山水纹高足盘

（3）壶

中式壶主要是直筒提梁壶、椭圆体壶、圆体壶。其中，直筒提梁壶最多。直筒提梁壶的上部有系，一侧为流，自肩部直筒而下至底，是民国时期最常见的日用瓷。这类壶共见到大小三种尺寸依次为：口径 9 厘米、底径 13.5 厘米、通高 16.7 厘米；口径 7.5 厘米、底径 11.5 厘米、通高 13.5 厘米；口径 7 厘米、底径 10 厘米、通高 11.5 厘米。外底款有“启新磁厂”四字方框款、“唐”字款、“月牙”款三种。方框款占绝大多数。装饰有釉上新彩、釉下五彩、釉上贴花等品种。

其中直筒提梁壶分为以下三种：

①直筒提梁壶

图 3-100，1927 年釉上彩菊花纹直筒提梁壶：高 16.7 厘米。腹部纹饰为折枝菊花，黄色菊花尤其突出。背题：可以清心。款为“时在丁卯秋月作”。外底“启新磁厂”四字方框款，框边长 1 厘米。这类纹饰的直筒壶 1928 年也有见，背题：惟有黄花照节香，款为“戊辰之杏月作”。其余完全相同。

图 3-101，1928 年釉上新彩“仕女赏春”图直筒提梁壶：高 16.7 厘米。腹部为仕女坐于庭院之中，闻香采花。背题：一片冰心。款为“戊辰之杏月作”。外底“启新磁厂”四字方框款，框边长 1 厘米。

图 3-102，1929 年釉上新彩“垂钓”图直筒提梁壶：高 16.7 厘米。腹部纹饰一老者和一儿童在河边垂钓。背部题：可以清心。款为“时在己巳秋月作”。外底“启新磁厂”四字方框款，框边长 1 厘米。

图 3-103，1929 年釉上彩“戏蝶”图直筒提梁壶：高 16.7 厘米。腹部纹饰为一儿童与猫、蝶画面，猫、蝶一般情况下寓意“耄耋”。背题：茶有清香，款为“时己巳杏月作”。

图 3-100　1927 年釉上彩菊花纹直筒提梁壶，马连珠藏

图 3-101　1928 年釉上新彩“仕女赏春”图直筒提梁壶，马连珠藏

图 3-102　1929 年釉上新彩“垂钓”图直筒提梁壶，马连珠藏

图 3-103　1929 年釉上彩“戏蝶”图直筒提梁壶，马连珠藏

②釉下彩直筒提梁壶

图 3-104，1929 年釉下五彩仕女扑蝶图直筒提梁壶：高 16.7 厘米。腹部纹饰为一仕女携一儿童放风筝。背题：美人如玉，款为“己巳夏月上浣作”。外底为月牙款。

图 3-104　1929 年釉下五彩仕女扑蝶图直筒提梁壶，马连珠藏

图 3-105，1929 年釉下五彩婴戏纹直筒提梁壶：高 14 厘米。腹部为釉下五彩纹饰，背题：可以清心，款为“时在己巳春月作”。外底“启新磁厂”四字楷书月牙款。

图 3-106，1928 年釉下五彩仕女抚琴图直筒提梁壶：高 16.7 厘米。外底黑色月牙款。

图 3-105　1929 年釉下五彩婴戏纹直筒提梁壶，马连珠藏

图 3-106　1928 年釉下五彩仕女抚琴图直筒提梁壶，马连珠藏

③釉上贴花直筒提梁壶

图 3-107，釉上贴花“双鹅”图直筒提梁壶：高 16.7 厘米。腹部花纸贴花，两只鹅游于池塘，远景为远山树木。这类花纸图案非常少见。外底为“启新磁厂”四字方框款，框边长 1 厘米。

图 3-107　釉上贴花“双鹅”图直筒提梁壶，马连珠藏

1937 年椭圆体带柄壶：目前只见到一件，壶身为椭圆形，1937 年启新瓷厂新彩产品。口长径 9.8 厘米、短径 7.7 厘米，底长径 9.6 厘米、短径 8 厘米，高（缺盖）9 厘米。盖缺失。此壶为釉上新彩，画工非常精湛。纹饰为一侠客坐在河边，旁边放一宝剑，一只仙鹤陪伴一旁。背题：可以清心，款为“时在丁丑春月下浣作”。外底款识已模糊，只有“启”字尚可认出，为“启新磁厂”四字单圈款，圈的直径为 1 厘米（图 3-108、3-109、3-110）。

图 3-108　1937 年椭圆体带柄壶

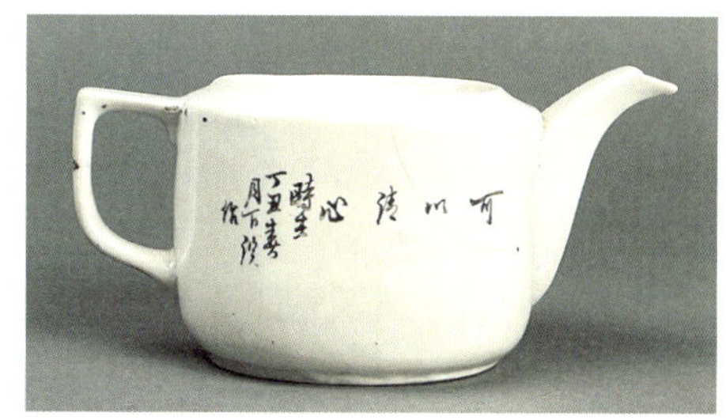

图 3-109　1937 年椭圆体带柄壶背面

图 3-110　外底款识

圆体带柄壶：目前也仅见一件。口径 8 厘米、底径 7 厘米、高 13 厘米。壶身正面为釉上新彩人物纹，背题：启新磁厂赠品。盖上有手书“可以清心”四字（图 3-111、3-112）。

图 3-111　圆体带柄壶，马连珠藏

图 3-112　背部题款

1934 年釉上彩“江湖满地一渔翁”壶：口径 7.2 厘米、底径 11.3 厘米、高 13 厘米。背题“时在甲戌春月作”（图 3-113、3-114）。

图 3-113　1934 年釉上彩“江湖满地一渔翁”壶，李国利藏

图 3-114　背部题款

（4）瓶

①掸瓶

北方常用“鸡毛掸子”清扫家具、房屋，用过之后插到瓶子里存放，这类瓶俗称“掸瓶”。

1925 年于广父绘釉下五彩“龙钟授经”掸瓶：口径 17 厘米、底径 15.7 厘米、高 42 厘米。肩部描金衔环铺首，其中一只底残。纹饰为一片竹林中，一老者为孩童传授经文。背题：金风昨日入秋林，红袖龙钟授经文。不教儿成有几个，试问举世古今人。款为“岁次乙丑孟秋月于广父作”。另一只为“于明浦作”。于广父与于明浦为同一人。外底灰蓝色“唐”字款（图 3-115、3-116、3-117）。

图 3-115　1925 年于广父绘釉下五彩“龙钟授经”掸瓶

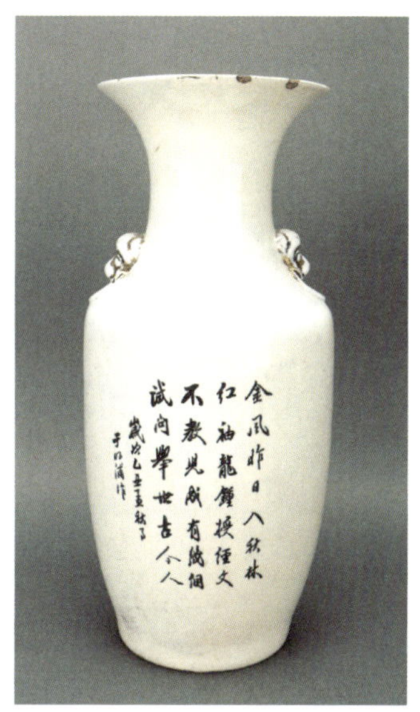

图 3-116　背部题款

图 3-117　外底款识

1925 年于明浦绘教子图掸瓶：口径 17 厘米、底径 13.5 厘米、高 42 厘米。背题：几回月缺几回圆，屡易沧桑累变迁。梧桐荫处儿三两，红花数点共争妍。款为“岁次乙丑孟秋月于明浦作”。外底“唐”字款（图 3-118、3-119、3-120）。

图 3-118　1925 年于明浦绘教子图掸瓶

图 3-119　背部题款

图 3-120　外底款识

1925 年于明浦绘“蓝桥遇云英”掸瓶：口径 16.5 厘米、底径 13 厘米、高 42 厘米。背题：一饮琼酱百感生，元霜捣尽见云英。蓝桥便是神仙窟，何必崎岖上玉京。款为“岁次乙丑孟秋月于明浦作”。原诗是唐代樊夫人所作“樊夫人答裴航”。瓷绘中出现很多错字，例如琼浆的“浆”器物上为“酱”，玄霜的“玄”器物上为“元”，玉清的“清”器物上为“京”。此诗中的云英是神话故事中的仙女。传说裴航过蓝桥驿，以玉杵臼为聘礼，娶云英为妻。后夫妇俱入玉峰成仙。外底手写“唐”字款并有“ √ ”标记。同类题材，杜化南也画过，但于明浦的画面以裴航为主角，杜化南的画面以云英为主角。同一故事，不同的画师有不同的理解和表现方式。也由此证明，启新瓷厂的画师不是工匠，他们的瓷绘作品是创作。（图 3-121、3-122、3-123）

图 3-121　1925 年于明浦绘“蓝桥遇云英”掸瓶，翟国辉藏

图 3-122　背部题款

图 3-123 外底款识

1925年杜化南绘“蓝桥遇云英”掸瓶：口径17.5厘米、底径13.7厘米、高42厘米。同样题材，杜化南将云英作为主角进行创作，人物形象端庄，线条流畅，亦为上乘之作。款为“岁次乙丑孟秋月杜化南作”，外底“唐”字款（图3-124、3-125、3-126）。

图3-124　1925年杜化南绘“蓝桥遇云英”掸瓶，翟国辉藏

1925年李润芝绘釉下五彩“醉中作”掸瓶：口径17.5厘米、底径13.7厘米、高42厘米。肩部白釉衔环铺首。这对瓶口部均已残。纹饰为一老者坐于树下，旁边一童子持手杖陪伴。画面的特点是一棵夸张的老树，树干遒劲，树叶先以鸡爪线条抹出形状，再进行涂染。背

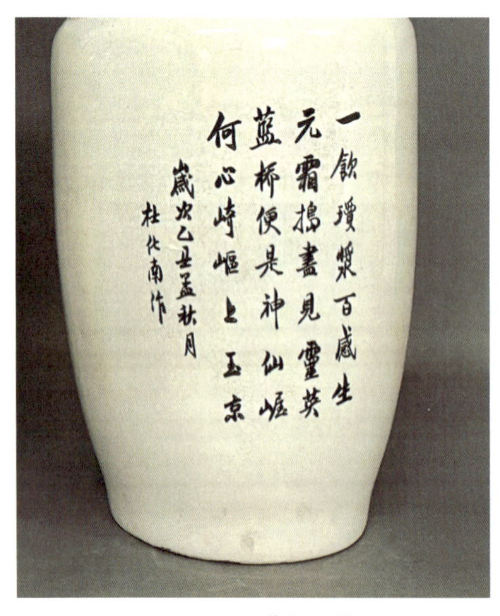

图3-125　背部题款

图3-126　外底款识

题：驾鹤孤飞万里蓬，偶然来至大峨东。衔杯露坐无人问，要看青天入酒中。款为“岁次乙丑孟秋月李润芝作”。这首诗出自陆游《醉中作》，稍有出入，原诗中的“万里风”这里为“万里蓬”；原诗的“偶然来憩”这里是“偶然来至”；原诗的“持杯”这里是“衔杯”；原诗的“无人会”这里是“无人问”。瓷绘题诗中，艺人凭记忆而作，个别词字存有出入也属正常现象。瓶的外底有绿色“唐”字款并附带“中”“∧”标记（图 3-127、3-128、3-129）。

图 3-127　1925 年李润芝绘釉下五彩“醉中作”掸瓶

图 3-128　背部题款

图 3-129　外底款识

1926 年李润芝绘釉下五彩“呼童问桑”掸瓶：口径 17.2 厘米、底径 13 厘米、高 42 厘米。肩部描金衔环铺首。纹饰为清明时节，春暖花开，两个女子来山中品茶，叫过来一个孩子打听种桑养蚕的准备事项。辅以树木、远山、

石桌，石桌上摆放茶壶、茶杯。背题：时至清明已见花，村间姊妹有生涯。呼童预备蚕桑事，且向山中来品茶。款为“岁次丙寅冬日上浣李润芝作”。外底“启新磁厂”黑色四字单圈款，圈的直径 2 厘米。（图 3-130、3-131、3-132）

图 3-130　1926 年李润芝绘釉下五彩“呼童问桑”掸瓶

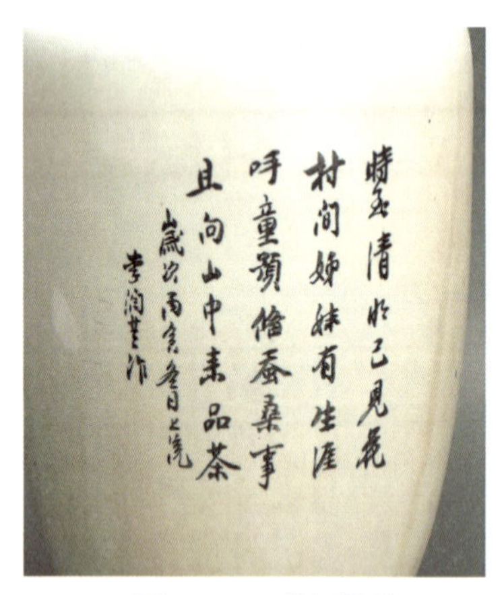

图 3-131　背部题款

图 3-132　外底款识

1927 年李润芝绘釉下五彩“伏生传书”掸瓶：口径 19 厘米、底径 15.8 厘米、高 55.5 厘米。肩部白釉衔环铺首。纹饰是汉代伏生[①]坐在石凳上整理

① 伏生，秦代（今山东邹平市）人。秦始皇下诏焚书，伏生冒死把一部《尚书》偷偷藏在了自家的夹壁墙里。秦亡汉兴，时局安定以后，汉伏生回到家中，破壁取出了所藏《尚书》，其竹简大多蠹坏，经过整理，得完整的二十八篇，遂在齐鲁传授，学者甚众。其弟子将他的讲义记录下来，称为《尚书大传》一书。伏生也被称为先儒圣贤，得以配享孔庙，获得历代文人墨客的顶礼膜拜。

书简，妻子陪伴其右。画面背景是树木、远山、草屋。背题：汉伏生乃秦时名士，焚书坑儒竟得免于劫。高祖使记者至其家，抄录坟典而日授三百余篇。款为“岁次丁卯夏月上浣李润芝作于浭阳”。外底“启新磁厂”黑色四字双笔篆书单圈款，圈的直径 3.5 厘米（图 3-133、3-134、3-135）。

图 3-133　1927 年李润芝绘釉下五彩“伏生传书”掸瓶

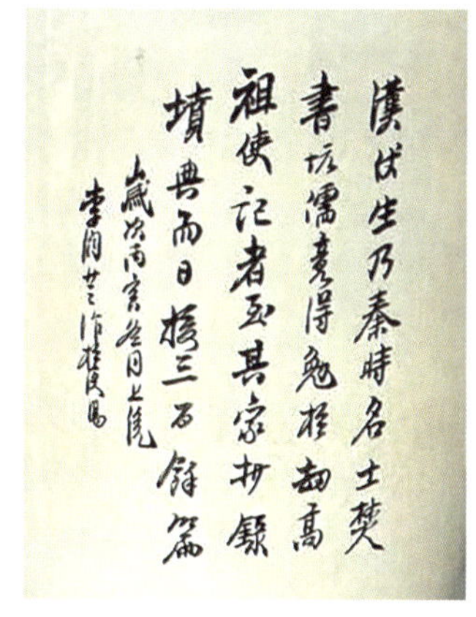

图 3-134　背部题款

图 3-135　外底款识

1926 年庄子明绘“郭子仪拜仙”掸瓶：口径 16.7 厘米、底径 13.5 厘米、高 42 厘米。肩部铺首为白色。正面纹饰郭子仪跪地叩拜仙人，背题：大富贵亦寿考，实系荣华美好。自古将相何人，惟有郭公此老。款为“岁次丙寅冬月上浣庄子明作”。外底黑色“启新磁厂”四字单圈款，圈的直径 2 厘米，另有“士”字标记（图 3-136、3-137、3-138）。

图 3-136　1926 年庄子明绘“郭子仪拜仙”掸瓶

图 3-137　背部题款

图 3-138　外底款识

1927 年李光宇绘釉上彩“天仙送子”掸瓶：口径 20 厘米、底径 15.8 厘米、高 55.5 厘米。肩部描金衔环铺首。在颈肩及腹部绘制纹饰，纹饰为颇受民间喜爱的“观音送子”图，纹饰主体是天仙坐踞神撵之上，呈现一种雍容华贵的姿态，头饰宝冠，怀抱童子，善财、龙女侍童神护两侧。整个画面祥云缭绕，仙树参天。背景为螺旋式祥云和苍劲的仙树直通云霄。背题：万里清平天门开，祥云瑞气共徘徊。莫道家家焚香候，欢迎天仙送子来。款为“时在丁卯冬日李光宇作”。外底为“启新磁厂”黑色四字方框款，框的边长 1 厘米。另外，唐山博物馆还收藏一对戊辰“天仙送子”掸瓶，也为釉上彩，与这一对纹饰相同，但戊辰年的一对无署名款（图 3-139、3-140）。

图 3-139　1927 年李光宇绘釉上彩“天仙送子”掸瓶

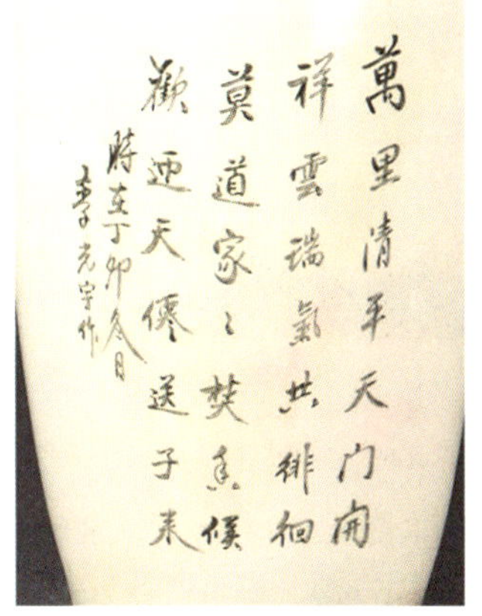

图 3-140　背部题款

1927 年李泽民绘釉上彩山水纹掸瓶：口径 17 厘米、底径 13.5 厘米、高 41.2 厘米。肩部描金衔环铺首。所绘山水纹饰采用传统折带皴，有明清文人画风格。背题：问余何事栖碧山，笑而不答心自闲。桃花流水杳然去，别有天地非人间。款为“时在丁卯秋月李泽民作”。外底“启新磁厂”黑色四字方框款，框边长 1 厘米。唐山博物馆还收藏有戊辰年北平士所绘同款产品（图 3-141、3-142、3-143）。

图 3-141　1927 年李泽民绘釉上彩山水纹掸瓶

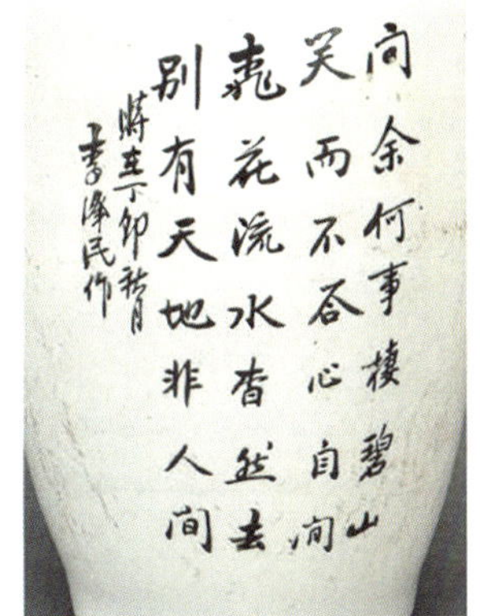

图 3-142　背部题款

图 3-143　外底款识

1927 年浭阳士庄子明绘釉下五彩“郑玄文婢”掸瓶：口径 19.8 厘米、底径 16.2 厘米、高 41.2 厘米。肩部描金衔环铺首。胎质稍显疏松，釉色泛黄，有细碎裂纹。纹饰取自“郑康成家中侍婢通毛诗”故事。画面中正襟危坐的当为郑康成，一个侍女双手捧泥，另一个侍女在嘲笑她。配以远山、飞雁、树木、山石等辅助纹饰。背题：后汉郑康成受学于马融，使侍婢常跪阶下，他婢戏之，曰：“胡为手泥中？”曰：“伯（薄）言往诉（愬），逢彼之怒。”其风雅如此。郑康成又名郑玄，字康成。东汉经学大师，德行卓著。原句出自《诗经·邶风·柏舟》，这里，“伯”同“薄”，“愬”同“诉”。应为“薄言往愬，逢彼之怒。”瓷器中的诗文为瓷绘艺人所书，常出现错别字，或者用简化的文字代替。款为“岁次丁卯秋月上浣，浭阳士庄子明作”。外底“启新磁厂”黑色四字双笔单圈款，圈的直径 3 厘米。其中一只还有黑色双笔“磁”字标记（图 3-144、3-145、3-146）。

图 3-144　1927 年浭阳士庄子明绘釉下五彩“郑玄文婢”掸瓶

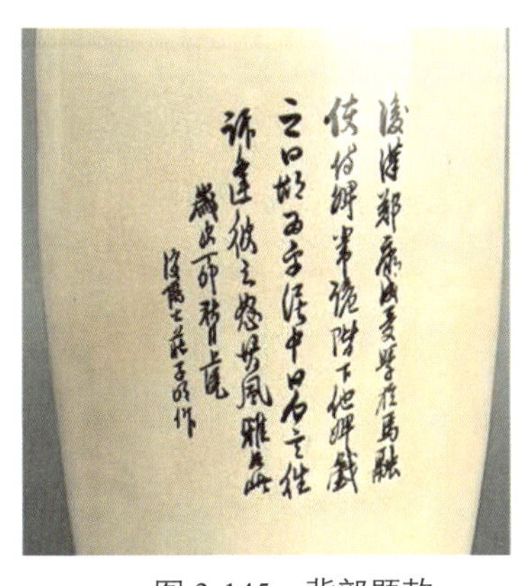

图 3-145　背部题款

图 3-146　外底款识

1930 年釉上彩“郑玄文婢”掸瓶：口径 19.5 厘米、底径 15.5 厘米、高 58 厘米。正面纹饰也为“郑玄文婢”，但釉上彩较釉下彩多了一个婢女。整体色调与釉下彩几乎相同，仍然以赭色、灰蓝、绿色和淡粉四种颜色为主。背题：歌赋清吟丝管声，消遣文艺画堂中。犹加品伻责诗婢，惟有后汉郑康成。款为“庚午年冬月上浣，作于石城”[①]。外底无款（图 3-147、3-148）。

图 3-147　1930 年釉上彩“郑玄文婢”掸瓶

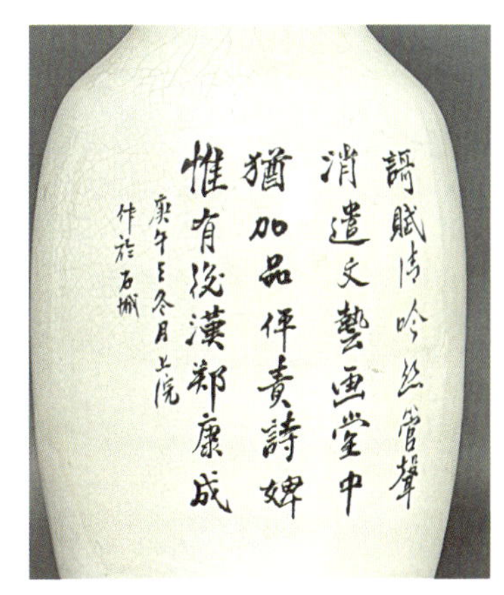

图 3-148　背部题款

1928 年溗阳士绘釉下五彩“天女散花”掸瓶：口径 19.5 厘米、底径 16.2 厘米、高 55 厘米。肩部白釉衔环铺首。釉下五彩，纹饰为天女散花，辅以仙山、祥云。天女手持花篮，花篮倒扣，呈正在散花的形态。背题：不辞云路赴瑶天，静采灵芝荷玉肩。群芳谱上称帼首，散得鲜花落下凡。款为“岁次

① 石城，指唐山。唐山之名源自大城山。大城山东麓建有石城，旧称“城子”。

戊辰春月山浣，洹阳士作”。外底“启新磁厂”黑色四字方框款，框边长 1 厘米（图 3-149、3-150、3-151）。

图 3-149　1928 年洹阳士绘釉下五彩“天女散花”掸瓶

图 3-150　背部题款

图 3-151　外底款识

1928 年洹阳居士绘釉下五彩“小倩携琴”掸瓶：口径 19.5 厘米、底径 16.2 厘米、高 55 厘米。肩部描金衔环铺首。纹饰题材取自《聊斋》之宁采臣与聂小倩的故事。画面中小倩对炉焚香祈祷，侍女双手捧琴伺候。烟熏缭绕，背景一棵硕大的芭蕉，配以红色点彩的灌木枝叶。颈部绘海水日出。背题：罗衣新拭晚来天，小倩携琴抚未弹。拜到墙东明月上，熏炉犹自绕香烟。款为“岁次戊辰秋月上浣洹阳居士作”。外底为“启新磁厂”黑色四字方框款，框边长 1 厘米（图 3-152、3-153）。

图 3-152　1928 年溟阳居士绘釉下五彩“小倩携琴”掸瓶

图 3-153　背部题款

1928 年素心子绘釉上彩“黛玉葬花”掸瓶：口径 19 厘米、底径 16.5 厘米、高 56 厘米。纹饰取自“红楼梦”中“黛玉葬花”的情节。黛玉高挽发髻，身穿淡紫色衣衫、淡绿色裙子，肩背扛着锄镐，挑起花篮，花篮里盛满花卉，前去葬花。辅以树木、山石、栏杆。背题：芳迹归琼岛，名留在人间。款为“戊辰之冬月画于维新轩 素心子作”。外底“启新磁厂”四字方框款（图 3-154、3-155、3-156）。

图 3-154　1928 年素心子绘釉上彩“黛玉葬花”掸瓶

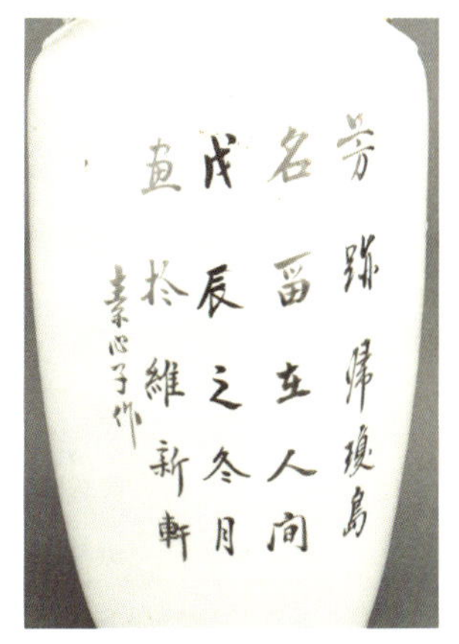

图 3-155　背部题款

图 3-156 外底款识

1929 年浭阳居士绘釉下五彩鸳鸯莲荷图掸瓶：口径 17.1 厘米、底径 13.5 厘米、高 42.2 厘米。肩部褐釉衔环铺首。纹饰为荷叶、荷花，荷叶下两只鸳鸯正在池中游弋。荷花淡雅，荷叶优美，鸳鸯生动。整个画面和谐、美好。背题：水边篱落月昏黄，扑面风来别有香。料是罗浮清梦醒，蕊珠仙子舞霓裳。款为“岁次己巳冬月上浣浭阳居士作”。外底“启新磁厂”黑色四字方框款，框边长 1 厘米（图 3-157、3-158、3-159）。

图 3-157 1929 年浭阳居士绘釉下五彩鸳鸯莲荷图掸瓶

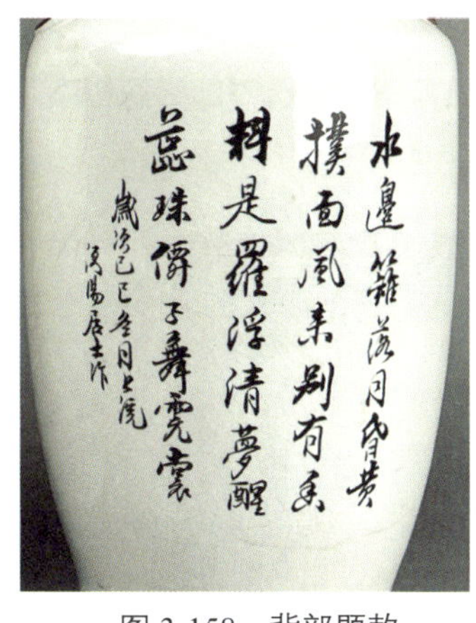

图 3-158　背部题款

图 3-159　外底款识

1930 年无署名釉上彩“三娘教子”掸瓶：口径 19.7 厘米、底径 16.8 厘米、高 58.5 厘米。颈部蝶耳。纹饰是传统的“三娘教子”题材，背题：风流文学士，潇洒女先生。义方来教子，千古仰贤名。款为“时在庚午秋月作”。其中一只呈色略差。外底“启新磁厂”黑色四字方框款，框边长 1 厘米（图 3-160、3-161）。

图 3-160　1930 年无署名釉上彩“三娘教子”掸瓶及背部题款

图 3-161　外底款识

1930 年无署名釉上彩“仕女游春”掸瓶：口径 17.8 厘米、底径 14.8 厘米、高 44.8 厘米。颈部蝶耳。纹饰是两个仕女分别站在树的两侧，一起看地上的花草，其中一个手持镐头，准备采花，另一个在旁边指点。配以树木、

栏杆、山石辅助纹饰。背题：娉婷树下女，郊原去采花。徘徊歧路侧，相对美堪夸。款为“庚午冬月作”。外底“启新磁厂”绿色篆书双笔方框款，框的边长 3 厘米。（图 3-162、3-163、3-164）

图 3-162　1930 年无署名釉上彩“仕女游春”掸瓶

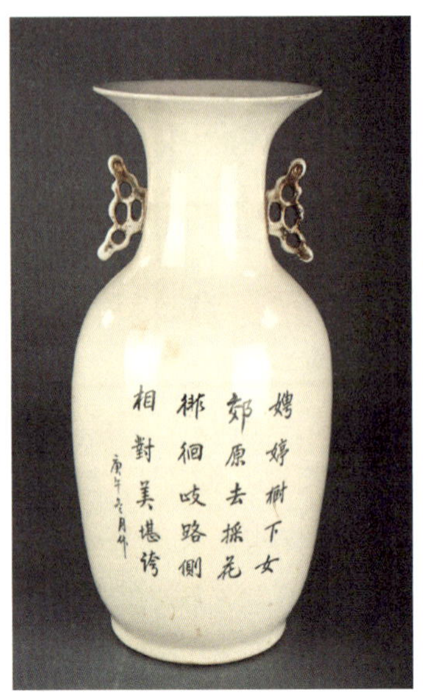

图 3-163　背部题款

图 3-164　外底款识

1933 年无署名釉上彩“仕女游春”掸瓶：口径 16.5 厘米、底径 15.1 厘米、高 45 厘米。背题：邀侣春园去踏青，游蜂采蝶更多情。风送细雨花开早，人面桃花相映红。款为“时在癸酉冬月作”。外底“启新磁厂”绿色四字单圈款，圈的直径 2 厘米（图 3-165、3-166、3-167）。

图 3-165　1933 年无署名釉上彩“仕女游春”掸瓶，李国利藏

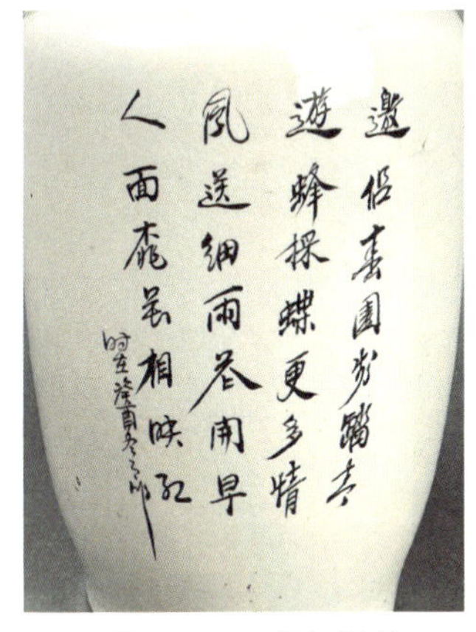

图 3-166　背部题款

图 3-167　外底款识

1933 年釉上彩“仕女游春”掸瓶：口径 19.8 厘米、底径 16 厘米、高 58 厘米。肩部无铺首，颈部蝶耳。纹饰是仕女野外赏春读书的情景，辅以山石、树木、花草，春暖花开的景象。背题：工余唤婢踏春园，万紫千红色同观。暖日和风春光好，对坐同观列女传。款为“时在癸酉冬月作”，外底“启新磁厂”绿色四字单圈款，圈的直径 2 厘米（图 3-168、3-169、3-170）。

图 3-168　1933 年釉上彩“仕女游春”掸瓶

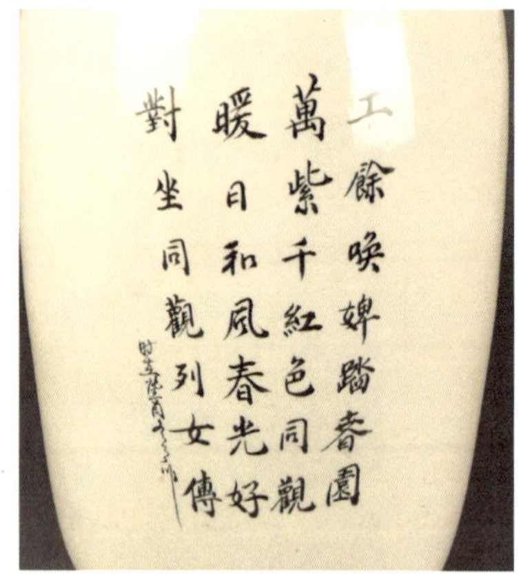

图 3-169　背部题款

图 3-170　外底款识

1934 年无署名釉上五彩“天女散花”掸瓶：口径 17.3 厘米、底径 15 厘米、高 42.9 厘米。颈部蝶耳，纹饰是“天女散花”图，但是此图与其他天女散花题材在绘画上不同，三个天女姿态各异分布在瓶的腹部上下及颈部，形成满瓶布局，呈散花的动作。辅以祥云、飘散的花朵。背题：桃花开放处，春艳玉人松。叙映红妆句，书于珠山西轩。款为“甲戌春月作”。外底“启新磁厂”绿色四字单圈款，圈的直径 2 厘米（图 3-171、3-172、3-173）。

图 3-171　1934 年无署名釉上五彩“天女散花”掸瓶

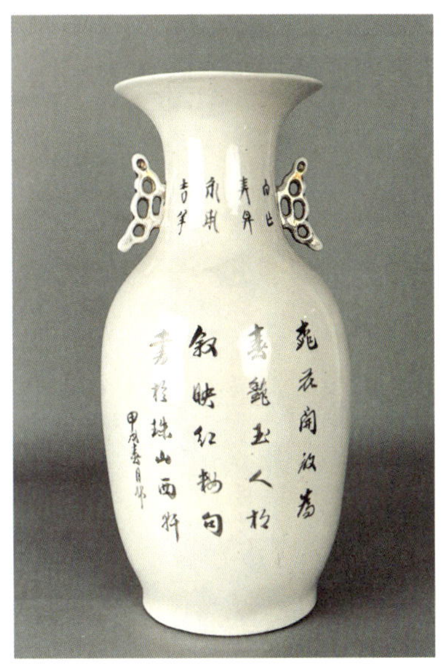

图 3-172　背部题款

图 3-173　外底款识

1941 年李泽民绘釉上彩“仙女散花”掸瓶：口径 21 厘米、底径 15.4 厘米、高 58.5 厘米。颈部蝶耳。主体纹饰是仙女散花，颈部题字：时在辛巳冬月上浣李泽民作。外底有一个凸起，无其他款识。此瓶构图和“缸窑体系”风格一致，已脱离启新风格，但绘画笔法娴熟，画工精良。李泽民为启新瓷厂画师，唐山博物馆藏有 1927 年李泽民所绘的釉上彩山水纹掸瓶。这一时期启新瓷厂日用瓷和陈设瓷已衰落，电瓷、小缸砖、卫生瓷为主要产品，一些画师转往缸窑。但从胎土、色料、釉料看，这件掸瓶与癸酉年启新“天女散花”掸瓶如出一辙，是缸窑和启新两大体系日用瓷与陈设瓷风格融合的见证物（图 3-174）。

图 3-174　1941 年李泽民绘釉上彩“仙女散花”掸瓶

②蒜头瓶

蒜头瓶，因瓶口部位形似“蒜头”而得名。蒜头瓶是明清时期景德镇常见的一种瓶式样，仿自汉代青铜蒜头壶。民国时期唐山瓷蒜头瓶分大、小两种，大的器高约 24 厘米、小的器高约 19 厘米，全部是釉下彩装饰。

1926 年庄子明绘釉下五彩“大乔小乔”蒜头瓶：口径 2.7 厘米、底径 7.7 厘米、高 24 厘米。釉下五彩，色彩以红、绿彩为主，画面是三国时期人物——大乔、小乔，当时两位美女分别嫁给孙策、周瑜，传为佳话。背题：美哉大小乔，芳名四海标。姊妹得佳婿，仝占江东鳌。款为“丙寅秋月庄子明作”。外底“启新磁厂”黑色四字单圈款，圈的直径为 1.4 厘米（图 3-175、3-176、3-177）。

图 3-175　1926 年庄子明绘釉下五彩“大乔小乔”蒜头瓶

图 3-176　背部题款

1926 年孙伯华绘釉下五彩“多子多福”蒜头瓶：口径 3 厘米、底径 6.2 厘米、高 19.6 厘米。釉下五彩，纹饰为两个娃娃怀抱一个巨型石榴，取多子多福之意。娃娃生动活泼，以鲜花盛开的石榴树、洞石、远山为背景。背题：西岐出圣女，英明盖世无。诛纣安天下，榴开百子图[①]。款为“丙寅秋月庄子

① 西岐出圣女，指的是《封神演义》中西岐姬昌的女儿。传说是西王母的女儿下凡历劫，得到姬昌的照顾，参与伐纣，姬昌也因此女得到诸侯的拥护。

图 3-177　外底款识

明作”。外底“启新磁厂”黑色四字单圈款，圈的直径 1.4 厘米，但“启新磁厂”四字被人为划掉（图 3-178、3-179）。

图 3-178　1926 年孙伯华绘釉下五彩“多子多福”蒜头瓶

图 3-179　背部题款

无署名釉下五彩花鸟纹蒜头瓶：口径 3 厘米、底径 6.2 厘米、高 19.6 厘米。釉下五彩，纹饰为两只小鸟栖落树木的枝头，一只小鸟迎面飞来。整体色调以赭色和青花为主，画工精美，堪称启新产品中的上乘之作。外底有“唐”字款，但无纪年和署名款（图 3-180、3-181）。同类纹饰在私人收藏中见过一件茶盘，盘中有题款：仿元人法，甲子之仲冬 。甲子为 1924 年，据此推测此瓶应为同一时期产品。

图 3-180　无署名釉下五彩花鸟纹蒜头瓶

图 3-181　外底款识

1934 年孙伯华绘釉上新彩“高士观瀑”蒜头瓶：此瓶大小与前文所见釉下五彩蒜头瓶大件类型相同。一侧绘高士坐于山间，仰视观瀑，童子携琴扭头同观。一仙鹤天空中掠过。颈部有“大吉祥”三字竖排，背题：甲戌仲冬月，玉壶买春，赏雨茅屋。坐中佳士，左右修竹。眠琴绿阴，上有飞瀑。款为“孙伯华”，外底绿色单圈“启新磁厂”四字款（图 3-182、

3-183、3-184）。从另外一位藏家手中也见到过此类纹饰的蒜头瓶，题材、用料完全相同，但纹饰方向相对，与此瓶应为一对。

图 3-182　1934 年孙伯华绘釉上新彩“高士观瀑”蒜头瓶，私人收藏

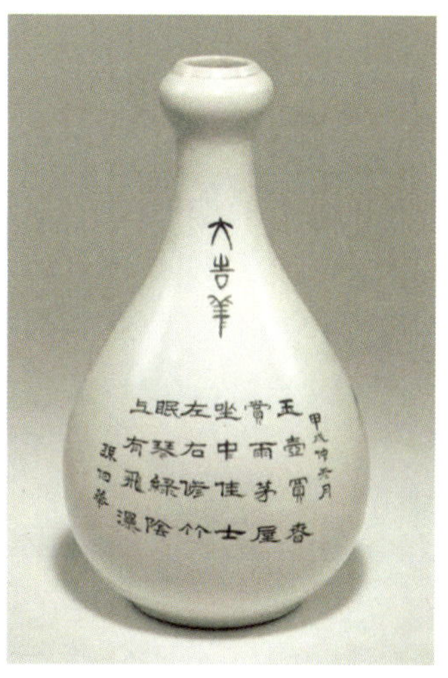

图 3-183　背部题款

图 3-184　外底款识

③观音瓶

1926 年孙伯华绘釉下五彩“仕女游春”观音瓶：口径 8.2 厘米、底径 7.6 厘米、高 23 厘米。观音瓶是流行于清代康熙至乾隆时期的一种瓶式。造型特征是侈口，丰肩，肩下弧线内收，至胫部以下外撇，浅圈足，瓶体修长，线条流畅。民间也有人把这种大小的瓶叫“尺瓶”，意为一尺高的瓶。这件瓶为釉下五彩，画面是两个仕女游春，仕女衣服一红一蓝，配以树木、花草等辅助纹饰。背题：树下二娇娃，形容最可夸。翠眉分柳叶，粉面似桃花。款为“岁在丙寅季夏月孙伯华作”。外底“启新磁厂”黑色四字单圈款，圈直径 1.4 厘米，另阴刻数字 11 标记（图 3-185、3-186）。

图 3-185　1926 年孙伯华绘釉下五彩“仕女游春”观音瓶

图 3-186　外底款识

1928 年高生绘釉上彩山水观音瓶：口径 8.2 厘米、底径 7.6 厘米、高 23 厘米。腹部一侧为山水纹饰，一侧题字：问余何事栖碧山，笑而不答心自闲。桃花流水杳然去，别有天地非人间。款为“岁在己巳杏月，高生作”，外底“启新磁厂”四字方框款。外底“启新磁厂”黑色四字方框款，框边长 1 厘米（图 3-187、3-188、3-189）。

图 3-187　1928 年高生绘釉上彩山水观音瓶

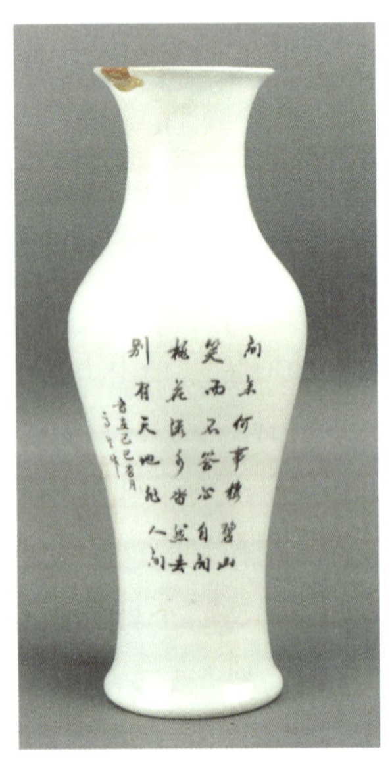

图 3-188　背部题款

图 3-189　外底款识

1927 年釉上彩吴俊士绘“怀橘孝亲”观音瓶：口径 8.2 厘米、底径 7.6 厘米、高 23 厘米。纹饰为怀橘奉亲的传统故事。背题：孝者天经地义，先圣藉此化人。莫云陆郎年少，怀橘惟知奉亲。“怀橘孝亲”故事出自《三国志·吴书·陆绩传》，陆绩六岁跟随父亲到袁术那里做客，把橘子偷偷揣进怀里，出门时橘子掉了，被袁术发现，陆绩说想把橘子带回家孝敬母亲。画面中的长者为袁术，后一侍女，站立的孩子为陆绩，陆绩脚下有两个掉落的橘子。辅助纹饰为树木、花草、祥云、山石等。款为“时在丁卯秋月吴俊士作”，外底“启新磁厂”黑色四字方框款，其中一件有“十”标记，一件阴刻数字 11（图 3-190、3-191、3-192）。

图 3-190　1927 年釉上彩吴俊士绘“怀橘孝亲”观音瓶

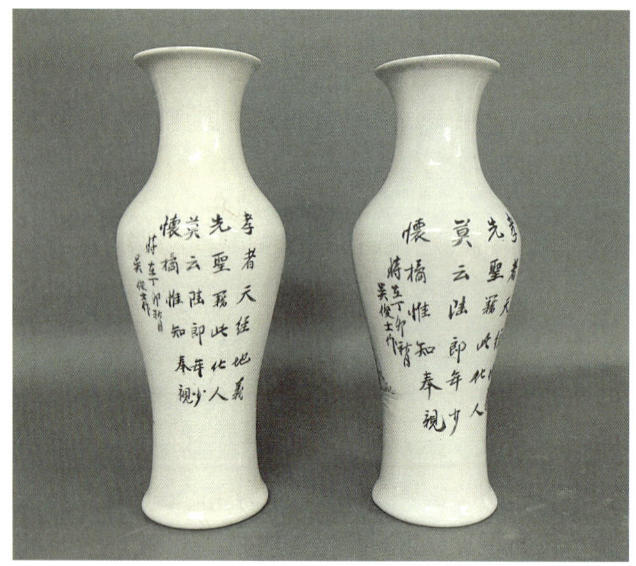

图 3-191　背部题款

图 3-192　外底款识

白釉观音瓶：口径 8.2 厘米、底径 7.6 厘米、高 23 厘米。通体施白釉，胎体不细腻，釉色莹润。外底“启新磁厂”黑色四字方框款，框边长 1 厘米。这类无纹饰的素瓶，可作为单色釉产品，也可作为釉上彩产品的素胎（图 3-193、3-194）。

图 3-193　白釉观音瓶

图 3-194　外底款识

④凤尾瓶

瓶的一种式样。喇叭状口，长颈，鼓腹，下敛，至底又广，形状略似凤尾，故名。清代康熙景德镇窑创制。

1926 年李润芝绘釉下五彩“教子图”凤尾瓶：口径 11.5 厘米、底径 7.5 厘米、高 21.5 厘米。腹部饰以孩童、美妇人物，色调清新高雅，人物生动，具有极高的绘画水平。背题：春风随运转，美景顺时来。民间儿与妇，树下共徘徊。款为“丙寅仲夏月李润芝作”，外底“唐”字款（图 3-195、3-196、3-197）。

图 3-195　1926 年李润芝绘釉下五彩“教子图”凤尾瓶

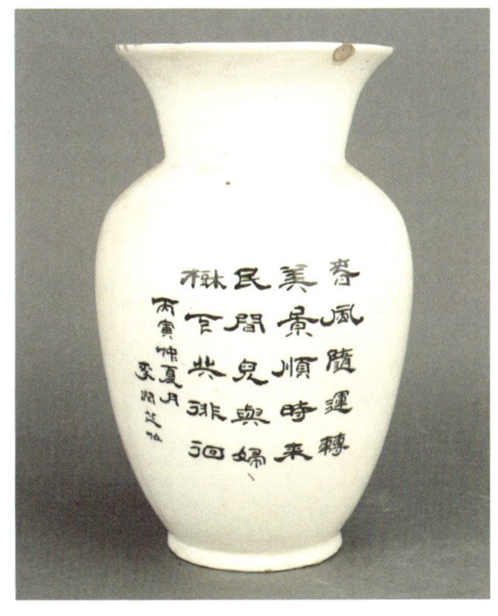

图 3-196　背部题款

图 3-197　外底款识

另一件凤尾瓶与李润芝所绘这件大小一样，图案一样，但是绘瓷之人是庄子明，背题文字为：林下美娇娃，形容最可夸。翠眉分柳叶，粉面似桃花。款为“丙寅仲夏月庄子明作”。此件已残。

（5）罐

①将军罐

1927 年吴俊士绘釉上五彩“怀橘孝亲”将军罐：口径 10 厘米、底径 17 厘米、通高（带盖）27 厘米。釉上彩，纹饰取自“怀橘孝亲”故事。背题：孝者天经地义，先圣籍此化人。莫云陆郎年少，怀橘惟知奉亲。款为“时在丁卯冬月吴俊士作”，外底“启新磁厂”黑色四字方框款，框边长 1 厘米，同时外底还有“W”标记。1928 年，仍可见这类纹饰、画工、大小相同的将军罐，但是无瓷绘艺人署名（图 3-198、3-199、3-200）。

图 3-198　吴俊士绘釉上五彩“怀橘孝亲”将军罐

图 3-199　背部题款

图 3-200　外底款识

②冬瓜罐

素心子绘釉上彩“长寿百子图”冬瓜罐：口径 8.5 厘米、底径 13.5 厘米、通高 29 厘米。主体纹饰通过仕女、孩童、桃树、石榴等表现长寿、多子的吉祥寓意。背题：桃献千年寿，榴开百子图。子孙绵万代，祥麟吐玉书。款为“素心子作”（图 3-201、3-202、3-203）。

图 3-201　素心子绘釉上彩“长寿百子图”冬瓜罐，马连珠藏

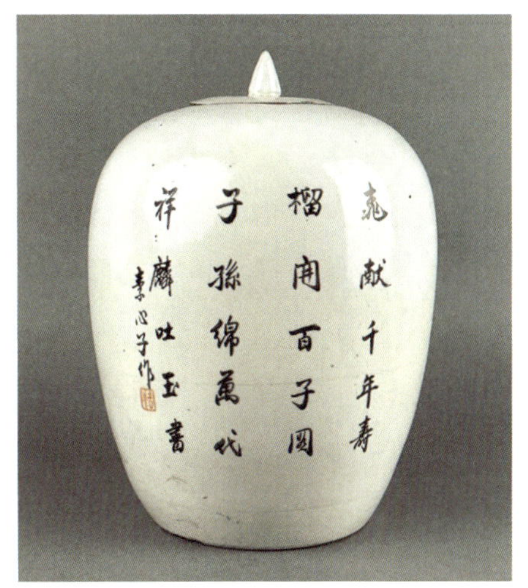

图 3- 202　背部题款

图 3-203　外底款识

1930 年釉上彩“三星共照”冬瓜罐：口径 9.5 厘米、底径 13.8 厘米、高 27 厘米。正面纹饰，恭迎福禄寿三星，其中禄星踏着祥云而至。辅助纹饰是福山寿海。背题：三星共照大功德，五福临门佳气多。星联福寿千禅集，风动韶花万物和。款为“庚午作”。外底绿色方框“启新磁厂”篆书款，框的边长 1.8 厘米（图 3-204、3-205、3-206）。

图 3-204　釉上彩“三星共照”冬瓜罐，李国利藏

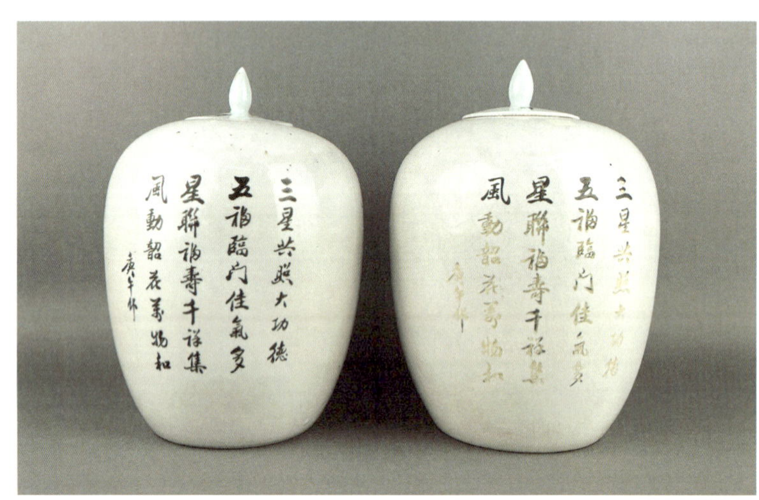

图 3-205　背部题款

图 3-206　外底款识

1927 年庄子明绘釉下彩“郭子仪拜仙”冬瓜罐：口径 9 厘米、底径 14 厘米、通高 30 厘米。正面纹饰与同类题材掸瓶相同，背题文字也相同。外底黑色“启新磁厂”四字单圈款，另有双笔“磁”字标记。盖内也有款，为黑色“启新磁厂”四字方框款（图 3-207、3-208、3-209）。

图 3-207　庄子明绘釉下彩“郭子仪拜仙”冬瓜罐，孙照程藏

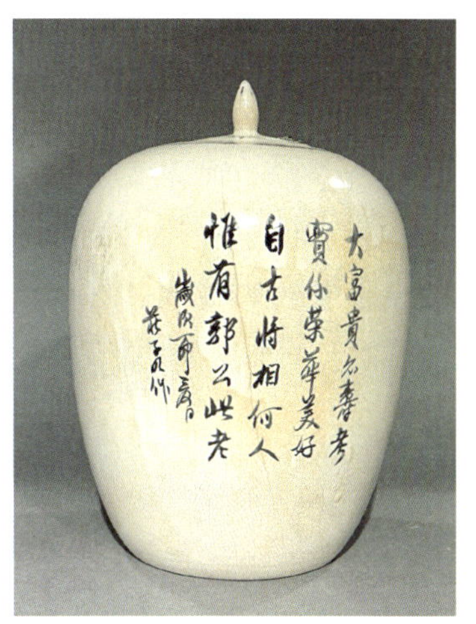

图 3-208　背部题款

图 3-209　外底款识

③状罐

高生绘釉上彩仕女图状罐：口径 11 厘米、通高（带盖）26 厘米。盖上手书：“大吉祥”三字。主体纹饰是两个仕女赏春图。背题：娉婷树下女，郊原去采花。徘徊歧路侧，相对美堪夸。外底无款（图 3-210、3-211）。

图 3-210　高生绘釉上彩仕女图状罐

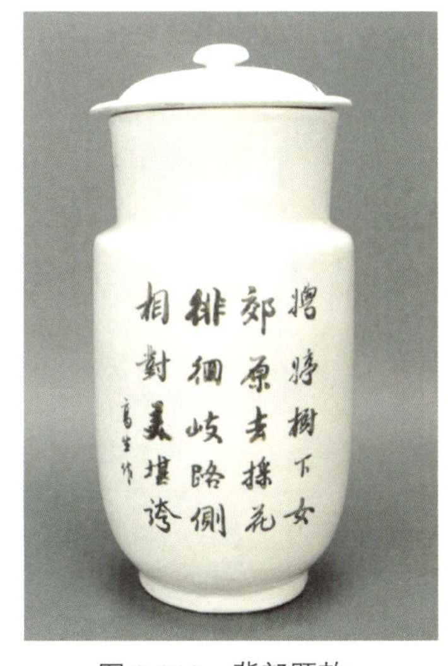

图 3-211　背部题款

（6）帽筒

1926 年李润芝绘釉下彩“呼童问桑”帽筒（一对）：口径 12 厘米、高 27.5 厘米。此帽筒纹饰在掸瓶上也有相同纹饰，均为李润芝绘，背面题字也完全相同。掸瓶为丙寅所绘，而此帽筒为丁卯所绘。外底为黑色“启新磁厂”四字单圈款（图 3-212、3-213）。

图 3-212　李润芝绘釉下彩“呼童问桑”帽筒

图 3-213　外底款识

1928 年北平绘釉上浅绛彩帽筒：口径 12.2 厘米、高 27.2 厘米。釉上彩山水纹，背题：问余何事栖碧山，笑而不答心自闲。桃花流水杳然去，别有天地非人间。款为“时在戊辰春月北平作”。外底无款（图 3-214、3-215）。

图 3-214　北平绘釉上浅绛彩帽筒

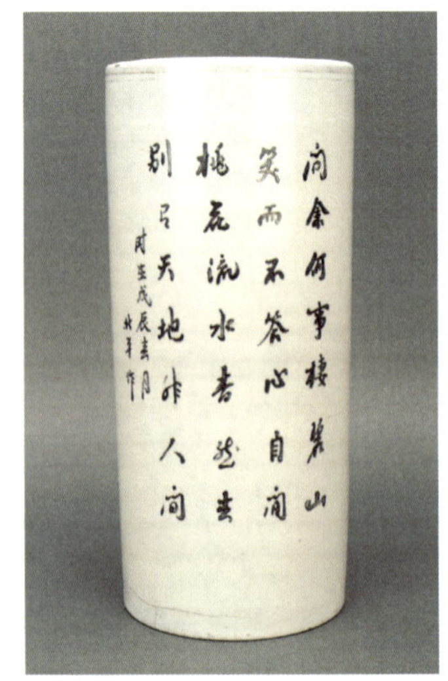

图 3-215　背部题款

（7）盆

①水仙盆

水仙盆主要有八角形和长方形两类。其中八角形较为多见，八角形又包括大、小两种。

釉下五彩八角形水仙盆：口长 20 厘米、宽 16 厘米，底长 16.5 厘米、宽 11.5 厘米，高 7.5 厘米。器外壁长边两侧绘主体纹饰，为柳树和燕子。外底“启新磁厂”四字方框款，框边长 1 厘米（图 3-216、3-217）。

图 3-216　釉下五彩八角形水仙盆

图 3-217　外底款识

这类纹饰和造型的小水仙盆：一般口长 19 厘米、宽 13 厘米，底长 15 厘米、宽 9.5 厘米，高 6 厘米。外底“启新磁厂”四字方框款，框边长 1 厘米。

长方形水仙盆：口长 19.5 厘米、宽 12.5 厘米，底长 16 厘米、宽 9.5 厘米，高 6 厘米。通体白釉，器外壁镂空装饰，这是目前所见唯一一件胎装饰的启新产品。外底“启新磁厂”四字单圈款，圈直径 2 厘米（图 3-218、3-219）。

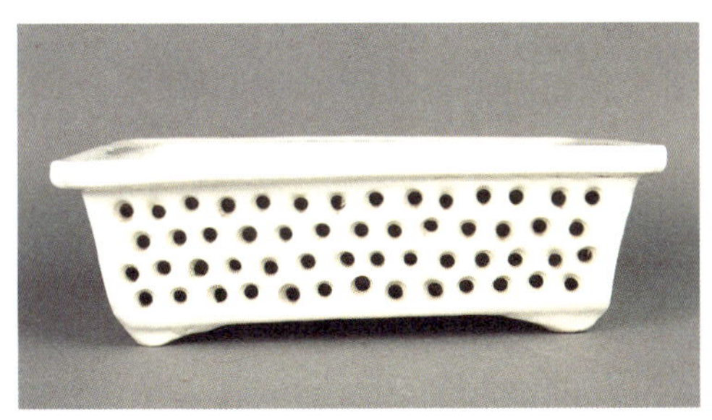

图 3-218　长方形水仙盆

图 3-219　外底款识

②花盆

启新瓷厂的花盆产品有单色釉、釉下浅绛彩及釉下五彩产品。图中釉下五彩六棱花盆，外径 10.7 厘米、通高 6.2 厘米。无款（图 3-220）。

图 3-220　釉下五彩六棱花盆

③釉下彩花卉纹盆

釉下彩花卉纹盆：口径 33 厘米、底径 20.5

厘米、高 11 厘米。外底“启新磁厂”黑色单圈款，圈的直径 2 厘米（图 3-221）。

图 3-221　釉下彩花卉纹盆

釉下彩花卉矮圈足盆：口径 27.5 厘米、底径 12.8 厘米、高 8.8 厘米，盆内壁四朵折枝花卉，外底无款，但是有青花标记，这也是启新瓷厂早期产品的特征（图 3-222、3-223）。

图 3-222　釉下彩花卉矮圈足盆

图 3-223　外底

（8）盒

釉下五彩仕女图胭脂盒：盖口径 8.7 厘米、底口径 8 厘米、外底 5.5 厘米、高 5.5 厘米。盖上饰釉下五彩仕女图，外底“启新磁厂”黑色四字单圈款，圈直径 1.4 厘米（图 3-224）。

图 3-224　釉下五彩仕女图胭脂盒

皂盒也是嫁妆瓷的重要组成部分，属民国时期唐山瓷常见品种。尺寸基本相同，长方形，盖长 11 厘米、宽 8 厘米，底口长 9.5 厘米、宽 6.3 厘米，通高 7.5 厘米。多数是釉上彩装饰和花纸贴花装饰。盖内和外底均有黑色“启新磁厂”四字方框款，框的边长 1 厘米（图 3-225）。

图 3-225　釉上彩仕女纹皂盒

（9）痰盂、渣斗

一般情况下，大件的称为“痰盂”，小件的称为“渣斗”，但是也不是绝对如此，有时无论大小统称为渣斗，属于嫁妆瓷。启新瓷厂的这类产品多为釉下浅绛彩产品、贴花产品和单色釉产品。

（10）水盂

水盂，也称之为“水丞”。中国传统工艺品，置于书案上的贮水器，用于贮砚水，多属扁圆形，有嘴的叫“水注”，无嘴的叫“水丞”。制作古朴雅致，为文房一重要器具。唐山博物馆收藏两件釉下彩蝴蝶纹水盂：一件无盖，长 11 厘米、宽 4.7 厘米、高 4.3 厘米；一件有盖，长 11 厘米、宽 4.5 厘米、高 4.7 厘米。两件器物外底均有手书“唐”字款（图 3-226、3-227、3-228、3-229）。

图 3-226　釉下彩蝴蝶纹水盂

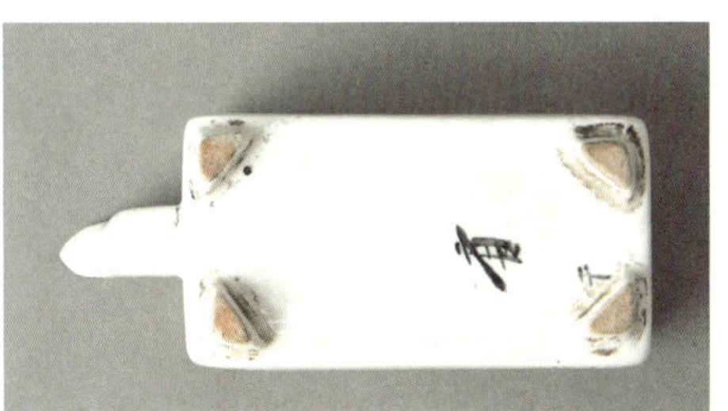

图 3-227　外底款识

图 3-228　釉下彩带盖蝴蝶纹水盂

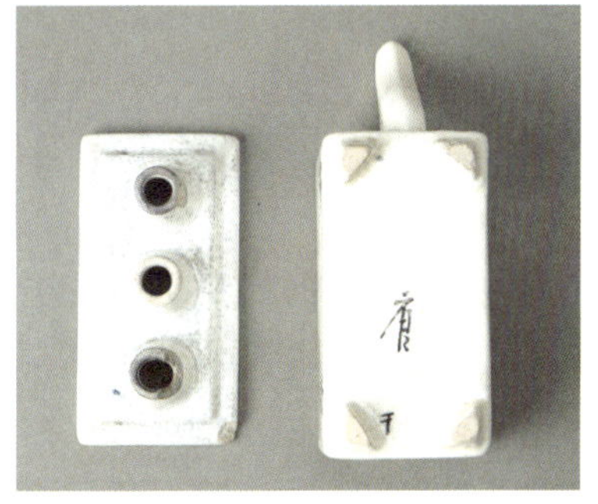

图 3-229　外底款识

2. 西式风格产品

从私人收藏者手中见到一张 1923 年启新瓷厂发货单。发货对象是两个外国人 Mrs. Bates 和 Mrs. Ross，其订购的货品均为典型的启新瓷厂西式产品。主要是日用器皿。壶的类型就有水壶、奶壶、咖啡壶、茶壶，盘有普通盘子，还有专门的蛋糕盘，另外还有糖罐。因为是个人购买，数量不大（图 3-230）。

1923 年启新瓷厂发货单①

长 20 厘米，宽 18 厘米。单面有字。表格形式，表头是瓷厂发货单，No.656Dd 之下为时间、地点、部门，即 Tangshan，10th，December，1923.

① 此发货单为黄志强藏。

Ceramic Department：（1923 年 12 月 10 日，唐山，陶瓷部）

表格分别有货物、簿号、筐或箱数、重量、合价、发往何处六列。

货物全部为英文：

Cups & dishes　　No 2　3（杯子和盘）

Water pot　　　　” 4　204（水壶）

Small bowls　　　” 1　11（小碗）

Herse

Pair dogs

Coffee pot　　　No 2　3（咖啡壶）

Milk pot　　　　” 1　3（奶壶）

Sugar pot　　　　” 1　3（糖罐）

Coolie hire　　　（装卸费）

Coffee pot　　　No 2　3（咖啡壶）

Tea pot　　　　　” 2　3（茶壶）

Cups & dishes　　” 2　3（杯、盘）

Cake dishes　　　” 1　3（蛋糕盘）

Coolie hire　　　（装卸费）

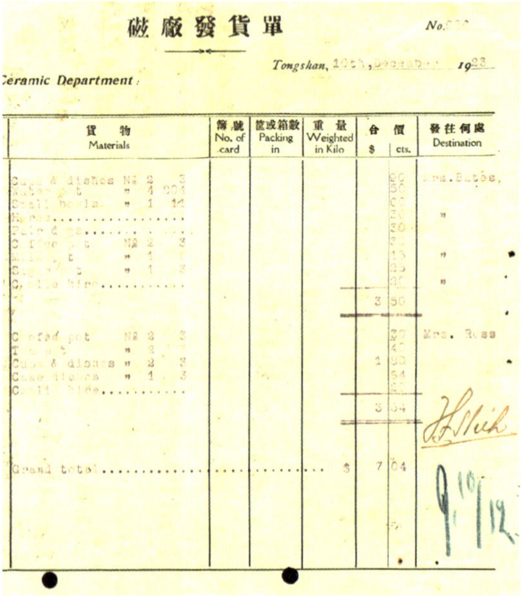

磁廠發貨單　No.

Tongshan, 10th, December 1923

Ceramic Department:

貨物 Materials	簿號 No. of card	筐或箱數 Packing in	重量 Weighted in Kilo	合價 $	cts.	發往何處 Destination
				3	50	
				3	54	Mrs. Ross
Grand total				7	04	

图 3-230　1923 年启新瓷厂发货单

（1）盘

釉下贴花连弧边盘：口径 16.7 厘米、底径 9 厘米、高 2 厘米。内侧口沿为花纸贴花装饰，图案是蓝色和红色搭配的连弧图案，有裂纹。外底“启新磁厂”绿色四字单圈款，圈的直径 2 厘米（图 3-231）。与此贴花相同图案的还有深腹盘，盘的口长 23.8 厘米、口宽 14.5 厘米、高 6 厘米（图 3-232）。

图 3-231　釉下贴花连弧边盘

图 3-232　釉下贴花深腹盘

釉下彩折枝花卉盘：口径 22.2 厘米、底径 11.5 厘米、高 3.5 厘米（图 3-233、3-234）。这类盘有多种，但颜色和花卉纹饰几近相同。花卉为矾红和蓝彩两种色调，有的无款，有的为手书“唐”字款。

图 3-233、3-234　釉下彩折枝花卉盘

青花玄纹折沿百褶盘：口径 24.5 厘米、底径 12.2 厘米、高 3 厘米。盘内口沿处两道玄纹，折沿处一道玄纹。外底“启新磁厂”黑色四字单圈款，圈的直径 2 厘米，另有阴刻 11 标记（图 3-235、3-236）。

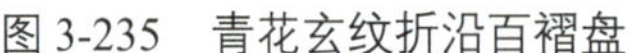
图 3-235　青花玄纹折沿百褶盘　　图 3-236　外底款识

釉下花卉纹小盘：口径 11 厘米、底径 5.9 厘米、高 1.3 厘米。内底折枝花卉。外底“唐”字款（图 3-237、3-238）。这类盘还有尺寸稍大一类，口径 24 厘米、底径 12.5 厘米、高 4.3 厘米。外底“启新磁厂”四字单圈款（图 3-239、3-240）。

图 3-237　釉下花卉纹小盘

图 3-238　外底款识

图 3-239　釉下花卉纹小盘

图 3-240　外底款识

（2）壶

釉下五彩花卉纹小壶：口径 6.5 厘米、底径 5.8 厘米、高 7.1 厘米。壶收腹、束腰，外底赭色“唐”字款，另有“3”标记（图 3-241、3-242）。

图 3-241　釉下彩花卉纹小壶

图 3-242　外底款识

釉下蓝彩山水纹咖啡壶：口径 11 厘米、底径 7 厘米、高 25 厘米。腹部为通景山水纹，山峦、树木、草屋，幽静清雅，意境深远。器物造型俊美，釉色莹润，胎体洁白，纹饰画工精致，是民国时期化学颜料的作品（图 3-243）。

图 3-243　釉下蓝彩山水纹咖啡壶，私人收藏

（3）杯

釉下彩花卉纹耳杯：口径 11.7 厘米、底径 7.4 厘米、高 7.5 厘米。杯双侧带耳，造型独特，状似奖杯。无款，带▲标记（图 3-244、3-245）。

图 3-244　釉下彩花卉纹耳杯

图 3-245　外底标记

（4）品锅

贴花带盖椭圆形品锅：口长径 23 厘米、短径 17.5 厘米，底长径 15 厘米、短径 11 厘米，通高（带盖）12.5 厘米。盖内侧及外底均有“启新磁厂”黑色

四字方框款，框边长 1 厘米。盖的上部及器外壁贴花，花纸为单纯粉色（图 3-246）。

图 3-246 贴花带盖椭圆形品锅

釉下彩花卉纹品锅（大）：口径 23.5 厘米、底径 16 厘米、高 7.2 厘米。腹部饰釉下五彩花卉，以赭色和灰蓝色调为主。另外一件同样纹饰的小品锅：口径 18.5 厘米、底径 12.5 厘米、高 11 厘米。均无款（图 3-247）。

图 3-247 釉下彩花卉纹品锅

（5）花浇

目前仅见两种造型，一是直腹型，二是鼓腹型。二者均为釉下五彩花卉纹饰，所用色料相同，应为同一时期产品。

釉下彩直腹花浇：2 件，尺寸相同。口径 15.7 厘米、底径 13.5 厘米、高 25.8 厘米。口沿呈曲线，有流，便于使用。腹部自上而下逐渐缩减，腹部饰釉下五彩花卉纹饰，色调是赭色和蓝灰色，烧制过程中出现晕散现象，同时脱釉严重。外底“唐”字款，蓝色（图 3-248、3-249）。另一件纹饰比较清晰，尺寸相同，但外底无款，有“，”标记，这也是启新瓷的一个重要特征（图 3-250、3-251）。

图 3-248 釉下彩直腹花浇

图 3-249 外底款识

图 3-250　釉下彩直腹花浇

图 3-251　外底标记

笔者多年前曾在私人藏家手中见到一件鼓腹型花浇，釉下彩，腹部瓜棱纹均匀排列（图 3-252）。

图 3-252　釉下彩鼓腹花浇，私人收藏

（6）钟表架

这是民国时期唐山瓷器中比较特殊的产品，属于国外订货或者外国员司所用。表壳为瓷质，用来作钟表的装饰。唐山博物馆现存 3 件，均为釉上贴花装饰，花纸图案大同小异，在表孔周边饰金边。

钟表架 1：高 16 厘米、座长 20 厘米、厚 4.4 厘米，背部下侧有“启新磁厂”绿色四字单圈款，圈的直径 2 厘米。

钟表架 2：高 18.2 厘米、座长 17.6 厘米、厚 4.5 厘米。无款。

钟表架 3：高 14.6 厘米、座长 18.6 厘米、厚 4.3 厘米。背部下侧有“启新磁厂”绿色四字单圈款，圈的直径 2 厘米。

钟表架 4：李国利藏。高 16 厘米、座长 20 厘米、厚 4.5 厘米。正面贴花，背面有绿色单圈“启新磁厂”四字款（图 3-253、3-254）。

图 3-253　釉上贴花钟表架，李国利藏

图 3-254　背面款识

（7）盒

餐具盒：用于盛放刀叉等西餐具的椭圆形瓷盒。目前，只发现有白釉未施彩产品和釉下彩产品。口长 22.2 厘米、宽 7.5 厘米，底长 20.5 厘米、宽 6 厘米。盖长 23.2 厘米、宽 8.7 厘米，通高（带盖）9 厘米。盖上部模印王冠装饰。盖内及外底均有“人”字标识，未见其他款识。釉下五彩产品，造型及尺寸相同，只在盖上有釉下花卉装饰。花卉与下图黄油盒相同（图 3-255，3-256）。

图 3-255　釉下彩餐具盒，翟国辉藏

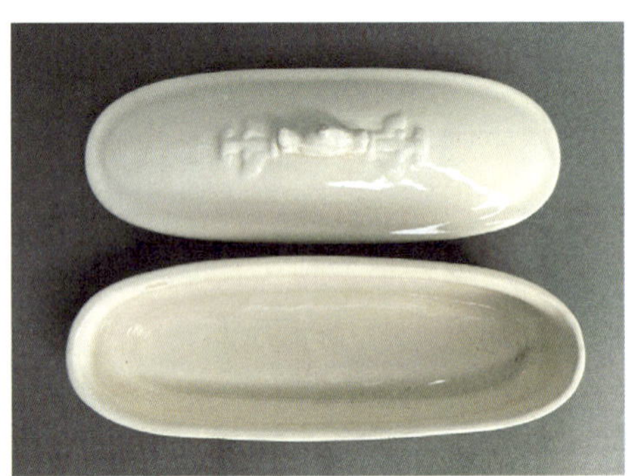

图 3- 256　白釉餐具盒

黄油盒：口长 13.8 厘米、宽 9.7 厘米，底长 12.3 厘米、宽 8.2 厘米，通高（带盖）10 厘米。盖与餐具盒一样，模印王冠装饰，另有釉下五彩折枝花卉，无款。此盒为盛放黄油的用具（图 3-257）。

图 3-257　釉下彩黄油盒

（8）盆

釉下五彩葡萄纹直壁盆：有人称这类器物为“洗”。口径 32 厘米、底径 25.5 厘米、高 9.5 厘米。盆的造型直腹，类似“洗”。此件器物釉色莹润，纹饰精美，造型独特，是启新磁厂的高端产

品，但是无款。另在私人收藏中见到同类器物，装饰是花纸贴花（图 3-258）。

图 3-258　釉下五彩葡萄纹直壁盆

欧式花边餐具系列

唐山博物馆收藏有一套釉下彩欧式花边纹餐具。器型包括深腹盘、高足盘、椭圆形大盘、圆形小盘、品锅等。具体如下：

深腹盘：盘形介于椭圆和长方形之间。口径：长 28 厘米、宽 18.5 厘米。底径：长 18 厘米、宽 10.5 厘米、高 7.5 厘米。口沿各边中间有四个凹口，口宽 3.5 厘米。在口沿内侧饰缠枝花草一周，色彩为灰蓝色和赭色。外壁饰 6 朵折枝花卉。外底款识为“启新瓷厂”黑色隶书单圈，款的直径 1.8 厘米（图 3-259、3-260）。

图 3-259　深腹盘

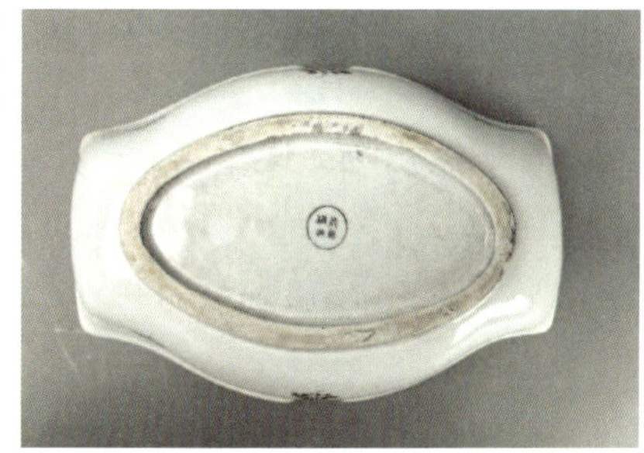

图 3-260　外底款识

椭圆形大盘：口长径 39.2 厘米、短径 29.3 厘米，高 3.5 厘米。与当代“鱼盘”造型相同，外底黑色“启新磁厂”四字单圈款，圈的直径 2 厘米（图 3-261、3-262）。

图 3-261 椭圆形大盘

图 3-262 外底款识

圆盘：直径 22 厘米、底径 11 厘米、高 3 厘米。外底黑色四字单圈款，圈的直径 2 厘米（图 3-263、3-264）。

图 3-263 圆盘

图 3-264 外底款识

高足盘：2 件，口径 17 厘米、底径 7.7 厘米、高 9.5 厘米。这类高足盘为西式果盘，外底圈足处有“启新磁厂”黑色四字单圈款，圈的直径 1.2 厘米（图 3-265、3-266）。

图 3-265 高足盘

图 3-266 外底款识

壶：口径 9.5 厘米、底径 9.5 厘米、高（带盖）12.5 厘米。外底灰蓝色

“唐”字款（图 3-267、3-268、3-269）。

图 3-267　壶（侧视）

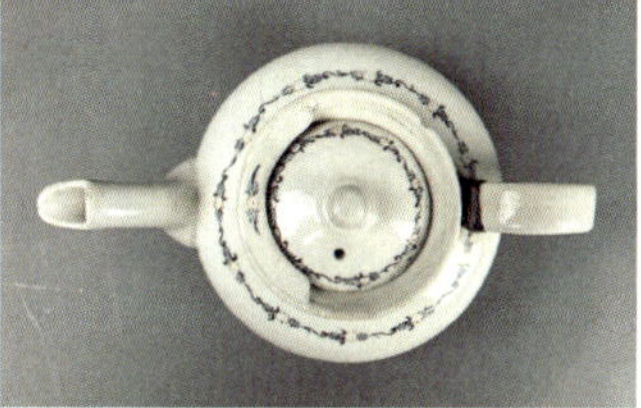
图 3-268　壶（俯视）

图 3-269　外底款识

小盘：口径 13.9 厘米、高 1.9 厘米。外底“唐”字款（图 3-270、3-271）。

图 3-270　小盘

图 3-271　外底款识

烟灰缸：民国时期唐山特有瓷器产品。造型方形、倭角，边长 13.8 厘米，有约 2.3 厘米宽的凹槽，用于放置雪茄，内底较浅。器物沿着边缘装饰釉下花边连续纹饰。外底“启新磁厂”绿色单圈款，圈的直径 2 厘米（图 3-272、3-273）。

图 3-272　烟灰缸

图 3-273　外底款识

圆形品锅：盖有裂纹。口径 18.8 厘米、底径 12 厘米、高 5 厘米。外底“启新磁厂”黑色四字单圈款，圈的直径 2 厘米，另有阴刻“7”标记（图 3-274、3-275）。

图 3-274　圆形品锅

图 3-275　外底款识

椭圆形品锅：口长径 22.5 厘米、短径 17 厘米，底长径 15 厘米、短径 10.5 厘米，通高（带盖）13 厘米。盖上一周花边，中部有折枝花卉。外底为“唐”字款。

高足碗：口径 18.2 厘米、底径 6 厘米、高 6.3 厘米。高圈足，外底“唐”字款并有“Δ”标记（图 3-276、3-277）。

图 3-276　高足碗

图 3-277　外底款识

汤匙：长 14.5 厘米（图 3-278）。

图 3-278　汤匙，翟国辉藏

小杯：可作酒杯或茶杯，口径 5 厘米、底径 2.4 厘米、高 4 厘米。外底“启新磁厂”四字单圈款（图 3-279、3-280）。

图 3-279　小杯，翟国辉藏

图 3-280　外底款识

这批欧式花边餐具，有“唐”字款、绿色 2 厘米单圈款、黑色 2 厘米单圈款。从数百件启新瓷厂的款识类比看，“唐”字款产品集中在 1925 年至 1928 年之间，绿色 2 厘米单圈款集中在 1926 年至 1928 年之间，黑色 2 厘米单圈款集中在 1925 年至 1932 年之间，因此这批产品应为 1927 年至 1929 年之间的启新瓷厂产品。

所谓边饰，是狭长的条带状图案，多为连续构图，用于器物的口沿。边饰用于对主题纹饰的衬托，起到平衡画面的作用。无论东方还是西方，植物一直是备受青睐的装饰题材，西方一般用极具异域特色的花草品种作为边饰图案。如卷草、卷藤、向日葵、郁金香等。欧洲的审美风尚，从 17 世纪的强调动感、不规则的巴洛克风，到 18 世纪华丽浪漫繁复的洛可可风，再到 18 世纪后期至 19 世纪开启的至简主义，使原有的复杂图案被简化的边饰代替。这组器物具有典型的至简主义风尚。造型简洁，无论盘、碗、品锅、壶、烟灰缸等，均无赘饰。色彩也十分简洁，只有灰蓝色和赭色两种色调。纹饰简洁，整体器物只有一组花边作为装饰，既是边饰又是主题，最多搭配几朵折枝花卉。边饰图案类似连续的小菊花，也有人认为是太阳花。这组器物造型、纹饰、色彩虽简洁但高贵，是当时日用瓷的高端制品。

（二）卫生瓷

卫生瓷起源于德国唯宝公司。唯宝公司由宝赫公司和唯勒瓦公司合并而成。宝赫公司（Francois Boch）于 1748 年在奥敦乐缇下辖的洛林（Lorraine）设立第一个陶瓷工坊。1767 年开始工业化生产。唯勒瓦公司（Nicolas Villeroy）于 1791 年在德国瓦勒芳根（Wallerfangen ）地区成立陶瓷工厂。1836 年，宝赫和唯勒瓦两大家族合并，成立德国唯宝（Villeroy & Boch）。1870 年，德国唯宝生产包括漱口、洗面盆在内的清洗套装，开启了欧洲卫生陶瓷生产的历史。

唐山启新瓷厂是中国最早生产卫生瓷的瓷厂。《唐山陶瓷厂厂志》中记载:1921 年,“产品又增加低压电瓷,脸盆、水箱、槽子等卫生陶瓷”[①]。西分厂“制造成瓢式洗面盆和高水箱等卫生瓷”[②]。1923 年,“生产卫生陶瓷价值3 万银元”[③]。1934 年,启新瓷厂“卫生陶瓷生产 2 千件”。[④] 1939 年,启新瓷厂生产的卫生瓷等出口产品由德国美最时洋行包销,远销印度、泰国、菲律宾、南洋群岛及我国香港、台湾等地。

在启新瓷厂的带动下,唐山德盛窑业厂(唐山建筑陶瓷厂前身)、唐山德顺隆窑业厂(唐山第六瓷厂前身)分别仿制启新瓷厂引进的德国陶瓷机械,试制卫生瓷获得成功,并开始批量生产。特别是德盛窑业厂,1936 年开始试生产卫生陶瓷,1949 年大批量生产,卫生洁具产品开始使用“得胜”牌商标。民国时期,启新瓷厂、德盛窑业厂、德顺隆窑业厂成为唐山卫生瓷生产的三大瓷厂,唐山也成为当时中国最大的卫生瓷生产区域。

1. 启新瓷厂最早生产卫生瓷的时间

中国最早的卫生瓷诞生在启新,这一观点已达成共识。但是关于第一件卫生瓷的生产时间还存有争议。

第一,1914 年说。以《唐山陶瓷厂厂志》为依据,“卫生瓷由建厂之初即开始生产,当时有职工 30 人,产品品种以国外来样卫生瓷产品为模式”[⑤]。所谓“建厂之初”指 1914 年瓷厂初具规模之际。

第二,1921 年说。仍然以《唐山陶瓷厂厂志》为依据:这一年,启新瓷厂“制造成瓢式脸盆,高水箱等卫生瓷”[⑥]。《唐陶八十年宣传册》中“历史沿革”一节记载:1914 年,初具规模生产小缸砖、地砖和日用瓷。1921 年,开始生产卷槽(水槽)、洗面具、水箱及高压电瓷。

第三,1924 年说。启新磁厂正式定名是 1925 年,但 1924 年汉斯·昆德已接手独立承包。以此为第一件卫生瓷的烧成时间。

第四,1930 年说。由于日用瓷的滞销,1930 年启新瓷厂已开始大批生产卫生瓷。但 1930 年的观点显然值得商榷,1930 年启新瓷厂已经具有足够的技

① 《唐山陶瓷厂厂志》,第 2 页。
② 《唐山陶瓷厂厂志》,第 26 页。
③ 《唐山陶瓷厂厂志》,第 26 页。
④ 《唐山陶瓷厂厂志》,第 26 页。
⑤ 《唐山陶瓷厂厂志》,第 46 页。
⑥ 《唐山陶瓷厂厂志》,第 26 页。

术和条件“大批”生产，已不是第一件卫生瓷诞生的情景了。

第五，认为1914年非机械化生产了第一件卫生器，1921年开启新工艺卫生瓷生产。这一观点把卫生瓷与卫生器的概念区分开，认为1914年生产的是瓷质程度不高的产品。20世纪70年代末，为编写《唐山陶瓷公司志》，唐山陶瓷公司的赵鸿声、刘可栋等编撰人员走访了很多陶瓷界老工人、老前辈，积累了诸多口述资料，赵鸿声这样记述到：“缸窑的老工人田世佑（1894—1978），1915年到启新瓷厂做工，手工打制缸管和有接口的管子头，这类产品也是建筑陶瓷。唐山陶瓷史编写者多次访问过他，向他求教。他说：‘那时还生产白瓷水槽子，也是手工打制的。’但是至今未见实物与形象资料。我们见到的第一件卫生瓷照片是洗面具。而水槽应比脸盆更早。只是洗面具是用先进新法生产的，才有工人与制品照相留念，诚属可贵。我认为原建陶总工李中祥的看法和田世佑的口述是客观的，与以上资料也基本吻合和相似，可以认为1914年有了第一件卫生瓷水槽子。”从这些口述资料看，结合《唐山陶瓷厂厂志》，可以确定这样的结论：1914年启新瓷厂以非机械化的方式生产了中国第一件卫生器皿（图3-281）。

1920年出版的《劝业丛报》第一卷第二期关于“启新洋灰公司”的调查中已经提及有“白釉陶器”，指的就是卫生瓷。据此，已经非常明确1920年之前已有卫生瓷生产。

图3-281　启新瓷厂生产的第一件卫生瓷，照片引自《唐山写真》

2. 启新卫生瓷生产历程

按照《唐山陶瓷厂厂志》记载列表如表 3-1 所示。

表 3-1 1949 年前启新卫生瓷生产历程表

时间	生产历程
建厂之初	职工 30 人，产品品种以国外来样卫生瓷产品为模式。
1921 年	职工 100 余人，品种有瓢式脸盆、水箱、槽子等。但质量较差，影响销售，产品积压。
1923 年	汉斯·昆德从国外购进制瓷设备。
1925 年	汉斯·昆德改进窑炉，“率先采用 50 立方米倒焰窑，这在唐山陶瓷工业中是一项突破”①，改进了陶瓷瓷质，为卫生瓷生产创造了较为良好的条件。
1927 年	开始承办出口。第二次从国外购置制瓷设备。
1930 年	卫生瓷和电瓷均已大批生产。
1932 年	第三次从德国购进一批设备，如轮碾机、球磨机、混练机、真空练泥机等。
1939 年	职工 400 ～ 500 人，成为华北陶瓷中最大的一家，主要产品以卫生瓷为主。
1939 年以后	产品以电瓷为主。
1945 年以后	又转为以卫生瓷、铺地砖为主。

3. 启新卫生瓷主要品种

卫生瓷品种以“老八件”著称，即洗面器、坐便器、低水箱、蹲便器、返水弯、高水箱、小便器、洗涤槽。产品有“天津式”“上海式”“香港式”“杭州式”“青岛式”等不同称谓，据了解这种称谓主要是早期根据首次订单的地区进行定名，后期订单相同的，就沿用此名。

《唐山陶瓷厂厂志》中记载的 1934 年启新瓷厂卫生瓷品种②：

大天津式洗面器　　洗#5（英式）
小天津式洗面器　　洗#6（英式）
上海式洗面盆
唐山式洗面盆
大号香港式洗面盆　　洗#5（英式）
小号香港式洗面盆　　洗#5（英式）
杭州式洗面盆
滦县式洗面盆
青岛式角脸盆

① 《唐山陶瓷厂厂志》，第 46 页。
② 《唐山陶瓷厂厂志》，第 81 页。

铁路墙角脸盆

长方盆

工厂用脸盆

哈尔滨式洗面盆　角#1

医院用水槽

厨房用大、小号水槽　卷#1#3

基隆式恭桶　坐#4

孟买式恭桶

浦江式恭桶

天津式恭桶　坐#7#14

北平式恭桶

宁波式恭桶

芜湖式恭桶

福州式恭桶　坐#3

汉口式恭桶

大沽式蹲用恭桶　蹲#1

吴淞式蹲用恭桶

奉天式蹲用恭桶

低水箱　低#3#5

角便池　小便器#4

平便器（池）　小便器#3

高水箱　高水箱#2

滤水器（大中小）

锦州式蹲便桶　蹲#3

淋水器　#1#2#3

据20世纪30年代“启新瓷厂出品总目”中记载：“本厂采取境内瓷泥制造各种卫生器皿，品质精良，观瞻优美，可与舶来品相提并论且价格从廉，故颇受社会欢迎。”其产品目录主要有：卫生器皿、铺地缸砖、隔电磁件、各种陶器。目录中配有图录，主要有洗面盆、大便器、水箱等。

乙种洗面盆（天津）：英尺长十九寸宽十五寸

洗面盆（上海）：英尺长二十寸半宽十六寸二分

乙种直管大便器（天津）

乙种弯管大便器（天津）

甲种大便器（天津）

甲种大便器（上海）

伏地大便器（有水圈式）

伏地大便器（无水圈式）

平面小便器（大号）

平面小便器（小号）

墙角小便器

低水箱（甲）

高水箱（乙）

三角面盆

长圆面盆

1933 年正太铁路管理局订购启新卫生瓷档案[①]记载：

购字第三八八号

迳启者接准 贵公司七月十日来函领悉，一是查三角洗手盆式样尺寸均皆合用，今先订购七具试用。附第九五七号购料单二份，请签字后退还一份存查。货物请烦妥为装箱，连同附寄之装箱单一份送交天津永兴洋行查照，转送来石其他装箱单一份及备单三份请迳寄敝局，以便核付。致于恭桶一种式样相符，惟敝路车身略小，故长度尚须改为六百八十公厘（原图八百公厘），高宽不改 。

贵公司若能定作拟亦请先制七份试用，价值若干及何日交货，统希见复，以便开发定单而完手续相应函请。查照办理为荷，此致启新洋灰公司。

附购料单二份贷箱清单二份

印章：正太铁路管理局启。

信签纸上日期为：此资料为民国二十二年八月二日（图 3-282、3-283、3-284、3-285、3-286）。

① 民国启新洋灰公司档案，唐山博物馆藏。

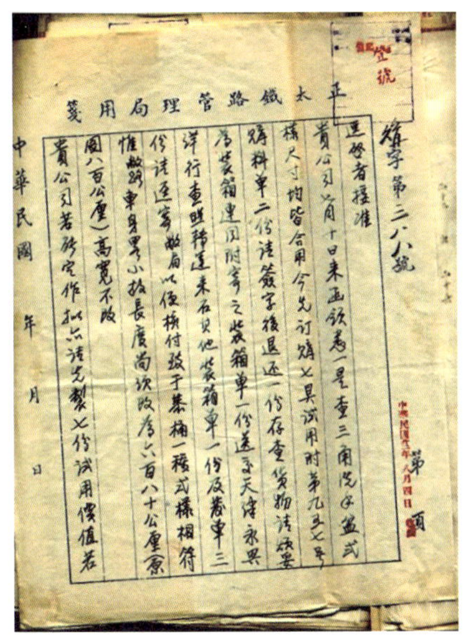

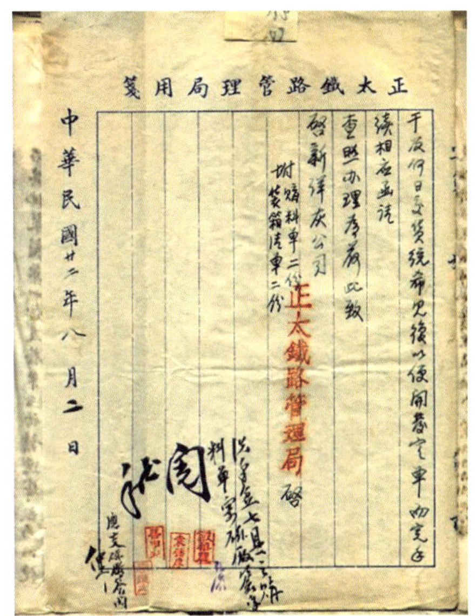

图 3-282、3-283　1933 年正太铁路管理局订购启新卫生瓷档案资料

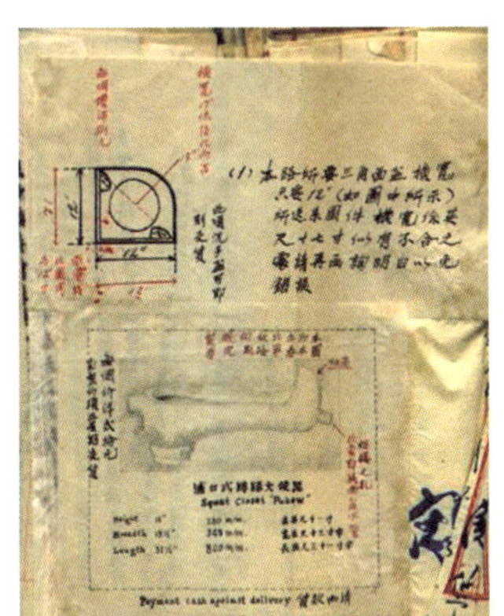

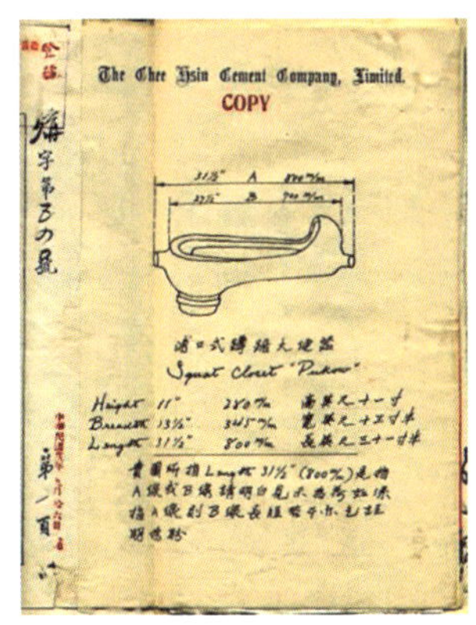

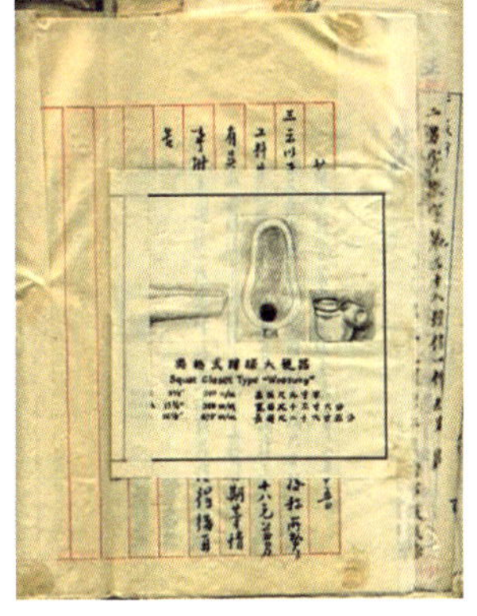

图 3-284、3-285、3-286　1933 年正太铁路管理局订购启新卫生瓷样品尺寸

1933 年南京市工务局为启用国货，拟将南京市一些卫生设备采用启新洋灰公司卫生瓷产品的函（图 3-287）[①]：

迳启者查本局现在市内建筑公用房屋甚多，为提倡国货起见，附于卫生设备处请尽量采用贵公司出品之抽水便桶。惟闻该项货品多有粪便不能随水流出之弊，使用甚感不便，销路颇有影响，相应函达。查照即希将该项便桶切实设法改良，以期完善，以便推广。

此致 启新洋灰公司。

① 民国启新洋灰公司档案，唐山博物馆藏。

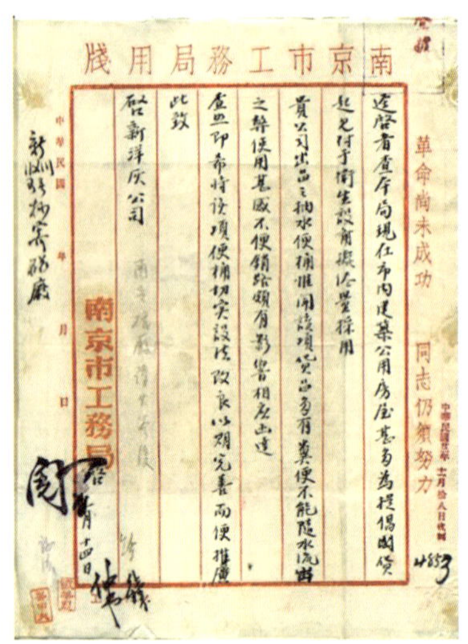

南京市工務局用箋

革命尚未成功　同志仍須努力

逕啓者查本局現在市內建築公用房屋甚多為提倡國貨起見对于衛生設備擬洽量採用貴公司出品之抽水便桶惟閱該項貨品多有糞便不能隨水流出之弊使用甚感不便須給頓有影響相應函達查照即希將該項便桶切實設法改良以期完善而便推廣

此致

啓新洋灰公司

南京市工務局

图 3-287　1933 年南京市工务局拟使用启新产品函

20世纪30年代启新瓷厂产品目录中的部分卫生瓷（图3-288、3-289、3-290）：

图 3-288　20 世纪 30 年代启新瓷厂产品目录

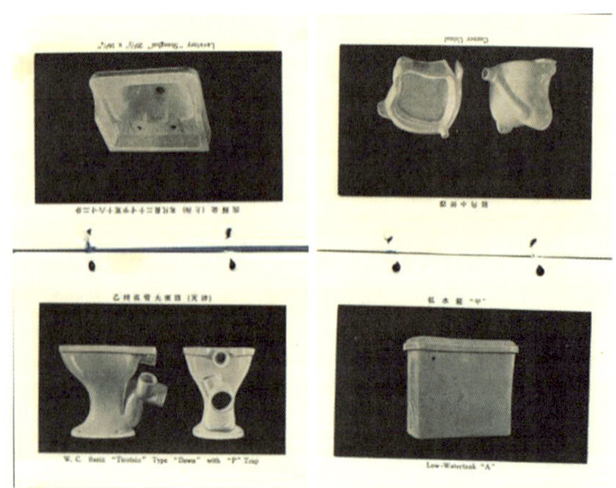

图 3-289、3-290　产品目录中的卫生瓷样品

（三）工业瓷

近代唐山工业陶瓷主要包括电瓷、理化用瓷、耐酸陶瓷、特种陶瓷等，以电瓷为主。民国时期以启新瓷厂的低压电瓷、民用电线瓷夹板和瓷灯头等为起步产品。1921 年启新瓷厂开始生产低压隔电瓷瓶，“1927 年以后随着国内外销售市场看好，电瓷仅次于卫生瓷进行批量生产，特别是自 1923 年在汉斯·昆德引进部分国外陶瓷生产设备以后，1932 年又由奥特·昆德办理引进陶瓷设备。其中生产高低压电瓷所需要的真空练泥机、高压试电设备、镟坯机等，使电瓷产量进一步扩大”[①]。1932 年又从德国购进高压电瓷电检设备，开始生产高压电瓷。1939 年第二次世界大战开始后，全部采用地方原料生产卫生瓷、高低压电瓷、化学瓷、耐酸瓷、铺地砖和少量日用瓷，品种增多。第二次世界大战期间，1939 年至 1945 年“启新瓷厂基本以电瓷为主，成为当时产量最大、获利最多的产品”[②]。1945 年日本投降后，电瓷生产随销路减少而压缩，又以卫生瓷、铺地砖为主，电瓷、化学瓷次之。

照译 1922 年昆德关于电瓷生产试验仪器之定单呈请（图 3-291）[③]

总理处台鉴查

敝处计画将来以建造电气磁件为大宗，故各处磁件之隔电力必须试验以应需要。故此项验试仪器亟应设备，今拟妥订单一纸附请。

察阅转呈：

总理、协理批文订购之价值若干，无从估计。鄙人已函知昆德公司斟酌择定合用而最简单者为之设备先将价值电知，再行订购。其一、三两项为上釉及烧窑应用之件，所值无多。统共至多约需六百元。

之谱此请

台祺

昆德具（1922 年）二月六日

---

①《唐山陶瓷厂厂志》，第 50 页。

②《唐山陶瓷厂厂志》，第 50 页。

③ 民国启新档案资料，唐山博物馆藏。此件照译稿件，从所存昆德英文原件中可知年份为 1922 年。

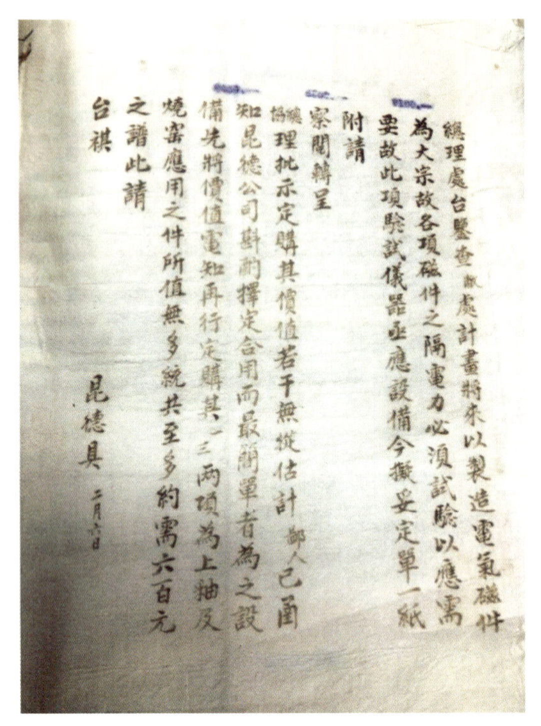

總理處台鑒查敝處計畫將來以製造電氣磁件為大宗故各項磁件之隔電力必須試驗以應需要故此項驗試儀器亟應設備今擬妥定單一紙

附請

察閱轉呈

協總理批示定購其價值若干無從估計鄙人已函知昆德公司斟酌擇定合用而最簡單者為之設備先將價值電知再行定購其一三兩項為上釉及燒窑應用之件所值無多統共至多約需六百元之譜此請

台祺

昆德具 二月六日

图 3-291　照译 1922 年昆德关于电瓷生产试验仪器之定单呈请

（四）建筑砖

近代唐山建筑砖，从材质上分主要有矸子土砖、水泥砖。从用途上分主要是铺地砖、外墙砖等。

1. 矸子土砖

混含在煤层中的石块，含少量可燃物，不易燃烧，俗称“矸子”。采矿过程中，从井下采出的或混入矿石中的碎石，经过风化，成为矸子土，用作建筑材料。在《启新洋灰有限公司出品样本》（以下简称《样本》）说明中，特别指出：“矸子土，一名火泥，宜近于火之处，为砌造锅炉内膛，以及制炉窑所用缸砖（既火砖）必需之品，盖其质一经著火，则愈炼愈坚，故其用极广。”[①] 火泥是指耐火黏土与黏土熟料配合而成的混合粉料，又称耐火泥，是制作耐火砖的材料。由此可知，矸子土制作的各类建筑砖，也是耐火砖的一种。

根据《样本》归类，启新的矸子土制品主要有各种小缸砖和特别缸砖。“精究矸子土制品，如各种建筑品，以及锅炉所需大砖、特色小缸砖，并特别

① 引自《启新洋灰有限公司出品样本》。

炉座等项，以备买客不时之需，谨附数图于后，以供众览。此外另有特别禁火砖，专备熔炼五金炉之用，禁火力达一千八百度，其式样可照买客之意，按图制造，如期交货。”[①] 样本中还配有各种小缸砖形状和图案纹饰，形状主要有正方形和正六角形两种，图案纹饰主要有几何填花纹、几何直线纹以及红色、白色、黄色的素面砖，并标注了常用的规格尺寸（图 3-292）。此外，还配有特别缸砖的造型。

图 3-292　建于 20 世纪 30 年代的启新发电厂地面小缸砖

下面是各种小缸砖的形状和尺寸：

编号 1050 和 1051 为英尺六寸二分见方、厚分别为一寸半和一寸；
编号 1052 ～ 1065 均为英尺七寸见方，但表面有不同图案纹饰；
编号 1066、1076 为英尺长四寸零半分、宽二寸六分；
编号 1073、1074 为英尺五寸六分见方；
编号 1079、1080 为英尺三寸见方；
编号 1048、1049 为英尺三寸六分见方；
编号 1070、1071 为正六角形每边英尺二寸二分半；
编号 1075、1076 为正六角形每边英尺三寸二分半；
编号 1077 为英尺二寸半见方；
编号 1078 为正八角形每边英尺二寸三分半。

特别缸砖指的是异形砖，从《样本》图样看，主要有六种，造型各异。

启新瓷厂在建厂之初就有各类小缸砖、墙地砖等品种。据《唐山陶瓷厂厂志》记载：早在 1914 年建厂之初，启新就“开始先后制作日用瓷、小缸砖（马赛克）、红铺地砖，由汉斯・昆德兼管制瓷”[②]。光绪三十四年（1908 年）记述：分厂（此处指启新西分厂）造货，所造洋灰花素砖、缸砖及瓦管等，货约 327 万余件，又磨矸子土面 2700 余包。”[③] 在宣统元年（1909 年）2

① 引自《启新洋灰有限公司出品样本》。
②《唐山陶瓷厂厂志》，第 2 页。
③《唐山陶瓷厂厂志》，第 48 页。

月16日召开股东会议提议扩充制造事中写道："本公司唐厂所出各号缸砖上年（1908年）已售出约120万块……"到民国十五年（1926年）该厂申报：国民政府注册局，注册商标证779号，是以启新洋灰股份有限公司呈请的，启新瓷厂商标图以"龙马负图"为商标，专用于陶器、瓷器、砖瓦商品。启新瓷厂从建厂之初直至1958年下半年，根据国家建筑材料工业部的指示，确定专营卫生陶瓷后才停止了墙地砖的生产，"设备调往唐山市明华瓷厂"①。

目前，在启新洋灰公司发电厂（原动厂）车间内的墙壁上，依然保留着启新瓷厂早期生产的建筑砖。此发电厂建于1910年，现厂房仍然保存较好，位于今启新水泥工业博物馆北侧。通过对厂房现场考察发现，发电厂车间地面上装饰着红色小缸砖，四周墙壁上装饰着相互搭配的米黄色和紫红色小缸砖。经过测量比对，启新发电厂车间楼上墙壁上的米黄色、紫红色小缸砖砖体颜色，与《样本》中的第1048号米黄色、第1049号紫红色小缸砖相同，尺寸约为10厘米（英尺三寸九分）见方，厚度为1.6厘米。楼下车间墙壁上的米黄色釉面砖，尺寸约为9.7厘米（英尺三寸八分）见方，厚度为2厘米（图3-293、3-294、3-295）。另外，从《唐山百年写真》画册中，查阅到了一张启新发电厂车间的老照片（图3-296），照片上发电厂车间的墙壁上有釉面砖装饰的墙裙，地面为六角形铺地砖。这张老照片来源于1935年编印的《启新洋灰有限公司卅周纪念册》，是发电厂楼上1号、2号发电机组车间的老照片。据启新发电厂档案记载：3号、4号发电机组车间是1910年建成的，1号、2号发电机组车间是1924年建成的。老照片上的车间明亮整洁，当时在墙壁上装饰的小缸砖，现在大部分依然保持着原样，说明启新发电厂车间1924年使用了启新瓷厂早期生产的小缸砖。

图3-293、3-294、3-295　启新瓷厂生产的小缸砖

① 《唐山陶瓷厂厂志》，第48页。

图 3-296　1935 年发行的《启新洋灰有限公司卅周纪念册》中的启新发电厂 1 号、2 号发电机组车间老照片，地面为小缸砖、墙壁为釉面砖

唐山培仁女中教室地面也拼铺着红色素面小缸砖，与《样本》册中编号 1071 的正六边形红色素面砖一样，“正六角形每边英尺三寸二分半”。唐山培仁女中，即唐山市第十一中学前身。其最早可溯源到 1911 年，从仁爱孤儿院到贫民学校，再到私立培仁女子初级中学，它是解放前河北省私立的培仁女子中学，是冀东地区唯一一所完全女子中学，现为“培仁教育纪念馆”。此学校教室地面使用的多为红色小缸砖（图 3-297）。

图 3-297 唐山培仁女中教室地面的小缸砖

在启新的一些样本册和广告的产品目录中也常见到“釉子砖”产品。釉子砖也应是矸子土砖的一种，与小缸砖应为同一类型产品，小缸砖多用于铺地，釉子砖则用于墙面装饰。

1936 年启新瓷厂发货单

这张单据为长方形，长 21 厘米、宽 14 厘米。纸质。内容共分上、中、下三部分。

上部：中间为“唐山启新磁厂注册商标”。商标两侧为中英文对照的产品广告，右侧为中文，内容如下：“专制各种陶器、卫生器皿、应用各样隔电磁、铺地砖、釉子砖，以及磁业用品，无不硬固精良。货物批发处：天津特别三区七纬路三号，北平崇内大街甲十二号，上海江西路一百七十号。”左侧为英文，内容与中文相同，此处略去。

中间部分：“Managing Director H.w.Yuan…….Dr.Tangshan 16th. April 1936. to THE CHEE HSIN POTTERY 唐山启新磁厂 No.307”，其全部信息表明了这张订货单的时间、地点、人物、编号。时间是英文，16th.April 1936 即 1936 年 4 月 16 日。地点是唐山。订货人是 Managing Director H.w.Yuan，其中，H.w.Yuan 中的字母 H 错打成 K，后用钢笔改写成 H。H.w.Yuan 应为袁心武。编号是第 307 号。

下部：英文 Date，15th. Nov 35. To Account rendere…….Doll.169. 60 译文为“1935 年 11 月 15 日，收到货款 169.60 元”。在英文“Chee Hsin Pottery(启新磁厂)”的印记下面，有一名启新磁厂外籍管理人员的英文签名。在收款单的空白处还贴有两张国民政府印花税票，面额为 1 分和 2 分，税票上面盖有“启新磁厂印花”的专用章。

此外，收款单上还有用毛笔书写的“江南，陈常董带京送人磁餐具”的说明。“江南”是江南水泥股份的代称（图 3-298）。

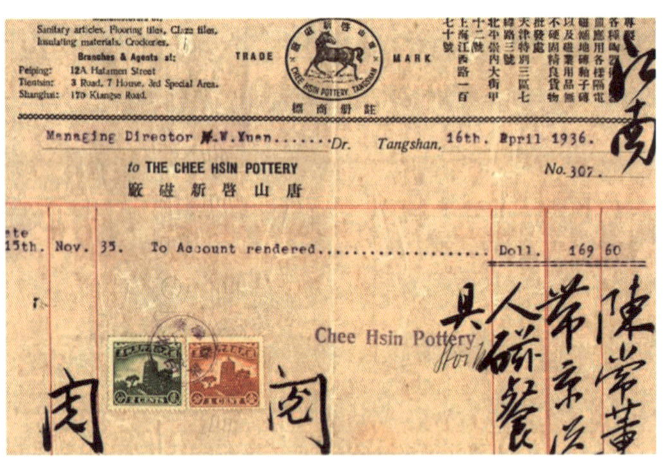
Sanitary articles, Flooring tiles, Claze tiles, Insulating materials, Crockeries.
Branches & Agents at:
Peiping: 12A Hatamen Street
Tientsin: 3 Road, 7 House, 3rd Special Area.
Shanghai: 170 Kiangse Road.
TRADE MARK
CHEE HSIN POTTERY TANGSHAN
註冊商標
Managing Director K.W.Yuan.......Dr. Tangshan, 16th. April 1936.
to THE CHEE HSIN POTTERY No.307.
唐山啓新磁廠
Date 15th. Nov. 35. To Account rendered.......................... Doll. 169 60
Chee Hsin Pottery
江南
陳常董帶京送人磁餐具

图 3-298　启新瓷厂 1936 年发货单，黄志强藏

从这张单据中可以得到以下信息：第一，单据的广告中提到了“釉子砖”，证明在 1936 年釉子砖已经成为启新磁厂正式产品并大量销售。第二，单据上的袁心武是袁世凯之子，时任启新洋灰公司总经理，江南水泥股份创始人之一、常务董事。陈常董是启新洋灰公司原总经理陈一甫之子陈范有，时任启新洋灰公司副总经理，江南水泥股份创始人之一、常务董事。

1935 年 3 月，启新洋灰公司的股东们集资成立了江南水泥股份，同时在南京栖霞山地区开始筹建江南水泥厂。根据单据上的内容可以了解到，1935

年11月15日，经启新洋灰公司总经理、江南水泥公司常务董事袁心武的批准，江南水泥公司从启新瓷厂定制了瓷器，并预付货款169.60元。1936年4月16日，启新瓷厂将定制的瓷器与单据一起发给了江南水泥公司。定制的瓷器“磁餐具”是陈范有常务董事准备带到南京送人的礼品。此外，单据上还有两个负责人审阅后的签注。按照当时的物价水平来说，定制的169.60元的“磁餐具”是高档商品，价格昂贵。对此，由负责管理的董事“核阅注解”其相关事项，是启新洋灰公司管理制度所规定的。

2. 水泥花砖

水泥花砖是启新洋灰公司的水泥附属产品。汉斯·昆德承包瓷厂时与洋灰公司订立的合同中提出由瓷厂负责花砖的制作监理，后洋灰公司单方面解除监理合同条款，双方为此发生争议（详细情况可见书尾附录三）。

水泥花砖，又称彩色铺地砖，19世纪开始在欧洲生产。花砖的出现基于两个元素：一是“物质”元素，源于水泥的生产以及液压机的发明。二是“精神”元素，由于19世纪欧洲兴起工艺美术运动，家居、室内产品、建筑设计追求简单、质朴和实用。花砖因其牢固耐用的特性、防潮防湿的功能以及简约美丽的图案被广泛传播。花砖是替代马赛克的最佳建筑材料，一出现便在地中海沿岸国家盛行开来。进入20世纪，花砖从欧洲蔓延至加勒比海以及东南亚（南洋）。福建厦门鼓浪屿的民国建筑里常见花砖装饰的墙面、地面，这与花砖在东南亚地区的传播使用密切相关。但是，中国最早生产的水泥花砖，不在厦门，而是在唐山。

（1）生产历史

水泥花砖作为水泥的副产品，在启新洋灰公司成立不久就已被列入生产日程。1905年，“永平府唐山洋灰公司仿造西式有花之砖，已极精致”[①]。据宣统元年（1909年）七月初十日唐山商务分会为呈复事记载[②]：出产除矿局之煤及炼成之碳并制造缸砖。洋灰公司之洋灰并制造洋灰花砖外，尚有各槽石块石灰为大宗。证明此时不仅已生产“洋灰之花砖”，同时还记载其他产品“实无堪供陈列比赛之品”，但“惟有洋灰公司所置之洋灰花砖尚堪比赛，而该公司自行各处分送，以重畅销”。[③] 1915年4月16日，启新洋灰公司所产

①《天津商会档案汇编（1903—1911）》，天津：天津人民出版社，1989年，第980页。
②《天津商会档案汇编（1903—1911）》，天津：天津人民出版社，1989年，第990页。
③《天津商会档案汇编（1903—1911）》，天津：天津人民出版社，1989年，第990页。

洋灰及花砖等九项产品在巴拿马国际赛会上获金牌[①]。同年，启新在爪哇国（现归属印度尼西亚）建立销售处，销售启新水泥和花砖。在爪哇，启新花砖是爪哇皇家的专用品，用于皇宫地面的铺设（图 3-299）。

图 3-299　民国时期启新磁厂水泥花砖生产车间，引自《唐山写真》

1920 年出版的《劝业丛报》第一卷第二期“调查”栏目刊载的《启新洋灰公司》一文中，在介绍启新洋灰公司各工厂时提及当时老厂已经开始生产陶器和电瓷：

现时老厂已不制造洋灰，而改作制造铺地用彩色洋灰砖、白色陶器、绝电磁头及瓦管等之工场。……老厂之制造品，以彩色洋灰砖为大宗，其制法全用人工，以模型刷制之，其洋灰著色所用之料，多系矿物性颜料，其中红黄紫等色，多用本国产，惟青色之群青，由外国输入。此外之制品，则有白色陶器、赤色瓦器，陶器中之白色加釉者，外观与磁器颇相似，惟色稍带灰黄耳，其制品以绝电磁头为主，据称现在所造者可耐五百五十弗打之电压，普通各电线柱上多已可用，余如日用品及玩具等制造亦不少，又有试制之化学用磁器数种。瓦器中主要制品，为地沟用赤色瓦管等，此类与造砖本属一业，该厂本可兼制砖瓦，惟因开滦矿局在附近设有砖厂，为避去权利竞争起见，彼此订定各制互异之品，不相侵犯，故启新不制砖瓦及火砖等品。

为了进一步提升水泥花砖的生产质量，派人到各处窑口考察研究，促成了启新瓷厂的成立。启新瓷厂成立后，水泥花砖属于启新洋灰公司委托瓷厂

① 刘德山主编：《唐山大事记》，北京：中央文献出版社，2014 年，第 44 页 。

代理监工生产，但自 1929 年 1 月 1 日起又被洋灰公司收回，自行监工制造方砖、花砖。在委托代理又收回代理的过程中，双方互函多次，争执不休。详情请参阅附录。

1924 年，启新洋灰公司在上海五家码头开办了花砖厂，称为花砖南分厂。同时，在天津东站唐家口建立花砖北分厂。1933 年，启新在北京又建成一家花砖厂，唐山机制彩色水泥铺地砖遍及全国各大中心城市。1952 年，启新洋灰公司撤销了唐山市区及分布在各地的花砖厂，停止了水泥砖瓦及花砖的生产。

（2）花砖类型

按照拼铺位置划分，主要分边砖、角砖和心砖。边砖，顾名思义，铺在墙边、地面边缘。角砖，铺在墙角之处。心砖，是边、角之外的位置。这些花砖的区别主要在图案上。边砖因位置所需，其图案一般带有框架、边线。角砖则要有两侧边线。心砖没有边线。

按照形状划分，当代花砖主要有方砖拼花和异形拼花。方砖拼花居多，四个一组，四方连续一个图案，每块又可独立成型。异形拼花主要是三角形、菱形、六角形等，可连续，也可独立，可随意拼接。但从存世产品看，近代启新水泥花砖均为方砖拼花，但见方尺寸有区别。在《样品册》的广告中表明“大小花砖一律均为英尺七寸七分见方”，约等于 19.6 厘米见方[①]。但是在实物遗存中，启新原发电厂车间地面的花砖为小块方砖。

（3）花砖图案

启新洋灰公司的花砖受到当时西方装饰艺术运动和现代主义前卫艺术的影响，体现出以绘制的单纯性、色彩的强烈性、点线面形体抽象性为主的设计倾向，明显有别于中国传统文化艺术。因此，启新花砖非常重视图案的艺术设计，尽管水泥花砖的图案众多，但是无非两大类别：几何填花纹和各种几何方格纹。无论哪一种图案，拼贴铺设时均讲究均衡对称，纹饰循环往复。一般用四片花砖甚至更多片组成一个单元，以成组的单元进行重复连续，能起到延伸视觉效果的作用。

几何填花纹：边角为传统的几何图案，中心一般为弧线组合的花卉纹饰。如《样品册》中第 124 号角砖、第 122 号角砖、第 162 号角砖等。

几何方格纹：无论边、角、心砖均以各种方格纹饰组成，没有弧线。如

① 在英制里，12 英寸为 1 英尺，36 英寸为 1 码，1 英寸 = 2.54 厘米。1 英寸 = 0.76 寸，1 寸 =1.31 英寸。

《启新洋灰公司出品样本》中第 130 号角砖、第 132 号角砖、第 164 号角砖。

（4）花砖色彩

水泥花砖在色彩运用方面较为审慎，一般限制在 3 个颜色以内，至多用到 4 个颜色。在色彩的运用上，重视红黄蓝以及金属色、褐赭色的应用，色彩对比效果鲜明，华丽美观，富有时代气息。从实物分析，几何填花纹的花砖色彩多为 4 色，而几何方格纹则最多 3 种颜色。除了一些固定的图案纹样外，在当时还可以另行定制，《启新洋灰公司出品样本》中提及："如欲改换花砖上颜色可指定照造"，但"改换颜色至少一个月前知照"。

唐山博物馆收藏的民国启新档案中有昆德呈请从德国进口花砖颜色的电稿，附录如下：

照译昆德致总理处函[①]

总理处台鉴敬启者：

关于洋灰色事现查所存，制造洋灰花砖应需之蓝色只敷二个月之用，既未及时预备亟宜速为订购。鄙意可先在津埠各商行採购数百磅实为妥便。惟此物运交唐山至迟不能过二个月，查此种蓝色每年约需两吨。鄙意似可由德国订购，因彼处所供给之颜色，俱甚满意。至由他处购来者其品质时常较次，故也谨拟订单一纸附呈。查核单内附订黑色二百克罗，查该色用作浅黑色极为合宜。近数年来吾厂已採用此色效果颇佳。兹为急速启运应用之蓝色起见。鄙人拟就电稿一纸先订半吨以应急需，谨将电稿附呈查核请呈批后拍发

为荷此颂　台祺

昆德谨具

1922.3.30

（5）花砖制作

水泥花砖制作工序与瓷砖不一样。制作花砖不用瓷土、不施釉料、无须烧制，采用湿造的方法，制作完成后将水泥花砖放在室外晾干，再进行包装。因此，水泥花砖环保、耐高温、不易开裂、不易褪色、色泽可谓经久不衰。水泥花砖共 3 层结构，分别为表面色料层、中间致密层和底部承压结构层。色料层比瓷砖的釉面层更厚，因此花砖的颜色才能随着时间的流逝，变得越来越厚重。但是水泥花砖的吸水率一般在 0.5% 左右，因此铺完以后需要上一

① 民国启新档案资料，唐山博物馆藏。

层防水，使其更耐污。因水泥花砖有一定的厚度，所以一般用作地砖，但也有人将其用作墙饰。

水泥花砖的制造经过这样几道工序：

第一步：制模。将事先设计出的图案制成花格模具，模具使用金属材料，一般是铜片，铁片易生锈。

第二步：注入色浆。首先按比例配料，启新花砖选用启新洋灰公司最高品质的水泥和细磨的颜料配制，把不同颜料加入水泥中进行调浆。将调配好的水泥色浆依次注入模具中。注入时要非常仔细，有时每个花色的间隔距离小到只有几毫米，色浆混淆的话产生杂色，影响图案的呈现。

水泥作为一种基层材料在花砖中起着胶结作用。水泥与水以一定比例混合后形成水泥浆，它能将颜料、矿物色粉、白石粉胶结成一个坚固的整体。花砖的颜料是矿物颜料，不溶于水或油，不与水泥相互作用，不易褪色或变色，同时矿物色粉具有耐光、耐水、耐温等特性。

第三步：加压成型。色浆注入完成后，覆盖一定的水泥基料。充分吸水后，形成面层，用 140 吨压力机加压成型。加压后可以使花砖立即脱模。

第四步：浸泡。脱模后将初步制作好的花砖在水中浸泡几天进行养护，然后打磨、清洗、再次晾干。

第五步：打蜡。

水泥花砖的特点：第一，水泥坚固。混凝土作为一种装饰原材料，可塑性较强，抗压能力强，容易成型，灵活多变。第二，不易燃。第三，防滑性好。光脚站在潮湿的水泥花砖上不易滑倒，而瓷砖则很容易滑倒。第四，耐磨性强。水泥花砖越磨越光，焕发出质朴的魅力。

（6）产品宣传

第一，发行产品样本（图 3-300、3-301）。

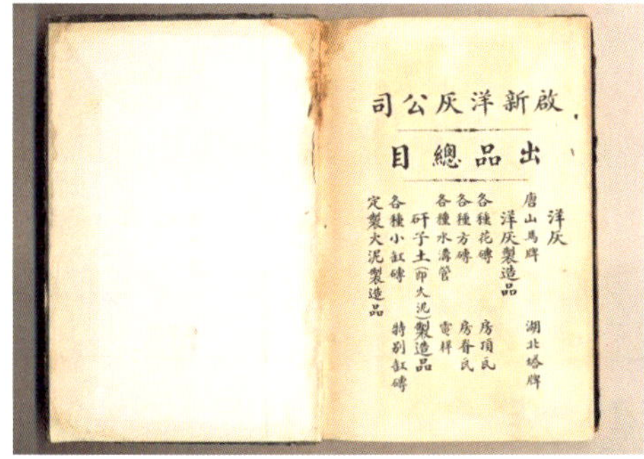
啟新洋灰公司

出品總目

洋灰

唐山馬牌　湖北塔牌

洋灰製造品

各種花磚　房頂瓦

各種方磚　房脊瓦

各種水溝管　電桿

矸子土(即火泥)製造品

各種小缸磚　特別缸磚

定製火泥製造品

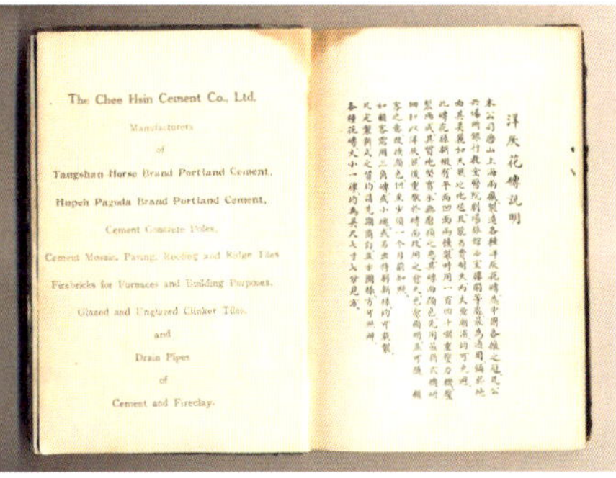
The Chee Hsin Cement Co., Ltd.

Tangshan Horse Brand Portland Cement,

Hupeh Pagoda Brand Portland Cement,

and

of

Cement and Fireclay.

洋灰花磚說明

图 3-300、3-301　产品样本

《启新洋灰公司出品样本》：封面上标有英文《The chee hsin cement company，LTD. Sample book》，在当时的花砖说明中写道："质地坚实，永无磨损之患。其砖面颜色先用最新式机研细和以洋灰，然后重压于砖面，故用之愈久，色愈显明。""其魅力如天然地毯且能省费耐久，而火险潮湿均可免避。此砖花样新致，有平面凹面两种。"

在启新水泥博物馆展柜中也曾展出过一册花砖样本，上面写有这样的文字："本公司洋灰花砖屡经改良，不厌精益求精，用是益增，名誉所迫，各砖质料坚固，颜色鲜明，有纯用一色者……有用二色者……有用三色者……有用杂色者……"画面有平面、凸面以及刻花式。花样极多。另有一段英文是这样介绍的：The Tangshan Cement Mosaic Tile sare the Best Floor for Verandahs，Halls，Passages，Public Buildings，Churches，BathRooms，Kitches，Banks，the Business premise，Hotels，and Stores etc. 译文如下：唐山启新水泥有限公司生产的砖是最好的地砖，它广泛用于走廊、大厅、通道、公共建筑、教堂、浴室、厨房、银行，以及商业建筑、旅馆和商店等。由此可见，启新洋灰有限公司生产的瓷砖已经被广泛地应用于室内外的装修，其种类齐全，样式多样，有各种大小缸砖、边砖、角砖等。

至于这些样本的发行时间，《唐山陶瓷厂厂志》中记录，1930 年时汉斯·昆德发现瓷器市场供大于求，唐山本地也有仿制启新瓷厂产品充斥市场。为了缓解市场矛盾，除远销香港、广东等地外，还在上海设立总分销处，对华北分销处进行改组。"同时印有新样本，扩散各地籍广招徕。"

样本产品广告遍发商会。光绪三十三年四月二十日（1907 年 5 月 31 日），唐山洋灰公司及启新洋灰公司为将产品广告遍发商会各分会事致津商会文并付广告函及附件[①]：

案查敝公司前奉督宪袁札饬收回自办，原为挽回利权起见，当于唐山旧厂迤东购地添建新厂，电订外洋新式机器，借图扩充。嗣因天津水陆要隘，为通商大埠，遂在紫竹林法租界三号路设立总经理处，派委华洋员司经理，以便与各商接洽，推广销路，以免利源外溢，均经详蒙督宪批准照办在案。兹查洋灰为用极广，凡建造各工莫不视为必需之料，与其购自外洋漏危莫塞，孰若用归本国，权利可收。况唐山洋灰实系天然质料制造而成，经洋工师考验，比之外洋更胜一筹。其余凡洋灰矸子土制造各货，无不精美，价值尤廉。

① 《天津商会档案汇编（1903—1911）》，1989 年，第 1203 ～ 1204 页。

用特编印广告遍行传播，以广招徕。凡我华人自应购中国之灰为中国之用，庶几事顺理直，上不负爱国之心，下无背合群之义。因思各省遇有工程，大宗趸售，敝公司必予以特别利益。除分移外，所有前项广告，相应备文移送贵商会请烦查照。即将编印广告转发各分会，以广流传。并希见复，望切施行。须至移者。

计移送广告二十本

右移天津府商务总会

附件：

敬启者：本公司自创办以来，不惜工本，精选最上质料造成高等洋灰，凡铁路、矿局、河工以及机器工厂等处无不合用。其制造法精妙，永保坚固，极力研究，已无遗蕴。屡蒙华洋绅商奖励，并经洋工师考验劲力，较之外洋所制尤胜，久已脍炙人口。倘蒙赐顾，请向天津法租界唐山洋灰公司总理处面商抑或函订，均可接洽。计每桶净重三百七十五磅，每包净重一百八十七磅半，并监制各种新式洋灰花砖，质洁色新，或平面或凸纹，花样极多，难以枚举。况此砖不惟坚固华丽，而且能免火烛之虞，较用木板铺地者远胜，真可为亚东第一佳品。其原料系拣选上等净洁洋灰所造，颜色系用一种专磨磨匀，与洋灰如法配合，再用机器压造，吃压力至一百四十吨之重，故其质坚而料实也。凡各种凸花之砖皆能改造平面，随买客自便。惟平面较凸花者加价百分之五，至买客欲裁成三角或小块或另出信仰，均客按照来图备办。但定购新式之货均须先期商定，方能照办不误。再常年存备各种头等花砖并有一寸至六寸之边砖，如边缝有不足一寸者可用合色洋灰填补。其洋灰大砖、房顶瓦、水管各件以及矸子土烧成大小各种缸砖等货无不全备。

光顾诸君欲取看各种货样，祈向天津本公司总理处接洽可也。

第二，报纸上广告宣传。1917 年 7 月《大公报》的启新产品广告中有水泥花砖。民国三十六年（1947 年）九月二十日北京出版的老报纸《北平新民报》上，广告内容为："启新洋灰公司副产品，各种洋灰花砖，花样繁多，颜色鲜明，品质优良。庆祝九月三日胜利纪念，优待顾客，减价八扣。"广告的正中间印有启新洋灰公司"龙马太极图"注册商标，两侧分别为启新北京销售处的地址和电话号码。这份报纸共分 6 版，该广告在第三版中间位置，非常醒目。

启新瓷厂把自己的产品作为国货开始打广告："源兴号瓷器减价一天：西门方斜路源兴瓷号，自启新公司出品瓷器委托该号发售以来，颇得各界欢迎，连日前往参观采购者，日益踊跃，该号主干周嘉琦君，鉴于沪人士乐用启新瓷器热忱，特将启新公司出品瓷器，自十月一日起减价廿一天，为答谢爱用国瓷诸君诚意，在此减价期内，照码九折发售，又该瓷号经销启新公司出品花砖有年，兹值该号减价期内，凡本外埠营造家建筑师如需用启新花砖者，可得特别优益权利，启新花砖之坚固耐用，为市上所仅见者，且定价低廉，交货迅速云。"①

（7）至今仍在使用的启新水泥花砖建筑

北京故宫文华殿地面：北京故宫文华殿始建于明初，曾作为"太子视事之所"，明嘉靖十五年正式改作皇帝便殿，琉璃瓦也由绿色改为黄色，赫赫有名的藏书楼——文渊阁就在文华殿的北边。1913 年冬天，北洋政府决定在北京故宫乾清门以南的"外朝"部分建立"古物陈列所"。1914 年 2 月，古物陈列所正式宣告成立。为了适应陈列需要，又对文华殿进行改造。改造后的文华殿地面使用的是启新水泥花砖。依据《启新洋灰公司出品样本》进行对照，文华殿地砖图案在样本上标注"体积尺寸 77/8 见方一寸厚、重量 3.85 磅"，其中"心砖第一百二十号、边砖第一百二十一号、角砖第一百廿二号"，同时附有英文。但样本上花砖的中心颜色为淡绿色，而文华殿地砖中心颜色偏蓝色，看起来更为雅致，少了一些大红大绿的对比，图案纹样一模一样。

唐山车轴山中学教师办公室地面及图书馆前廊墙面：车轴山中学由遵化州官立中学堂伊始，始建于清光绪二十八年（1902 年）。整个校园的规划布局是自 1914 年郭李航任校长后设计建造的。其中校长室建于 1916 年，总务处建于 1919 年，图书馆建于 1922 年。目前，车轴山中学的教师办公室、图书馆地面均由民国时期的启新花砖装饰。图书馆楼前檐廊两侧的墙壁镶挂着花砖，作为建筑的装饰。按照民国发行的《启新洋灰公司花砖出品样本》，办公室的花砖在《样本》中为第 167 号。图书馆檐廊的花砖中心砖为第一百零九号、边砖为第一百廿一号、角砖为第一百廿二号。这些砖的重量是 3.85 磅，尺寸均为英尺七寸七分见方。

北京史家胡同房屋地面：史家胡同博物馆位于北京市东城区，是北京胡同博物馆。这是一个精致的院子，为两进院落，占地面积一千余平方米。这

① 《申报》1926 年 10 月 1 日。

个院子原是民国时期的才女凌叔华的嫁妆，当年曾有很多文人墨客在这个小院聚会。房屋地面所用的小缸砖、水泥花砖为民国时期启新产品。在产品样本名册中，这种花砖为第一百一十五号心砖。

秦皇岛北戴河老别墅区：老百姓俗称的“老房子”。这些老房子除别墅外，还包括近代教会建筑、公共建筑、商务建筑等。当时盛极一时的北戴河与夏威夷齐名，被称为“东亚避暑地之冠”。从 19 世纪末到 1949 年新中国成立前夕，仅北戴河的名人别墅就达 719 幢。其中，美国、英国、法国、德国、俄国、意大利、比利时、加拿大、奥地利、西班牙、希腊等外国别墅就达 482 幢，成为仅次于庐山的中国第二大别墅区。诸多“老房子”地面使用启新水泥花砖。

第四部分

近代唐山日用瓷和陈设瓷艺术特征

瓷器的艺术特征主要针对日用瓷和陈设瓷而言，包括造型艺术、色彩艺术、装饰艺术等。近代唐山日用瓷和陈设瓷的造型主要分为中式造型和西式造型，前文已述。本章从装饰技法、色彩特征、款识分类三个方面进行分析。

一、装饰技法

按照瓷器传统装饰技法分类，主要有釉装饰、彩装饰和胎装饰。在近代唐山瓷业两大体系中，“缸窑体系”的日用瓷及陈设瓷装饰以彩装饰为主、釉装饰为辅，未见胎装饰产品。其彩装饰早期为青花产品，后以釉上新彩为主，贴花产品相对较少，喷彩产品极少。目前，在缸窑各厂，釉下五彩装饰仅在东陶成产品中偶见，但并不精美。“启新体系”也以彩装饰为主，前期有青花及釉下红绿彩产品，1924 年至 1929 年流行釉下五彩，少量贴花、釉上彩器物。20 世纪 30 年代后出现喷彩，但数量不多。釉下彩在这一时期开始衰落，基本为釉上新彩和贴花产品。缸窑和启新均有釉装饰，主要为单色釉产品，如白釉、胭脂红、绿釉等，启新瓷厂有少量蓝釉窑变产品。胎装饰仅见启新瓷厂镂空水仙盆。

（一）釉上彩

釉上彩是瓷器的主要装饰技法之一。它是先把瓷胎施釉烧成白釉瓷，或者烧成单色釉瓷，也可以烧出多色彩瓷，在这样的瓷面上进行彩绘，再入窑经 600°C 至 900°C 二次烘烤而成。近代唐山日用瓷和陈设瓷釉上彩装饰主要有新彩和釉上花纸贴花，其中“缸窑体系”产品以新彩为主，贴花数量较少；“启新体系”则花纸贴花和新彩并重。

1. 新彩

新彩最初被称为“洋彩”，因这种彩绘原料及装饰手法均来自“西洋”而得名，20 世纪 40—50 年代被改称为“新彩”。“新彩”在中国何时出现，目前尚无定论。《景德镇瓷业史》中记载：“洋彩，系国外传来之饰瓷方法，为时约在清光绪之际，其颜色鲜艳，绘画手续比较简单，现在景德镇很盛行，此种颜料先多由德国输入，近来全为日本货。”[①] 新彩颜料起源于德国。“洋彩颜色鲜艳，绘画手法简单，其颜料为‘熟料’，最先多由德国输入，后来则由日

① 江思清著：《景德镇瓷业史》，中华书局印行，民国二十五年（1936 年）十月。

本引进。”[①] 有的学者认为：“20 世纪二三十年代中国逐渐使用自己研制的洋彩颜料，此后洋彩便在全国迅速发展起来。”[②] 唐山缸窑一带瓷厂，如德盛、新明、东陶成、德顺局等瓷厂所用新彩原料源自国产，且与景德镇风格接近。启新瓷厂在 20 世纪 20 年代以釉下五彩产品为主打，釉上彩产品数量不多，主要是山水纹饰，造型有帽筒、掸瓶、将军罐等。20 世纪 30 年代，尤其是 1932 年之后，釉下五彩产品迅速减少，新彩产品成为主流，并且以人物故事纹为主。

新明瓷厂经理秦幼泉在瓷器工艺流程中有关装饰环节这样记述：“白器烧成，始施彩画，画后复烧，使颜色入骨，因有烤窑之设，窑之周围，俱砌筒砖，火由筒内循环而出，砖红热达于器，由孔窥之，诸色有光，火候足矣，即便住火。”[③]“圆琢器洋彩：圆琢各白器，五彩绘画，仿西洋者，曰洋彩。画工调和各种颜色，先画白瓷片烧试，以验色性火候，所用颜色，调法有三，一用芸香油，一用胶水，一用清水，油便浸染，胶便榻刷，清水便堆填也。”[④] 这段描述指的就是新彩装饰技法。

新彩装饰的工具需用各种扁笔和圆笔、色碟、油杯等。笔有多种，其中比较有特色的是羊毫扁笔和狼毫料笔。对一般大件瓷器用扁笔比较合适，小件瓷器如壶、杯之类，可以用圆笔。一般情况下，画面不同的部位需用不同的笔。色碟，以便掭笔。唐山博物馆收藏有“德盛”款色碟多件。油杯用来盛乳香油、樟脑油、汽油，以便调色。乳香油的主要用途是利用其中乳香的黏性起胶着作用。乳香是一种老松香，加多了会使色料稀薄，不易挥发。樟脑油，在油料里起稀释作用，能把乳香油调料稀释，不使集结，使用时在一杯汽油里加入一小酒杯樟脑油即可。汽油需要的量较大，添加在油料里，主要原因是挥发性强，画时不待色料扩散即将其中樟脑油和乳香油挥发，使色料很快固着于瓷面，得以保持笔触的效果。

釉上彩“黄鹂翠柳”系列产品

这一题材取意“两个黄鹂鸣翠柳”的诗句，柳树是初春新吐的浅绿色枝条，淡粉色的花朵，黄鹂在林间欢鸣。柳叶用色简单，新彩装饰技法。新明、

① 吴秀梅：《传承与变迁：民国景德镇瓷器发展研究》，北京：光明日报出版社，2012 年，第 150 页。

② 吴秀梅：《传承与变迁：民国景德镇瓷器发展研究》，第 150 页。

③《滦县志》卷十四 · 实业之陶业，民国二十六年（1937 年），第 14 页。

④《滦县志》卷十四 · 实业之陶业，民国二十六年（1937 年），第 14 页。

德盛、东陶成均有出品，俗称“黄鸟”或“柳鸟”产品。据赵鸿声先生说，这是学艺人的基本练手之作，学习景德镇画法，用叉子笔画柳条柳叶，墨线用胶色，上敷油彩。从带纪年款的器物上鉴别，新明的掸瓶是1931年，口径20.9厘米、底径17.5厘米、高43.7厘米。器物有“岁次辛未夏月新明出品”款识（图4-1、4-2）。东陶成的产品是1941年，口径11.6厘米、底径10.6厘米、高22厘米。秦宏绪敬赠田再兴的一件瓶，这件器物比较重要的是题款：时在辛巳（1941年）春月以为田再兴先生惠存，秦宏绪敬赠。落有一枚红色印章。瓶的背后颈部有红色“吉祥”两字，腹部题字为黑色篆书：得意林中频噪噪，一声飘磊乐无穷。此瓶虽然未见“东陶成”款识，但秦宏绪是东陶成经营者，他送给友人的赠品，应为东陶成自身的产品（图4-3、4-4）。德盛产品没有纪年款，只有“得胜牌”青花商标款，一件为小罐，口径3.5厘米、底径9.5厘米、高7.9厘米（图4-5、4-6）。另一件为奶杯（图4-7）。赵鸿声收藏的“柳鸟”罐，系王世善作品，高16厘米（图4-8）。另见一件笔筒，直径7.8厘米、高11.4厘米，无款（图4-9）。唐山收藏家孙照程先生藏有一件“柳鸟”盖罐，口径8.3厘米、底径6.5 厘米、高8厘米，口径处有一“凹口”，凹口长1.7厘米、宽1厘米，用来放汤匙，也由此推断这类器物应为糖罐、调料罐（图4-10）。

图4-1　新明“柳鸟”纹掸瓶

图4-2　背部题款

图 4-3　东陶成“柳鸟”纹瓶

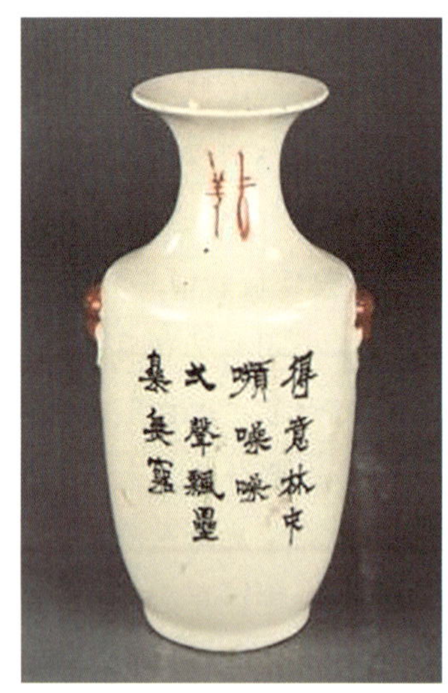

图 4-4　背部题款

图 4-5　德盛“柳鸟”纹罐

图 4-6　外底款识

图 4-7 德盛“柳鸟”纹奶杯

图 4-8 东陶成“柳鸟”纹罐，赵鸿声藏

图 4-9 “柳鸟”纹笔筒　　图 4-10 “柳鸟”纹盖罐，孙照程藏

民国时期还出现了“新粉彩”的概念。“新粉彩”是介于粉彩与新彩之间的一种装饰，是粉彩的延续和变化，但是彩料更趋向于新彩，不再是天然矿料，而是人工合成料，对于烧成温度的要求比粉彩要宽松，其料以油调和者称“油料”，以水调和者则称“水料”。“新粉彩”还改变了绘画技法，不再用勾线、填涂的方法，而是用笔蘸料直接绘画于瓷器上，用笔、设色类同于中国传统画法。“新粉彩”原料成本较低，绘制工艺亦不复杂，因而很快就得到了推广。民国时期唐山瓷中的“新粉彩”产品，颜色鲜艳，多为花卉纹饰，摸上去也有凸起的感觉，但是比粉彩水润，比新彩鲜艳。例如德盛生产的痰盂（见图 3-31、3-32）。另有德盛出品的新粉彩鸳鸯莲池纹瓶，此瓶为私人收藏，口径 8.7 厘米、底径 7.5 厘米、高 23 厘米。肩部铺首，腹部正面为鸳鸯莲池纹饰，背题：蕊含朝露萼带晓烟，德盛出品（图 4-11、4-12）。

图 4-11　德盛新粉彩鸳鸯莲池纹瓶，马连珠藏

图 4-12　背部题款

20 世纪 40 年代新彩产品中出现了一种“扁笔抹花”技法。扁笔抹花俗称为“一笔画”“新花”，盛行一时，但品种比较单调。唐山学习江西和日本扁笔花草画法特点，创造了具有自己特色的扁笔抹花技术，所绘花朵一气呵成，没有重笔，无须勾勒，同时也在简单中展现出深浅、明暗关系，背景却是和中国绘画一样留出空白，不需要上彩，颇能达到所谓“远看颜色近看花”的艺术效果（图 4-13、4-14）。

图 4-13　缸窑“永立出品”抹花观音瓶，李国利藏

图 4-14　1949 年唐山启新瓷厂抹花产品，李国利藏

2. 粉彩

粉彩是清代创烧的装饰技法。在烧好的胎釉上，用玻璃白打底，再进行彩绘，玻璃白含砷，具有乳蚀作用，因此彩绘后的纹饰产生粉化效果。另外与新彩相比，粉彩有凸起的感觉。缸窑瓷厂粉彩器物极少，一般以新粉彩代替。目前仅在私人收藏中见到一件 1942 年制作的粉彩花卉纹莲子壶（图 4-15、4-16）。这件作品纹饰有明显的凸起，并且有玻璃白的柔润。背题：品剑茶经，款为“岁次壬午冬月作于东缸窑赵云峰制”。

图 4-15　东缸窑赵云峰制粉彩壶

图 4-16　背部题款

关于新彩与粉彩的区别，主要有以下几个方面：

第一，新彩颜料是熟料，粉彩是生料。所谓“熟料”即经过了高温煅烧，在烧成前后色彩基本没有什么变化，也就是说，绘瓷的时候什么颜色，烧成后也就什么颜色。这就使新彩创作时更具表现力，画面的浓淡深浅、景物的明暗层次均可到位。而粉彩采用的是“生料”，在烧制前后颜色会完全不一致，这就使创作者无法把握色彩效果，增加了工艺难度。

第二，粉彩纹饰一般要勾线填色，比较刻板。新彩既可勾线，又可没骨画法，创造更随意、自由。

第三，新彩水润，粉彩粉润。新彩颜料呈油质胶状，在料色的调配上，可以用油剂稀释，色泽看上去油润。粉彩因有玻璃白打底，不透明，看上去更粉润。

第四，新彩薄易脱落，粉彩厚易长久保存。新彩的彩料较薄、涩且低温烧制，彩绘易于污损、磨蚀和脱落。而粉彩摸上去有凸起的厚重感，比新彩更易保存。

第五，新彩比粉彩色彩丰富。新彩颜料由铜、铁、锡、锰、钴等多种不同金属氧化物制成，颜色极为丰富，其中部分红色系列的颜色中含有黄金。颜料品种多，且各色调配可以如油画和国画一样自由调色。根据两两之间调配的分量不同亦会有不同的色相，其颜色可谓丰富多彩，这是以前任何陶瓷彩绘装饰所达不到的。

第六，新彩生产工艺成本低，易于与现代工艺技术结合，比较适用批量生产，所以新彩的出现立即迎合了市场的需求。

3. 贴花

瓷器贴花工艺最早可追溯到宋代吉州窑的剪纸贴花。民国时期盛行花纸贴花，这是随着印刷工艺发展而出现的一种新型陶瓷装饰品种。花纸贴花均为釉上贴花，先在素胎上施釉，贴花后二次低温烤烧。花纸的花纹细致、风格多样，规整一致，便于批量生产，与这一时期日用瓷、陈设瓷采用注浆成型、器型规整统一有关。贴花纸运用于陶瓷装饰对陶瓷业的飞速发展起到了不可估量的作用。

唐山是中国最早开启花纸贴花工艺的地区，贴花技法引自德国，20 世纪 20 年代已经出现。在唐山博物馆收藏的民国启新档案中，有从德国购买花纸的记录。启新瓷厂贴花产品的花纸色彩以粉色为主，图案多为花卉组合。唐山缸窑一带瓷厂，如德盛、新明、东陶成、永立等也有贴花产品存世，但风格与启新不同。据《唐山陶瓷公司志》记载，20 世纪 50 年代以前，缸窑的贴花“所需花纸主要依靠江西、辽阳供给，兼用少量外国花纸”[①]。国内其他地方的花纸贴花技法出现要晚于唐山，多引自日本，最初运用在搪瓷上。初期贴花工艺劳力消耗大，产品成本高且规格不能求得统一，设色浓淡也失调，生产量也少。经过摸索和提高，到了民国后期花纸图案日渐丰富起来。另据《唐山陶瓷公司志》记载，“唐山贴花装饰始于启新瓷厂。20 世纪 30 年代从国外引进新型贴花工艺，40 年代初德盛、新明等厂也开始采用贴花装饰，但比重不大”[②]。但是，根据存世产品看，这一观点值得商榷。唐山博物馆征集到一对“辛未冬月”（1931 年）新明釉上贴花海棠口深腹盘，海棠口，长径 15 厘米、短径 14 厘米、高 5.6 厘米。腹部贴花装饰。外腹部一侧题字：春风得意花千里，款为“辛未冬月新明出品”（图 4-17、4-18）。通过这对有明确纪年的器物可知，1931 年新明瓷厂已生产非常成熟的贴花产品。因此“20 世纪 40 年代初德盛、新明等厂开始采用贴花装饰”这一观点可予以否定。目前现存的启新贴花产品均无纪年款，但是从民国十八年（1929 年）启新洋灰公司监查瓷厂账目的档案中发现，化学品监查项目有“贴瓷器用之烤花纸 printing papers”一项，档案上的中文为当时的笔记，下有汉斯·昆德的英文签名（图 4-19）。[③] 另外，在存货盘存档案中所盘存的唐山货品有粗瓷器、画花颜料、素胎和（muffle）烤花等（图 4-20）。在监查档案的附则中，对 muffle 进行了专门解释（图 4-21）：“muffle 据闻为磁件（crockries）之一，不过于烧成之后复加金线或贴花纸，重入罐笼窑烤之。其命名之意，即在于此，绝非指烧磁器外面套用之罐笼而言。crockries 向译为粗磁件，muffle 可译为细磁件。籍免误会，不识当否。”[④] 因此，20 世纪 20 年代唐山启新瓷厂已生产贴花产品毋庸置疑，而且贴花产品属于“细磁件”。

图 4-17　1931 年新明出品贴花深腹盘

图 4-18　背部题款

① 《唐山陶瓷公司志》，内部资料，1990 年，第 109 页。
② 《唐山陶瓷公司志》，内部资料，1990 年，第 92 页。
③ 民国启新洋灰公司档案，唐山博物馆藏。
④ 民国启新洋灰公司档案，唐山博物馆藏。

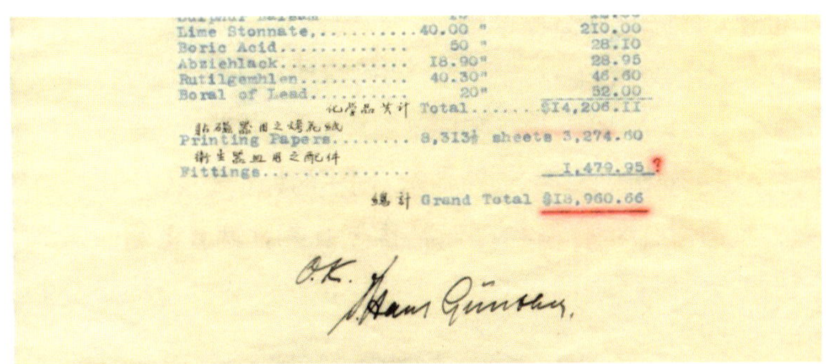

Lime Stonnate,............	40.00 "	210.00
Boric Acid..............	50 "	28.10
Abziehlack..............	18.90"	28.95
Rutilgemhlen............	40.30"	46.60
Boral of Lead...........	20"	52.00
化學品共計 Total......		$14,206.11
貼磁器用之烤花紙 Printing Papers.........	8,313½ sheets	3,274.60
衛生器皿用之配件 Fittings..............		1,479.95 ?
總計 Grand Total		$18,960.66

O.K. Hans Günther.

图 4-19　民国启新“烤花纸”档案资料

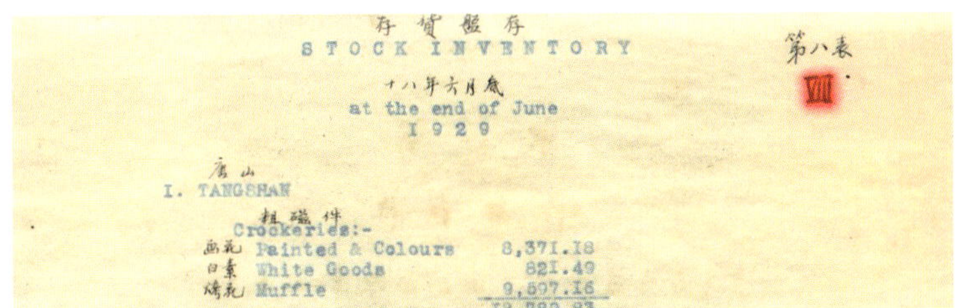

存貨盤存
STOCK INVENTORY
第八表
VIII.
十八年六月底
at the end of June
1929

唐山
I. TANGSHAN
粗磁件
Crockeries:-

画花 Painted & Colours	8,371.18
白素 White Goods	821.49
烤花 Muffle	9,597.16

图 4-20　民国启新“muffle”烤花档案资料

(一) 茲將本屆營業年度之出貨、銷貨、用料、用費四項與上屆營業年度者相比(請參閱第二十三表)以明最近二年間之製造與營業情形焉、

查　本屆出貨比上屆少 $33,671.75

故　本屆用料比上屆少 $12,097.93

再　本屆銷貨比上屆減 $26,709.28

而　本屆用費比上屆反增 $7,152.45

於此可知用費一項或將年高無已、設不能致全力於製造數量之增加與銷貨數量之擴大、難期臻進境也、

(二) Muffle 原用為磁件(Crockeries)之一、不過於燒成之後復加金線或貼花紙重入「罐窯」烤之、其命名之意即在於此、絕非指燒磁器外面套用之罐籠而言、Crockeries 向譯為粗磁件、Muffles 可譯為「細磁件」、藉免誤會、不識當否、

图 4-21　民国启新档案中对 muffle 的释义

启新瓷厂贴花产品造型丰富，中式产品主要是嫁妆瓷系列，如掸瓶、冬

瓜罐、将军罐、帽筒、直筒提梁壶等；西式产品有奶杯、钟表架、高足盘、碗、海棠盘等（图 4-22、4-23、4-24、4-25、4-26、4-27、4-28、4-29）。唐山博物馆收藏的一件启新瓷厂贴花冬瓜罐外底除了有黑色“启新磁厂”厂名款外，还有一个黑色双笔划“磁”字标记，同样的标记在 1927 年洹阳居士所绘“郑玄文婢”纹饰掸瓶的外底也有出现，经过比对，两件器物的两个“磁”字标记完全相同。类似标记并未在其他器物中出现，从另一角度佐证了这件贴花瓷器的生产时间。

图 4-22　一组贴花产品

图 4-22 为一组启新瓷厂贴花产品。

左 1、右 1，掸瓶（一对）：口径 17.1 厘米、底径 13.7 厘米、高 41.5 厘米，无款。

左 2、右 2，将军罐（一对）：口径 10.2 厘米、底径 16.3 厘米、高 25.4 厘米，无款。

左 3，冬瓜罐：口径 9 厘米、底径 13.5 厘米、高 31 厘米，外底黑色“启新磁厂”四字双笔单圈款。

贴花帽筒：直径 12.2 厘米、高 27.8 厘米。款识是绿色“启新磁厂”四字隶属无边框，这类无圈、无框的款极少见。

图 4-23　贴花帽筒

贴花八角水仙盆：口长 20.8 厘米、口宽 16 厘米、高 7.5 厘米。

图 4-24　贴花八角水仙盆

贴花直筒提梁壶：口径 7 厘米、底径 10.5 厘米、高 12 厘米。

图 4-25　贴花直筒提梁壶

贴花竹节洗：口径 10.5 厘米、底径 8.6 厘米、高 3.8 厘米。无款。

图 4-26　贴花竹节洗

贴花渣斗：口径 25 厘米、底径 20 厘米、高 23.5 厘米。无款。

图 4-27　贴花渣斗

图 4-28 为启新瓷厂一组欧式花边系列贴花产品。

左 1，大高足盘：口径 23 厘米、底径 12.5 厘米、高 13 厘米。口沿饰金边，底足近外沿处饰金边。盘内近口沿一圈红色欧式花边。外底有“启新磁厂”绿色单圈款，圈的直径 2 厘米。

左 2，小高足盘：口径 16.5 厘米、底径 8 厘米、高 9.5 厘米，款亦相同。

左 3，平盘：口径 24 厘米、底径 13.3 厘米、高 2.5 厘米。外底“启新磁厂”绿色四字单圈款，圈直径 2 厘米。

左 4，碗：釉上贴花红色花边碗：口径 18 厘米、底径 7.5 厘米、高 6.4 厘米。外底“启新磁厂”绿色单圈款，圈的直径 2 厘米。

图 4-28　一组欧式花边贴花产品

贴花竹节罐：口径 8 厘米、底径 6 厘米、高 5.2 厘米。贴花颜色以紫色为主。外底“启新磁厂”四字单圈款，并有阴刻 7 标记。

图 4-29　贴花竹节罐，翟国辉藏

4. 刷花

刷花，俗称“筛色瓷”，是将西方的搪瓷喷花与中国民间传统的丝网印刷和剪纸艺术融合在一起。主要工具是笔刷、小刀笔、小铁钳、画笔和铜丝制成的小筛。“刷花工艺是按简单的花纹刻成镂空的金属版，手执一细铁纱网片，用棕刷蘸色撣之。撣到瓷面上的细微颗粒，透过镂花版时形成纹样。”[①] 更详细地讲，刷花是将镂空的纸花纹贴于瓷面，以细筛和毛刷为工具，按花、茎、叶等所需色调依次将色料漏于瓷面之上，形成深浅鲜明、五颜六色的艳丽画面。刷花技术的形成和发展，大体是和新彩同步或略晚一点，即始于清末，盛行于民国。最初，刷花主要是针对于花卉装饰并用来装饰普通日用瓷，其构图完整、色彩悦目、层次分明、风韵浓厚，具有强烈的民间艺术特色。

① 刘智泉：《唐山喷彩瓷》，北京：轻工业出版社，1983 年，第 2 页。

刷花流行短暂，但是拓宽了陶瓷釉上装饰的表现力。不过从民国时期唐山的刷花产品看，刷花纹饰呆板，缺乏手绘纹饰的自由，也不如贴花装饰的玲珑。

缸窑刷花深腹盘：长径 18.1 厘米、短径 12.9 厘米、高 5 厘米。外底青花“得胜牌”青花款（图 4-30）。

图 4-30　缸窑刷花深腹盘

缸窑刷花掸瓶：口径 21.4 厘米、底径 21.4 厘米、高 44.7 厘米。主体纹饰为荷花，有盛开的，有含苞待放的，有半开半掩的。刷花是喷彩的前身。刷花工艺不如手工绘画灵动，但是这件作品对荷花的表达有颜色的浓淡。这是近代唐山瓷器装饰技法的创新作品。背题：西湖六月中，鸳鸯对对行。莲叶无限景，接天照眼明（图 4-31、4-32）。

图 4-31　缸窑刷花掸瓶

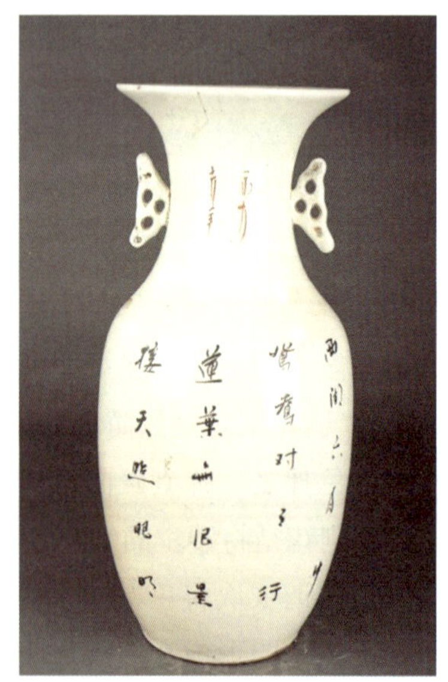

图 4-32　背部题款

5. 喷彩

比较普遍的观点认为刷花工艺是喷彩工艺的前身，因刷花工艺逐步被机械代替，遂演化为喷彩。据《唐山陶瓷公司志》中记载：“唐山的喷彩艺术系由早期刷花工艺发展而来，花面多为折枝花或满地开光画面。”①“到二十世纪四十年代中期，德盛瓷厂采用喷枪代替手工刷花，生产效率和装饰效果均有提高。”② 但是，从存世实物看，这一观点也是值得商榷的。20 世纪 40 年代这一时间节点可以被否定。唐山博物馆藏有一对 1931 年东陶成出品的掸瓶，上有喷彩装饰，这是有明确纪年的产品（见图 3-57、3-59）。因此，早在 1931 年，缸窑已出现非常成熟的喷彩装饰技法。另外，启新瓷厂的产品中有釉上彩花鸟纹盘，在盘中月亮的周边也有喷彩装饰，可惜无纪年。另有一件喷彩海棠盘，题款：“壬申春月启新磁厂作”，壬申年为 1932 年（图 4-33）；另有一件喷彩产品也是花鸟纹饰，题款为“时在壬申冬月上浣作启新磁厂出品”（图 4-34）。由此充分证明，在 20 世纪 30 年代初，唐山缸窑和启新均已出现喷彩工艺。同时，刷花工艺是喷彩工艺的前身这一观点也值得商榷。按照此观点，唐山的刷花产品应在 20 世纪 20 年代存在，也就是在 1931 年、1932 年之前存在。但从前边所述刷花产品看，显然不是 20 世纪 20 年代的产品。德盛出品的刷花深腹盘，外底使用了盾形商标，盾形商标于 1932 年注册，因此这件产品只能是 1932 年之后生产的。

图 4-33　1932 年启新瓷厂喷彩海棠盘，私人收藏

图 4-34　1932 年启新瓷厂喷彩海棠盘，私人收藏

（二）釉下彩

釉下彩装饰技法主要有青花和釉下五彩产品。“缸窑体系”青花产品出现较早，未见到釉下五彩产品。“启新体系”青花产品极少，釉下五彩产品是主

① 《唐山陶瓷公司志》上，内部资料，1990 年，第 94 页。

② 《唐山陶瓷公司志》上，内部资料，1990 年，第 94 页。

打产品，数量多、精品多。

1. 青花

青花属于釉下单彩，以氧化钴为着色剂，在胎上绘画，施透明釉后高温一次烧成。近代唐山缸窑和启新都有青花产品，缸窑的青花产品有的属于低档产品，胎土粗糙，绘画潦草。但也不乏精品，例如一些青花大缸，尽管器型硕大、烧成难度高，但纹饰精美、青料发色稳定。启新的青花产品与缸窑的产品相比要精致一些。从用料看，缸窑和启新产品既有国产土青料也有化学“洋蓝”料。洋蓝料多通过天津进港，甚至连当时的彭城窑所用洋蓝料也从天津购进再转运而至。私人收藏一件洋蓝青花残件，画的是贵妃醉酒，上面有文字“岁次中华民国十六年重阳日同成局造”，中华民国十六年是 1927 年，同成局当时是西缸窑的一家瓷厂，这件瓷器虽然残损严重，画工也并不精美，但作为研究近代唐山陶瓷的标本实属不可多得。另外，前文提到的“老陶成局”青花盘也是有厂名款的缸窑青花标准器。

2. 釉下五彩

瓷器中的五彩，一般指釉上五彩或青花五彩。釉下五彩是清代晚期湖南醴陵在古代长沙窑的基础上创烧的陶瓷装饰技法[①]。釉下五彩其实是釉下多彩的意思，并不是只有五种色彩。釉下多彩技法这一工艺上的突破，归功于无机化学工业的发展，颜料能够人工合成，从而不再局限于从大自然的原生矿物中提取。在此之前，原生矿物靠窑内的高温与气氛产生强烈的化学反应后呈现色彩，但不同的矿物呈色有各自的化学反应，所以难以在相同的条件下来满足各自的要求，而人工合成颜料则能够在统一的窑内条件下使各种颜料同时呈色。唐山釉下五彩瓷器受湖南醴陵、广东潮州影响，20 世纪 20 年代后期开始至 30 年代初期，成为启新瓷厂的主打产品。

釉下五彩瓷器的特点是色调柔和。湖南醴陵釉下五彩的柔和取决于“分

① 醴陵釉下五彩瓷器由“湖南瓷业公司”创烧。清末，为改变湖南粗瓷生产的落后状况和抵制洋瓷入侵，熊希龄随两江总督端方前往日本考察，了解日本的制瓷业和制瓷工艺。后与醴陵人文俊铎一起在沩山等地考察醴陵瓷业，呈交了《为湖南创办实业推广实业学堂办法上端方书》。经端方批复，1905 年冬，在醴陵城北姜湾正式成立“湖南官立瓷业学堂”。1906 年，成立“湖南瓷业公司”。

水技法”[①]，广东潮州窑釉下五彩的柔和因其使用日本色料[②]，而启新瓷厂釉下五彩的柔和因其使用德国色料并加入氧化锡。

启新瓷厂的色料购自德国。其成分主要是以各种金属氧化物为着色剂，与矾土、瓷土等物质混合，经过高温煅烧而成色料熔块，再经粉碎磨细，便可备用。釉下五彩中红色主要是桃红、玛瑙红，以金、锰、铜、铬等氧化物为着色剂。绿色主要着色剂是铬，铬具有耐火性和极强的着色力，加入不同比例的氧化铝、氧化钙、氧化镁等氧化物，可呈现出不同的色调，如浅绿、水绿、青松绿等。蓝色主要是钴，传统的青花色料。黄色主要以锑、钛、锌、锡等氧化物为着色剂，但在釉下高温情况下，得到理想的黄色比较困难。黑色以多种金属氧化物混合，如铁、铬、钴、镍、锰等混合制成黑色。黑色呈色稳定，喷饰较浅时发暗灰色，是常用的釉下喷彩颜料之一，用途甚广。褐色以铁、铬的化合物为着色剂。白色以镁、铝、锌等的化合物为着色剂，性质稳定。除着色这些金属化合物外，还掺有大量的无色氧化物如石英、长石等，这就提高了彩料的明亮度，降低了它的饱和艳度，经釉层覆盖和高温烧成，其色彩就显得格外调和、雅致、温柔。因此即使用红与绿等量相配，也不会产生强烈的刺激，运用淡彩或多色的装饰，容易获得清雅、富丽、和谐的艺术效果。而各种颜料的组成和釉层的覆盖，则是“艳而不俗，淡而有神”的主要因素。

启新瓷厂釉下五彩主要分为釉下红绿彩、釉下点彩、釉下多彩、釉下浅绛彩四个品种。

（1）釉下红绿彩

釉下红绿彩属于启新瓷厂的早期产品，分为青花红绿彩和单纯的红绿彩。启新瓷厂这类产品更多与广东潮州的枫溪、高陂相近。汉斯·昆德独立经营启新瓷厂后，其产品绝大多数有印章厂名款，极少数不带厂名款，而早期产品一般无款。马连珠收藏的釉下红绿彩冬瓜罐（图 4-35），胎体粗糙，特别

① 分水技法以墨色线条勾勒花卉的大致轮廓后，再填以各种水性的色料，不但可使色彩平填，同时由于线条中含有乳香油，勾勒的线条不仅表现图案的轮廓，同时也具有堵水功能，技师填色的料水高出轮廓许多也不会外流，使色彩平整无痕，同时利用罩色和接色的方法，使图案更能呈现丰富的色调变化。墨线入窑烧制后，自然消失，呈现空白线条，形成一种独具特色“无骨画”效果，轮廓清楚，茎叶分明，花叶有浓、淡之分。

② 李炳炎：《近代枫溪潮州窑与大窑五彩瓷的创烧》中记载：“1915 年以后，（枫溪）大窑彩的色料如海碧蓝、三鹤蓝等等方大量从日本进口，大窑彩产品日多……1920 年以后，彩逐渐采用红、绿、赤等颜料”，《韩山师范学院学报》第 34 卷第 2 期，第 30 页。

是底部凹凸不平，但是釉色极好，莹润，釉下彩料发色淡雅、纯正。另见釉下红绿彩深腹盘，纹饰的画工较为精致（图 4-36）。这类产品应为釉下五彩的试验品，之后又生产了釉下红绿彩碗、盘，存世极多，画面类似抹花，潦草几笔，属象征性的花卉，大多数带有“寿”字，因此也被称为“寿”字盘、“寿”字碗。

图 4-35　釉下红绿彩冬瓜罐，马连珠藏

图 4-36　釉下红绿彩深腹盘

（2）釉下点彩

釉下点彩产品仅见竹节盖罐这一种器型。罐为敞口竹节造型，器身上有三道弦纹，器外胎体上点绿彩和蓝彩，再施透明釉烧成。罐有两种，一种有盖，口径 10 厘米、底径 7.8 厘米、高 7.3 厘米，外底黑色“启新磁厂”四字单圈款，圈的直径 2 厘米（图 4-37）。另一种无盖，器型比带盖的略矮，口径 14.6 厘米、底径 12.1 厘米、高 5.5 厘米，外底黑色“启新磁厂”四字单圈款，圈的直径 2 厘米（图 4-38）。

图 4-37　釉下点彩盖罐

图 4-38　釉下点彩竹节洗

（3）釉下多彩

这是启新瓷厂釉下五彩的主流产品。从造型看，有中式产品也有西式产品；从纹饰看，花鸟纹、人物故事纹均有，但人物故事纹居多。从色彩看，以赭色、蓝灰色、浅绿色、淡粉色为主。

下面以一组洹阳居士绘釉下五彩“五伦图”器物为例。所谓“五伦”指的是“五常”。《孟子·滕文公》中记载：君臣、父子、夫妇、长幼、朋友。父子有亲，君臣有义，夫妇有别，长幼有序，朋友有信。后人画花鸟，以凤凰、仙鹤、鸳鸯、鹡鸰、黄莺为五伦图。这类器物的纹饰为一只凤凰在石上舞蹈，凤尾高高上扬，有的辅以仙鹤、鸳鸯、黄莺等。一棵海棠树，涂染树叶，点彩深红色的花朵。洹阳居士所绘凤凰极具特色，除了俯首舞蹈的姿态外，还有立于山石之上的姿态，长长的凤尾生动多彩。背题：历代帝王属文周，创立江山八百秋。仁德及民家国厚，君臣富贵到白头。因此，也有人将这类纹饰称为“富贵白头”或者“五彩凤凰”。

1928 年洹阳居士绘釉下五彩“五伦图”掸瓶：口径 19 厘米、底径 16 厘米、高 55 厘米。肩部描金衔环铺首。款为“岁次戊辰之夏上浣，洹阳居士作”。外底“启新磁厂”黑色四字方框款，框边长 1 厘米（图 4-39、4-40）。

图 4-39　1928 年洹阳居士绘釉下五彩“五伦图”掸瓶

图 4-40　背部题款

1928年溷阳居士绘釉下五彩“五伦图”冬瓜罐：口径9厘米、底径13.5厘米、通高（带盖）29.5厘米。外底“启新磁厂”黑色四字方框款，框边长1厘米（图4-41）。

溷阳居士绘釉下五彩“五伦图”小将军罐（一对）：口径7厘米、底径10.5厘米、通高（带盖）15厘米。外底“启新磁厂”黑色四字方框款，框边长1厘米（图4-42）。

图4-41　釉下五彩“五伦图”冬瓜罐

图4-42　釉下五彩“五伦图”小将军罐

这类纹饰还有大将军罐：口径10.2厘米、底径16.2厘米、通高（带盖）27厘米，外底为“启新磁厂”黑色四字月牙款，款长1.8厘米（图4-43）。

1927年溷阳居士绘釉下五彩“五伦图”观音瓶：口径8厘米、底径8.5厘米、高29厘米。外底“启新磁厂”黑色四字方框款，边长1厘米。一件外底有阴刻11标记，一件无标记（图4-44）。

图4-43　釉下五彩“五伦图”大将军罐

溷阳居士绘釉下五彩“五伦图”帽筒：口径12.3厘米、高28厘米。外底“启新磁厂”黑色四字单圈款，圈直径2厘米（图4-45）。

图 4-44　釉下五彩“五伦图”观音瓶，李国利藏

图 4-45　釉下五彩“五伦图”帽筒

（4）釉下浅绛彩

釉下浅绛彩是启新瓷厂独具特色的产品。这类产品与流行于晚清和民国初年的景德镇浅绛彩在呈色及绘画风格上相近，也是将诗、书、画相结合的“文人画”艺术形式移植到瓷器上，具有浓郁的书卷气。启新瓷厂“釉下浅绛彩”系列产品纹饰相似，均为远山、近水、树木、草屋，或有隐士荡舟水上、高士策杖前行等。器型有盘、将军罐、直筒提梁壶、花盆、痰盂、观音瓶、笔筒等。

1924 年陆桂丹绘釉下彩山水纹盘：直径 28.3 厘米、高 2.4 厘米，口沿有残。盘呈圆形，口沿波浪状，内底饰浅绛彩山水纹，远山近水，岸上树木、山石、草屋。整体色彩赭色为主，笔触细腻。胎体洁白，釉色柔和。在画面上边留白处题有“岁次甲子初冬桂丹作”并配有红色印章。甲子为 1924 年，桂丹为陆桂丹，另见有陆桂丹所绘乙丑（1925 年）作品，同样也为此类山水纹。此件器物在汉斯・昆德博物馆展厅展出（图 4-46）。

图 4-46　1924 年陆桂丹绘釉下彩山水纹盘，汉斯・昆德博物馆藏

图 4-47 为一组釉下彩山水纹产品。

左 1，1925 年陆桂丹绘釉下浅绛彩将军罐：缺盖。口径 10.3 厘米、底径

16.7 厘米、高 19.8 厘米。外底无款，只有一个“L”标记。

左 2，1929 年釉下浅绛彩直筒提梁壶：口径 7 厘米、底径 10.5 厘米、高 12 厘米。

左 3，1928 年釉下浅绛彩痰盂：李国利藏。口径 25 厘米、底径 20 厘米、高 23 厘米。背题：智水仁山古画图 岁在戊辰春月上浣作。外底“启新磁厂”黑色四字隶书双笔划单圈款，圈的直径 3 厘米。

左 4，釉下浅绛彩扁体壶：口长径 11.7 厘米、短径 9 厘米，底长径 11.7 厘米、短径 9.5 厘米，高 13 厘米。

右 1，1929 年“美丰军衣庄制”盘：海棠形，口长 27.5 厘米、宽 24.5 厘米，底与口相同，高 1.8 厘米。外底“启新磁厂”黑色四字方框款，框长 1 厘米。

图 4-47 为一组釉下彩山水纹产品

釉下彩山水纹三足花盆：口径 27.5 厘米、底径 23 厘米、高 19 厘米。正面浅绛山水，背面白釉光面，外底三足，有“启新磁厂”黑色四字隶书单圈款，圈的直径 2 厘米（图 4-48）。

图 4-48 釉下彩山水纹三足花盆，李国利藏

釉下彩敞口花盆：口径 17.5 厘米、底径 10.5 厘米、高 11 厘米。外底黑色

“启新磁厂”四字双笔单圈款，圈的直径2厘米。另外，外底还有阴刻11标记（图4-49）。

图4-49　釉下彩敞口花盆

1926年春捷廷绘釉下浅绛彩山水纹观音瓶：口径8厘米、底径8厘米、高28.5厘米。外底黑色“启新磁厂”四字单圈款，圈的直径1.2厘米。背题：水上皆山也，山青水亦青。此间消夏好，且有子云亭。款为“岁在丙寅禾月春捷廷作”（图4-50、4-51）。

图4-50　1926年春捷廷绘釉下浅绛彩山水纹观音瓶，李国利藏

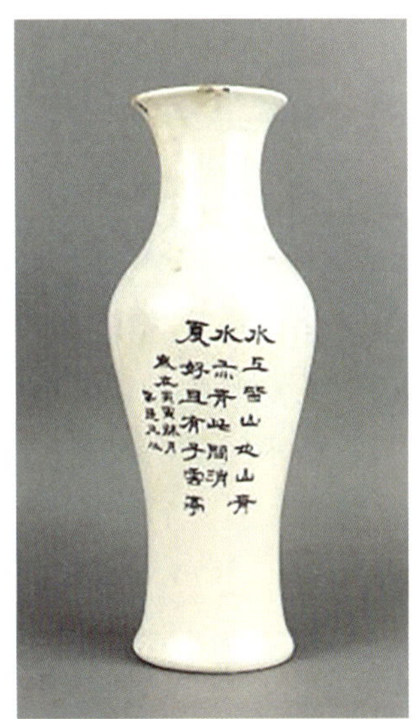

图4-51　背部题款

1929年启新釉下浅绛彩痰盂：口径21.6厘米、底径12.4厘米、高19厘米。釉下山水纹饰，上题：山川拱吐秀，时在己巳秋月作。外底黑色“启新磁厂”四字单圈款，圈的直径2厘米，另有阴刻7标记（图4-52、4-53）。

图4-52　1929年启新釉下浅绛彩痰盂，李国利藏

图4-53　外底款识

1925 年杨敬文绘釉下彩山水纹盘：直径 28 厘米、高 2.5 厘米。题款：时在乙丑仲夏上浣仿新罗山人笔意杨敬文作。外底“唐”字款（图 4-54、4-55）。

图 4-54　1925 年杨敬文绘釉下彩山水纹盘

图 4-55　外底款识

1927 年春捷廷绘釉下彩山水纹帽筒（一对）：直径 12.5 厘米、高 27.5 厘米。背题：山水经年不改青，江流尽日听无声。何人结屋林泉下，静坐观书养性情。款为“岁次丁卯春月上浣春捷廷作”，外底“启新磁厂”四字黑色单圈款（图 4-56、4-57）。

图 4-56　1927 年春捷廷绘釉下彩山水纹帽筒

图 4-57　背部题款

釉下彩山水纹碗：口径 14 厘米、底径 6.5 厘米、高 7 厘米。外底“启新磁厂”四字黑色单圈款（图 4-58、4-59）。

图 4-58　釉下彩山水纹碗，孙照程藏　　图 4-59　外底款识

1926 年釉下彩山水纹马蹄壶：口外径 9 厘米、内径 6.5 厘米、通高 17 厘米。正面山水纹，背题：可以清心。款为“时在丙寅秋月上浣写于滹阳”。外底黑色“启新磁厂”四字单圈款（图 4-60、4-61、4-62）。另一件造型相同、纹饰相近的马蹄壶，区别在于山水间的人物（图 4-63）。

图 4-60　1926 年釉下彩山水纹马蹄壶，孙照程藏

图 4-61　背部题款

图 4-62　外底款识

图 4-63　釉下彩山水人物纹马蹄壶，孙照程藏

1926 年釉下彩山水纹莲子壶：口径 8 厘米、底径 10 厘米、高 12.5 厘米。外底黑色“启新磁厂”四字单圈款（图 4-64、4-65、4-66）。

图 4-64　1926 年釉下彩山水纹莲子壶，孙照程藏

图 4-65　背部题款

图 4-66　外底款识

釉下浅绛彩深腹盘：口长径 17.8 厘米、短径 12.2 厘米；底长径 11.5 厘米、短径 6 厘米。正面山水草屋、山上船只，背题：富贵吉祥。无款（图 4-67、4-68）。

图 4-67　釉下浅绛彩深腹盘，翟国辉藏

图 4-68　背部题款

（三）单色釉

釉装饰主要是在釉中含有金属元素或刻意加入一些金属元素作为着色剂，经高温烧成后形成不同颜色的色釉的一种装饰方法。釉是形成瓷器的必要条件，因此中国古代以釉作为装饰比以彩作为装饰的历史要早。宋代以前中国瓷器的装饰主流即是釉装饰。色釉瓷器符合中国传统文化理念，符合中国人含蓄、内敛、儒雅的美学观、道德观。单色釉指单一的色釉，也称“一色釉”“纯色釉”或“一道釉”。近代唐山“缸窑体系”单色釉产品有厂名款的有德盛生产的绿釉小赏瓶、绿釉罐、白釉色碟等，没有款识的有胭脂红釉、绿釉小赏瓶、黄釉盘等。但启新瓷厂的单色釉产品有胭脂红釉、绿釉、白釉、蓝釉产品，绝大多数无款。白釉产品仅见白釉观音瓶和白釉色碟。从私人收藏中见到蓝釉狮子、猫、狗、杯等产品。

1. 胭脂红釉

胭脂红釉是以铜作为着色剂，目前所见唐山胭脂红釉产品，均为器内白釉、器外胭脂红釉。总体来看，质量上乘，个别产品发色不稳定。

图 4-69、4-70 为两组启新瓷厂胭脂红釉产品。

图 4-69　启新瓷厂胭脂红釉产品

左 1，胭脂红釉盖罐：口径 12 厘米、底径 9 厘米、通高（带盖)9.5 厘米。无款。

左 2，胭脂红釉竹节洗：口径 14.5 厘米、底径 12 厘米、高 5.7 厘米。无款。

左 3，胭脂红釉盘：口径 24 厘米、底径 13.5 厘米、高 2.7 厘米。无款。

左 4，胭脂红釉水仙盆：八角形，口长 18.5 厘米、宽 13.4 厘米，底长 15 厘米、宽 9.5 厘米，高 5.7 厘米。无款。

左 5，胭脂红釉壶：口径 9.2 厘米、底径 10.6 厘米、通高（带盖）14.5 厘米。壶的造型折沿直腹。无款。

右 1，胭脂红釉奶杯：口径 6 厘米、底径 5 厘米、高 7.8 厘米。无款。

右 2，胭脂红釉小杯：口径 7.4 厘米、底径 4 厘米、高 6 厘米。无款。

图 4-70　启新瓷厂胭脂红釉产品

左 1，胭脂红釉花盆：口径 23 厘米、底径 14 厘米、高 14 厘米。无款。

左 2，胭脂红釉小钵：口径 12.5 厘米、底径 7 厘米、高 8.5 厘米。无款。

左 3，胭脂红釉大钵：口径 22 厘米、底径 11.5 厘米、高 11 厘米，无款。

右 1、右 2，胭脂红釉渣斗（一对）：口径 13.2 厘米、底径 10 厘米、高 9.5 厘米。外底“启新磁厂”黑色四字方框款，框边长 1 厘米。

2. 绿釉

瓷器的绿釉也是以铜作为着色剂。铜在氧化气氛中呈红色，在还原气氛中呈绿色。无论是缸窑绿釉产品还是启新绿釉产品，釉的呈色均为草绿色，且为小型器物，制作精美。

图 4-7 为一组启新瓷厂绿釉产品。

图 4-71　启新瓷厂绿釉产品

左 1，绿釉渣斗：与胭脂红釉渣斗大小一样。器外通体绿釉，器内白釉。釉色均匀、莹润，无款。

左 2，绿釉小盘：口径 15.3 厘米、底径 8.8 厘米。

左 3，绿釉深腹盘：近似长方形。口长 29.3 厘米、宽 17 厘米，底为椭圆形，长径 18 厘米、短径 10.4 厘米、高 7 厘米。器外绿釉，器内白釉。外底"启新磁厂"黑色四字单圈款，圈直径 1.2 厘米。

绿釉海棠洗：最大口径 27 厘米、底径 19 厘米、高 6 厘米。外底无款（图 4-72、4-73）。

图 4-72　绿釉海棠洗

图 4-73　外底

3. 蓝釉

蓝釉是以钴作为着色剂，孙照程先生藏有一件蓝釉窑变产品，外底黑色"启新磁厂"四字方框款，多裂纹（图 4-74、4-75）。

图 4-74　蓝釉窑变罐，孙照程藏

图 4-75　外底款识

（四）瓷绘艺人

近代唐山陶瓷瓷绘艺人依然以“缸窑体系”和“启新体系”来记述。两大体系的瓷绘风格相差较大。“缸窑体系”习自景德镇，画风沿袭中国传统。如仕女以高挽发髻的定式造型为主。花鸟纹饰以“黄鹂翠鸟”主题居多，总体感觉缺乏新意。“启新体系”则多创新，画风更具文人气息，画工精美，题材广泛。

1. 缸窑瓷绘艺人

20 世纪 20 年代，缸窑一些瓷厂除到各地窑口学习外，还聘用引进人才，提升制瓷技术。当时有景德镇、彭城等地画家来到唐山绘瓷，据《庸报》报道：当时德盛“工人共约三百名，内计有画师三十余名，乃由江西省景德镇聘来，而加以新的美术训练者，故所绘各种花样，皆玲珑生动，胜似江西瓷”[①]。到唐山绘瓷的景德镇画师中最著名的是陆云山。据记载：“陆云山（1901—1974）江西丰城人。1910 年随家兄陆隐山去天津裕丰瓷行学徒。1915 年去唐山画瓷。1918 年到上海搪瓷厂画搪瓷。1925 年又去上海画瓷，受任伯年画风的影响，画瓷技法又有提高。1928 年应天津裕丰召请，又得北派画艺之道，因此将南北画艺糅合一体探索自己的风格。1932 年重返九江，画名鹊起浔阳。1937 年定居景德镇。1956 年调入陶瓷研究所（后更名为轻工业部陶瓷研究所）和王大凡、刘雨岑、王步等人同堂共艺。1968 年调入艺术瓷厂和毕渊明等人共艺。陆云山在景德镇艺坛曾有‘八小名家’之誉。”[②] 但无论是外来画家在唐山所绘瓷器，还是新明、德盛、东陶成等瓷厂自己招聘的画师所绘瓷器，均不像启新瓷厂那样多见画师题款的作品，而是题款以署本厂厂

① 《庸报》，1932 年 8 月 15 日。

② 熊中富主编：《珠山八友》，上海：上海文化出版社，2008 年，第 155 页。

名为主。多题以“客次珠山”之类，珠山即景德镇珠山，御窑场所在地，是瓷都景德镇的代称。这是景德镇画师在唐山所绘作品（图 4-76），直径 12.5 厘米、高 28 厘米。题款为于江西珠山，新明出品，李国利藏。

图 4-76 新明“美色精神”帽筒

2. 启新瓷绘艺人

启新瓷厂实力雄厚，聘用民间画家驻厂绘瓷，这些画家将新工艺与中国传统绘画技法相结合，在继承传统陶瓷装饰技法的同时，融入了冀东民间艺术特色和纸本绘画技巧，独树一帜，不拘一格，使唐山彩绘瓷器具有端庄典雅、粗犷豪迈与简约脱俗的艺术风格，也使启新产品脱颖而出，行销全国。从留存的启新瓷器一些瓷绘艺人的署名款看，主要有庄子明、于明浦（于广义）、高生、孙伯华、李泽民、陆桂丹、溭阳居士、素心子、吴俊士、李润芝、敖振海、李光宇、春捷廷、北平士、姜西斋、徐子卿、张树村、杨敬文、杜化南、陈守庸等；从老照片中又发现还有刘有权、孙家英、张玉彬、李贵荣等（图 4-77）；此外，还有孙海峰、刘汉宗、贾云焕、张鹤峰等，共计考证出近 30 名瓷绘艺人。1937 年由于行业竞争激烈以及启新瓷厂内部劳资双方矛盾加剧，启新瓷厂陶瓷彩绘艺人集体离厂，造成艺术瓷、日用细瓷停止生产，启新瓷厂转为以卫生瓷、化学瓷、电瓷为主要产品的生产。由于生产时间短，民国时期唐山名家创作的艺术瓷存量并不太多。以庄子明为代表的唐山早期名家艺术瓷、日用细瓷精品以其特有的历史价值和艺术价值记录了唐山陶瓷艺术的发展过程，有着极高的收藏与研究价值。

图 4-77 民国时期启新瓷厂部分瓷绘艺人合影，左起：刘有权、孙家英、庄子明、张玉彬、李贵荣（庄国亮藏）

下面重点介绍其中几位瓷绘画师。

（1）庄子明

生卒年不详。据其后辈庄国亮回忆，庄子明从小在唐山博文斋学习揭裱字画和绘画艺术，是民国时期上海烟草广告画的著名画家。汉斯·昆德接手启新瓷厂后，高薪聘请庄子明回到唐山并在启新瓷厂从事陶瓷艺术创作。庄子明主要负责艺术瓷生产指导。瓷绘作品以人物为主，内容广泛，多为传统故事，主要有郭子仪拜仙、大乔小乔、郑玄文婢等。从这些瓷器所绘制的年款看，主要集中在乙丑年（1925 年）至丁卯年（1927 年）。

（2）浭阳居士

浭阳乃丰润旧称。浭阳因浭水得名，《丰润县志》载，浭水即还乡河。丰润人遂自称“浭阳士”。“浭阳居士”更多一层禅佛之意，与“浭阳士”应有不同。从目前存世器物看，唐山博物馆收藏的“1927 年釉下彩郑玄文婢掸瓶”背面有“浭阳士庄子明作”的题款。由此可推断，庄子明自称“浭阳士”。但是否民国时期唐山瓷器中所有落款“浭阳士”均为庄子明尚不可定论。关于“浭阳居士”为何人，一直存有争议。一说认为浭阳居士是郑晓峰。郑晓峰，原名郑国政，丰南小集人。师从其父郑庭甫学画。郑庭甫早年在北京松竹斋习画，松竹斋是荣宝斋的前身，创建于清朝康熙十一年（1672 年），1894 年改名为荣宝斋。郑庭甫学成回到家乡，开办画铺并传艺给子女。郑庭甫五个儿子及儿媳全都能书能画，成为名副其实的绘画世家。画铺生意兴隆，曾与民国时期唐山著名的蒲家泊画铺合作。郑晓峰为郑庭甫长子，成就尤为突出。20 世纪 20 年代，郑晓峰与庄子明、张鹤峰（也有写作张贺峰）、孙海峰等人一起在启新瓷厂画瓷。后郑晓峰到林西开镜子铺，以画镜谋生，杨荫斋曾在郑晓峰的镜子铺学徒，但是没有正式拜师。20 世纪 30 年代，贾云焕、孙海峰、张鹤峰、常怀三联手创办了唐山首家画社——同德画社，贾云焕为大股东，其他人为小股东[①]。贾云焕也叫贾秀峰，常怀三也叫常怀峰，因此有人将贾秀峰、张鹤峰、孙海峰、常怀峰称为“民国四峰”。郑晓峰没有参与创办画社，但是与“四峰”往来频繁。郑晓峰擅长画山水、花鸟草虫，特别是三秋图是其最爱，蝈蝈、萝卜、白菜，生动活泼。从郑宝峰先生那里见到一幅郑晓峰的《三秋图》，背题：翩翩弱态逐芳尘，梦如南华幻亦真。款为“岁在丁亥年夏月浭阳郑晓峰”。左侧印章两枚“浭阳居士”“晓峰金石书画”。右侧闲

① 此段关于同德画社的内容，笔者曾在 2016 年拜访孙丽生先生时予以求证。民国时期孙丽生曾师从张贺峰，对当时情况有一定了解。

章“可为知者道”。郑晓峰1949年去世，享年59岁。还有一种观点认为溴阳居士是陈维清。陈维清是民国时期冀东著名画家。《冀东古近代书画集》中写道：“陈维清，字伯泉，清末民初丰润团山子村人，善花鸟人物，在天津从艺多年，创有小莲池馆。”将陈维清书画作品与溴阳居士瓷绘作品进行比较，二者虽绘画风格相近，但无法确认为同一人。纸本书画中所有陈维清作品款识均题名伯泉或伯泉陈维清，没有题名“溴阳居士”者，并且从题款字体看存在明显差别，绝非出自一人之手。不过当时启新瓷器作为商品销售，追求速度和数量，存在着画师完成画面而由他人题款的现象，因此从题款字体方面也无法论断。

溴阳居士瓷绘作品主要有人物、花鸟题材，人物题材有“天女散花”“小倩携琴”等，但较常见的为花鸟作品，特别是“富贵白头”的五伦图题材最具特色。

（3）高生、素心子、贾云焕、吴俊士

素心子为画师笔名，但真名为谁，一直存有争论，主要有三种观点：第一种认为素心子即高生，第二种认为素心子即贾云焕，第三种认为素心子为吴俊士。认为高生与素心子为同一人的论据主要有：首先，二者瓷绘作品年代相同。从目前所发现的高升、素心子的作品看，几乎都集中在己巳年，即1929年。其次，二者作品的题材均以“黛玉葬花”为主，且瓷绘技法完全相同。唐山博物馆收藏一件署名高升“黛玉葬花”冬瓜罐和一件署名素心子“黛玉葬花”冬瓜罐，除署名不同外，两件器物的造型、纹饰题材、纹饰布局、背部题款几乎完全一样。经过详细比对，只是纹饰上发色有细小差别，这与烧成产品所放位置及窑温有关，另外纹饰绘制上黛玉肩挑竹竿的长度、树枝的弯曲程度等有细微变化，毕竟是手绘作品，不能做到机制产品的一模一样。最后，背部题款书法完全相同。尽管当时启新瓷厂可能存在不是绘画作者本人题字的情况，题字由专人负责，但是两件作品字体、书写力度一样，即使是他人代写，也是同时期、同一人所为。第二种认为素心子即贾云焕的观点，因目前尚未见到题款为贾云焕的作品，无法凭实物证明。第三种认为素心子为吴俊士者，唐山收藏家孙照程先生藏有一件釉上彩素心子绘“天女散花”掸瓶（图4-78、4-79）。在背部题款中除素心子题名外，还有一枚红色“吴”字印章。推断此“吴”为吴俊士。吴俊士，生卒年不详。作品有山水纹也有人物故事纹。山水纹主要为丁卯的釉上彩山水纹将军罐，所绘景色树木葱郁，沟壑深远，沉雄古逸。人物故事纹主要是釉上彩“怀橘奉亲”纹，目前所见有将军罐、观音瓶。

绘画精致，属启新上乘作品。时间主要是丁卯（1927 年）。

图 4-78　釉上彩素心子绘天女散花掸瓶，孙照程藏

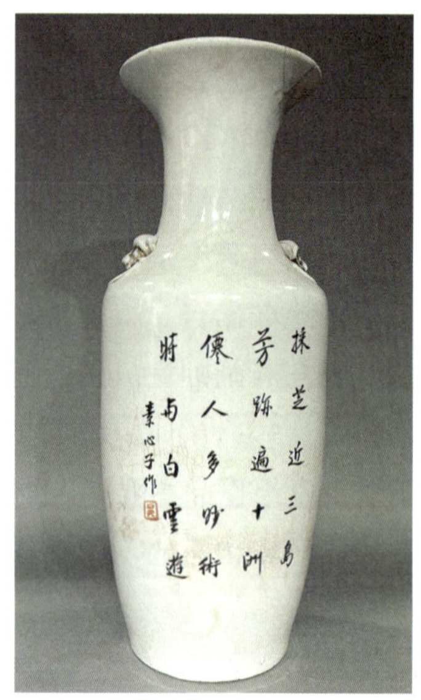

图 4-79　背部题款

（4）北平士、李泽民

北平士与李泽民应为同一人。唐山博物馆收藏有北平士绘釉上彩“桃花流水”纹掸瓶与李泽民所绘的一对同类题材掸瓶，题材、画工、色彩等完全相同。均背题“问余何意棲碧山，笑而不答心自闲。桃花流水杳然去，别有天地非人间”。李泽民瓷绘时间跨度较大，从作品看，最早见于 1927 年，最晚见于 1943 年。

（5）孙伯华

生卒年不详，为与庄子明同时期启新瓷绘画师。目前所见孙伯华作品以人物题材为主，绘画特点多用点染技法，色料均为启新瓷厂进口，发色温和。目前从留存的作品看多为丙寅年，仅见一件甲戌年釉上彩蒜头瓶。

有一种观点认为孙伯华与丰南孙温、孙允谟家族相关，但未有资料佐证。孙温、孙允谟叔侄合绘的《红楼梦绘本》，现存于大连旅顺博物馆，属国家一级文物。此绘本是目前所见清末民初唯一的大型彩绘连环画本《红楼梦》，篇幅宏伟，表现小说情节详尽，描写人物繁杂，布景巧妙，笔法工细。孙温、孙允谟创作时间约在清同治六年（1867 年）至光绪二十九年（1903 年），历时 36 年。

（6）李润芝

也写作李润之（此李润之与画师李润芝是否为同一人，尚有争议），生卒年不详，唐山丰南人。李润芝存世作品较多，多集中在丙寅年（1926 年）和丁卯年（1927 年）。其作品以人物为主。画面的主要特点是多用线条勾勒，特别是人物衣服除了少量皴染外，大部分采用线条描绘。多采用传统方法构图，布局丰满，除人物外还以远山、近树、窗棂等作辅助装饰。主要纹饰有“呼童问桑”“仕女游春”“伏生传书”等。据 1929 年《河北民国日报》刊载的“启新瓷厂工会现已正式成立”的消息，李润之为工会成立当场选出的七人执行委之一。这七人“均为本厂工人中之富有才干，性情忠实之工友。可证工友对工会运学，已有相当认识”。①

（7）孙海峰

唐山丰南辉坨人（1893—1976），在唐山大地震中罹难。他早年在启新瓷厂绘瓷。与张贺峰、贾云焕、常怀三、刘汉宗等共同创办了唐山首家画社“同德画社”，贾云焕为画社老板，俗称“东家”。后来他进入新明瓷厂绘瓷。在同德画社和新明瓷厂期间，孙海峰有不少人物、山水、花鸟等画作绘制在玻璃镜面和瓷器上，但题款均为“同德画社”或“新明瓷厂”，几乎没有自题款作品。1958 年唐山陶瓷研究所成立，孙海峰被调入研究所工作。在此，他和杨荫斋等老艺人一起创新研制“雕金”装饰技法，其在陶瓷事业中的成就达到顶峰。

（8）陆桂丹

生卒年不祥。庄子明同期画师，其生平已难考证。主要作品是釉下浅绛彩系列，如甲子年（1924 年）釉下浅绛彩山水纹瓷盘、乙丑年（1925 年）釉下浅绛彩山水纹将军罐、乙丑年（1925 年）釉下浅绛彩山水纹提梁壶等。署名有时用“陆桂丹”，有时用“桂丹”。

二、色彩特征

“缸窑体系”和“启新体系”产品的色彩区别非常明显，前者多浓重、艳丽，后者淡雅、柔和。20 世纪 30 年代后，启新产品的色彩与缸窑有趋同现象。一方面由于用料趋同；另一方面由于画师的流动，画风趋同。

①《河北民国日报》，1929 年 1 月 10 日。

（一）“缸窑体系”产品色彩特征

1. 色彩多呈艳丽

从缸窑青花产品看，土青料产品颜色暗灰，洋蓝料产品色彩艳丽。新彩产品的色彩以黑色、红色、绿色、黄色为主，颜色缺少过渡，红色是艳丽的矾红，绿色也是浓艳的草绿或墨绿，黄色是正黄。尤其是矾红色，可以说是缸窑新彩产品的代表色。有的花朵用矾红，有的仕女衣服用矾红，有的辅助饰物用矾红。

2. 德盛部分产品相对淡雅

缸窑东陶成、新明、德盛三大瓷厂比较，东陶成和新明产品更为传统，德盛产品出现了一些趋于淡雅的色调，如粉色、淡绿色、淡黄色等。例如，德盛新粉彩产品花卉多为淡粉色，配上草绿色、灰绿色的叶子，画面疏密有致、清新淡雅。德盛的新彩产品也并非如新明、东陶成产品那样色彩浓艳，如新彩“游赏采芳图”将军罐，仕女上衣为淡紫色，下裙为淡绿色，小孩的上衣为淡蓝色，裤子为淡紫色。辅助的树枝枝叶是淡粉色。新彩“羲之爱鹅”纹壶的色彩也如此，王羲之的衣服为浅灰色，辅助纹饰只有淡绿色的草木，几笔矾红色的栅栏，不再有多余的颜色。

3. 流行“黄鹂翠柳”纹饰

这类纹饰最早见于新明产品，早期多用黑色勾勒树干，后黑色被淡化。20世纪40年代最为流行，树木是浅绿色，配以淡粉色的小花朵，黄鹂鸟栖落在枝头。不仅新明生产，东陶成、德盛亦有此类产品，且用料、色彩完全相同。

（二）“启新体系”产品色彩特征

启新瓷厂产品色彩特征可分为几个阶段。

1. 瓷厂初创时期

初期主要有青花和红绿彩产品。色彩简单，只有红绿两种颜色或青花红绿彩；纹饰简单，就是涂抹的线条和变形的福寿字体；造型简单，日用瓷以盘、碗造型为主，陈设瓷有一些罐类产品。其中的红色颜色发暗，绿色颜色发浅，有深红嫩绿的感觉。

2.1924—1925 年

这一时期是汉斯·昆德承办初期。开启了“釉下五彩”生产的序幕。产品多为“唐”字款，色彩以釉下青花、矾红色、赭色为主。产品有蒜头瓶、花插、水盂、盘、餐具盒、杯等。

3.1925—1930 年

启新产品的成熟时期，以釉下五彩产品为主流。按照产品来分，这一时期的器物色彩可以分为三类。第一类以人物故事纹为主，色彩主要有淡绿色、赭色、淡粉色、灰蓝色。如“百子图”蒜头瓶中，小孩的衣服和山石用了灰蓝色，树枝用赭色，树叶用淡粉和草绿色点染。“大乔小乔”蒜头瓶，大乔衣服为灰蓝色，小乔衣服为暗红色，树叶依然是草绿和暗红点染。“伏生传书”掸瓶中，伏生的衣服与小乔衣服的暗红色相同，山石也为灰蓝色，树叶为粉色和草绿点染。“呼童问桑”的仕女衣服为灰蓝色，另一丫鬟衣服为淡粉色，小孩衣服为草绿色。“郑玄文婢”的人物故事纹从色彩上看似复杂，但是也无非粉色、灰蓝、草绿和赭色四个色调。第二类是花鸟纹或者简单的花卉纹，色彩相对简单，器物上一般不会超过三种颜色，甚至只有两种颜色，如灰蓝和赭色组成的花边，或者以赭色和青花组成的花鸟纹。如釉下彩花鸟纹蒜头瓶。第三类浅绛彩色系，颜色也非常简单，以灰蓝、赭色为主，有的稍加一些浅绿色。

按照时间来看，目前所见启新瓷厂最早的釉下五彩产品是釉下浅绛彩山水纹饰，时间从甲子（1924 年）延续至壬申（1932 年）；釉下人物故事纹从乙丑（1925 年）延续至己巳（1929 年）；釉下花鸟纹从甲子（1924 年）至庚午（1930 年）。前边提到，釉下五彩产品的颜色以草绿、暗红、赭色、灰蓝四种颜色为主，但不同年份稍有区别。例如，1925 年的产品突出一种墨绿色，树叶均涂抹一种墨绿颜色与浅绿结合，形成阴阳面。而到了 1926 年，这种墨绿的风格涂染减少了，树叶变成了红色和草绿的点染，整个画面变得清新、亮丽。1927 年延续 1926 年的风格，但是人物衣服的粉色变得深一些，色调感觉比 1926 年要暗淡。1927—1928 年盛行釉上彩山水纹，其中李泽民是当时主要的釉上彩山水纹瓷绘艺人。1928 年的人物故事纹器物流行“天仙送子”，并且用大量天蓝色螺旋状云纹铺满画面。1929 年，湮阳居士所绘“鸳鸯莲荷纹”将启新釉下五彩产品推向一个高峰。粉色的花朵、墨绿和浅绿搭配的荷叶、赭色的鸳鸯将釉下五彩的基础色调展现到了极致。而启新釉下五彩产品至此戛然而止。

1927—1930 年之间湮阳居士的“五伦图”广为流行，连续多年未间断，可见这类产品在民间非常受欢迎。

4.1930—1949 年

1930 年以后，启新瓷厂产品更多为釉上彩产品。色彩风格不再是釉下五彩的几种基础色调，而是趋于用新彩的正绿、矾红、正黄，这几种颜色对比强烈，特别是矾红的使用，颜色具有跳跃感。这一点，与缸窑产品的色彩开始类同。唐山博物馆收藏一件丁丑（1937 年）釉上彩人物纹壶，人物衣着用大片矾红，非常突出。辛巳（1941 年）李泽民所绘“仙女散花”掸瓶，其绘画风格与缸窑体系产品非常接近，画面也是突出了矾红色调。另有癸酉（1943 年）的“桃园问津”掸瓶，虽无启新厂名款，但与缸窑发现的“德盛成”出品的“桃园问津”掸瓶进行比较，鉴定为启新产品。启新产品纹饰虽与缸窑纹饰类同，但色彩仍呈现出淡雅的特征。1949 年启新抹花产品纹饰与缸窑色彩完全相同。

此外，20 世纪 20 年代末开始，启新瓷厂流行花纸贴花产品。贴花产品的色彩由花纸来决定，从存世器物看，启新贴花趋于粉淡，并非浓艳。

三、款识分类

款识是瓷器鉴定的重要因素。“缸窑体系”产品尚未发现任何带有瓷绘艺人署名款的器物，但厂名款及纪年款器物比较多见，而启新产品厂名款、纪年款、署名款均有。

（一）“缸窑体系”产品款识分类

缸窑产品款识纪年多在 20 世纪 30 年代，以辛未（1931 年）居多，较晚的产品可见庚辰（1940 年）、癸未（1943 年）等纪年款。本书以德盛、新明、东陶成及其他瓷厂四个单元进行分类说明。

1. 德盛产品款识

目前主要发现两大类：厂名款和商标款。

（1）厂名款

①手书厂名款

目前主要发现 7 种，分别是德盛厂制、德盛窑业厂制、德盛出品、德盛窑业厂谨志、德盛唐厂制、江西德盛出品及珠山德盛出品。

②印章厂名款

第一类：青花“德盛”两字楷书方形单框款，框的边长 1 厘米或 1.1 厘米，见于釉上彩“林间春燕”笔筒的外底、釉上彩莲子壶的外底等（见图3-28、3-30）。

第二类：青花“德盛”两字楷书长方形单框款，见于新彩“黄鹂翠鸟”奶杯的外底（图4-80）。

第三类：青花“德盛出品”四字篆书单圈款，见于白釉“砂仁面”罐的外底（图4-81）、青花笔筒的外底、新粉彩花盆的外底。

图4-80　青花“德盛”两字楷书长方形单框款

图4-81　青花“德盛出品”四字篆书单圈款

第四类：青花“德盛出品”四字楷书单圈款，见于德盛贴花小壶的外底，圈的直径1.8厘米（见图3-46）。

（2）商标款

第一类：青花“得胜牌”款，“得胜牌”三个汉字在商标之上。字和商标均为青花颜色。此款多见，如新彩山水纹笔筒外底、绿釉小赏瓶外底、王撵庄定制贴花盘的外底、胭脂红釉小渣斗外底、紫色贴花小渣斗外底、釉上刷花海棠盘外底等（图4-82）。

第二类：彩色“得胜牌”商标款，“得胜牌”在商标之上，商标之下有“德盛窑业厂”五个字。上下字的颜色为绿色，商标颜色为紫色。除了在一侧腹部引号彩色商标外，全身并无其他纹饰。此款多见于渣斗（图4-83）。

图4-82　青花“得胜牌”款

图4-83　彩色“得胜牌”商标款

“得胜牌”盾形商标，内有字母和图案。源自汉语拼音中的注音符号。其中“德”字的注音为“ㄉㄜˊ”，“盛”字的注音为“ㄕㄥˋ”，合起来的“德盛”二字的汉语注音符号是“ㄉㄜㄕㄥ”，正是“得胜牌”商标中间圆形符号内的四个符号。汉语注音符号，是以清末民初著名学者章太炎的记音字母作蓝本，1913 年由中国读音统一会制定，1918 年由北洋政府教育部正式颁布发行使用。1930 年，中华民国政府将注音字母改称为“注音符号”，正式名称是“国语注音符号第一式”。1958 年，中国大陆地区推行汉语拼音方案以后，注音符号便停止推广使用，这也是现在人们对注音符号鲜为人知的主要原因。现在中国台湾地区仍将注音符号作为汉字的主要拼读工具之一，是小学语文教育初期必学的内容之一。

2. 新明产品款识

目前仅发现两类：印章款、手书款，这两类款均为“厂名”。

（1）印章厂名款

第一类：红色印章“新明磁厂”四字隶书方框款，如贴花瓜棱壶外底为此类款（见图 3-24）。

第二类：红色印章“新明磁厂”四字篆书方框款，在异形冬瓜罐的外底也见到此类款识（图 4-84）。

图 4-84　红色印章“新明磁厂”四字篆书方框款

第三类：红色印章“新明磁厂”四字隶书单圈款，圈的直径 2 厘米。见于松鹤延年纹小将军罐（图 3-21）。

第四类：红色印章“新明磁厂出品”六子楷书竖排两列长方形框款，框长 3.3 厘米、宽 1.2 厘米。此款在一件将军罐外底，马连珠藏。此罐为 1942 年的一件赠品，口径 9 厘米、底径 12 厘米、高 14 厘米。正面为釉上彩青绿山水，背题：秋水回波。另有：叔父、母大人惠存，侄维扬敬赠 中华民国三十一年十一月五日（图 4-85、4-86）。

图 4-85　1942 年新明釉上彩山水纹将军罐，马连珠藏

图 4-86　外底款识

（2）手书厂名款

黑色“新明磁厂出品”六字草书横排。见于笔筒、瓜棱壶等器物（图 4-87）。

图 4-87　黑色“新明磁厂出品”六字草书横排款

3. 东陶成产品款识

目前东陶成瓷器仅见一类，均为手书厂名，不管署名处在瓶颈还是在腹部题跋处，均为“东陶成出品”（图 4-88）。

4. 其他瓷厂产品款识

（1）“德顺局”署厂名款（图 4-89）。

（2）行书“老厂出品”款。

（3）红色“唐山永立出品”六字楷书单圈，框内中心为五星图案款。

（4）楷书“东窑义盛局”款：东窑两字横排，义盛局三字竖排。

图 4-88　东陶成出品款识

图 4-89　“德顺局”署厂名款

（5）楷书及行草“裕成出品”。

（6）楷书“庆和成”出品。

（7）红色“唐山明华”四字隶书单圈款。

（8）阴刻“荣利”款青花汤盆。

（9）“义农永”出品“桃园问津”辛未款嫁妆瓶。

（10）“三意兴”出品“渔樵耕读”己卯（1939年）嫁妆瓶。

（11）裕成出品。

（12）本茂局出品。

（13）德盛成出品。

（14）裕发成出品。

（二）启新瓷厂产品款识

目前启新瓷厂产品的款识主要发现四类：署名款、纪年款、印章款和手书“唐”字款。印章款最为普遍，绝大多数启新瓷厂产品均为印章款。署名款和纪年款一般一起出现，目前所见启新瓷厂器物中出现最早的纪年款为“甲子”，最晚为“癸未”，前文产品介绍中对纪年款均已介绍，这里不再赘述。

1. 署名款

署名款指的是瓷绘艺人署名落款，一般与纪年款同时出现。不仅作者清晰，并且有明确干支纪年，可作为鉴定的标准器。从目前所看到的近代唐山瓷中，瓷绘艺人署名款仅见于启新瓷厂，其他瓷厂的署名款为厂名署名，而非艺人署名。从器型上看，署名款主要有掸瓶、将军罐、冬瓜罐、观音瓶、帽筒、凤尾瓶、蒜头瓶、茶盘等。这些器型均为中式风格。其中，掸瓶、将军罐、冬瓜罐、帽筒、茶盘为嫁妆瓷主要组成器物。凤尾瓶、蒜头瓶、观音瓶与掸瓶、将军罐、冬瓜罐、帽筒相比数量较少，但在中国传统瓶式中常见。

从署名款及底款相互印证的角度看，这批器物有“启新磁厂”四字隶书方框款、“启新磁厂”四字隶书单圈款、四字隶书方框双勾款、“唐”字款等。其中，以“启新磁厂”黑色四字隶书方框款为多。底款还出现了阴刻数字、汉字、英文字母的形式。这些数字、汉字、字母的含义尚未有确切结论，一般认为是瓷器品种编号或者是为了装窑便捷而作的标记。启新瓷绘艺人署名款器物艺人绘画功底深厚，画工精良，属民国时期唐山瓷的上乘之作。

2. 印章款

（1）方框款

字体上分隶书、篆书，颜色上分黑色、绿色、红色，均呈印章形式。

①黑色“启新磁厂”四字隶书方框款：这类款比较多见，方框为正方形，大小不同，绝大多数边长 1 厘米，极少数边长 1.2 厘米（图 4-90）。

这类款从丁卯（1927 年）开始出现。戊辰（1928 年）、己巳（1929 年）、庚午（1930 年）使用最为普遍，尤其是戊辰年、己巳年的器物大多数都用此款。最晚到壬申（1932 年）的釉下浅绛彩器物上依然出现。款识常见在器物外底。器物除方框款外，还常有多种标记。如：阴刻数字 7、11、322/11 等；阴刻汉字“不”；手书黑色数字 8；书写字母 P；汉字“川”等，其中阴刻数字 7、11 占大多数。

图 4-90　黑色“启新磁厂”四字隶书方框款

②绿色“启新磁厂”四字篆书双笔方框款：这类款识较为少见，方框为正方形，边长 3 厘米或 2 厘米。如：唐山博物馆收藏的 1930 年釉上彩仕女游春图掸瓶、素心子绘釉上彩“长寿百子图”冬瓜罐，方框边长均为 3 厘米，掸瓶外底有阴刻 7 标记（见图 3-203）。1930 年庄子明绘“郭子仪拜仙”冬瓜罐外底（图 4-91）、1931 年釉上彩“一片冰心在玉壶”仕女图提梁壶，边长 2 厘米方框。

图 4-91　庄子明绘“郭子仪拜仙”冬瓜罐外底款识

③绿色“启新磁厂”四字隶书双笔方框款：这类款识较为少见，目前从私人藏家手中见到一件贴花竹节罐的外底为此款（图 4-92、4-93）。

图 4-92　绿色“启新磁厂”四字隶书双笔方框款

图 4-93　外底款识

④红色“启新磁厂”四字篆书小方框款：此款比绿色款还要少见，方框为正方形，边长 1 厘米，框及字体均为红色，在皂盒外底见到此类款，皂盒是抹花太师少保纹饰，红色款与纹饰颜色相同（图 4-94）。

图 4-94　红色“启新磁厂”四字篆书小方框款

⑤红色“启新磁厂”四字篆书大方框款：边长 2 厘米，框及字体均为红色，如 1930 年涏阳居士绘花鸟掸瓶的外底（图 4-95）。另外，在一对 1930 年启新釉上彩“教子图”掸瓶的外底，见到线条较粗的这类红色篆书款（图 4-96）。

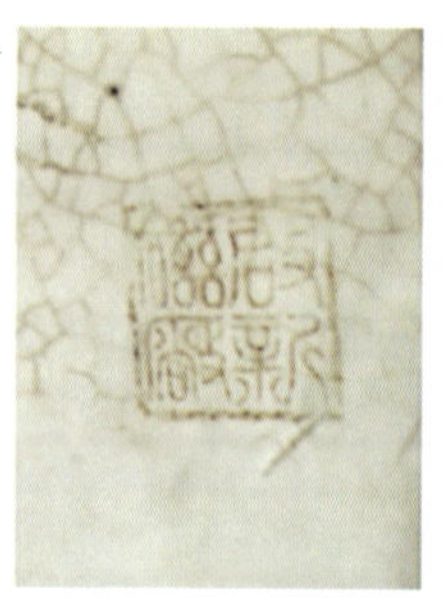

图 4-95　1930 年涏阳居士绘花鸟掸瓶外底款识

图 4-96　1930 年釉上彩“教子图”掸瓶外底款识

（2）单圈款

目前发现黑色隶书、黑色双勾、绿色隶书三种印章形式。

图 4-97　黑色“启新磁厂”四字隶书单圈款

①黑色“启新磁厂”四字隶书单圈款（图 4-97）。常见款识，分三种：第一种，圈的直径为 1.4 厘米。丙寅（1926 年）常见，例如庄子明绘釉下五彩“大乔小乔”蒜头瓶、孙伯华绘釉下五彩“多子多福”蒜头瓶等。直至辛未（1931 年）仍可见到此类款。但 1928 年、1929 年、1931 年少见。第二种，圈的直径 2 厘米，这类款从丙寅（1926 年）初见，丁卯（1927 年）、戊辰（1928 年）均可见到。西式造型的那些无署名款和纪年款的器物中，这类单圈款常见。这类单圈款，常另有标记：阴刻数字 7、11；手书黑色汉字“士”等。从唐山博物馆的藏品看，西式釉下花边造型系列器物均印此款。如鱼盘、高足盘、釉下点彩竹节洗、釉下五彩深腹碗、浅绛彩束腰杯等。第三种，圈的直径仅 1 厘米，年代较晚。一件是 1936 年釉上彩“悬壶济世”盘，外底为蓝色单圈，圈内字体已模糊，仅可见“启新”的“启”字。另一件是 1937 年釉上彩人物纹壶，外底也为这类小单圈，但颜色为黑色，里边的字体也已模糊。

②黑色“启新磁厂”四字双笔划隶书单圈款（图 4-98）。非常少见。分大、中、小三种，一种大单圈，圈的直径 3.3 厘米。见于 1927 年李润芝绘釉下五彩“汉伏生”300 件掸瓶的外底。第二种圈的直径略小，3 厘米。如 1927 年湹阳士庄子明绘“郑玄文婢”300 件掸瓶外底。第三种圈的直径 2 厘米。见一件寿字盘的外底。

③绿色“启新磁厂”四字隶书单圈款（图 4-99）。圈的直径 2 厘米，这类款有的附带阴刻数字 7 标记。多见于西式造型器物底部，如钟表架、高足盘、深腹碗、汤盘等西式造型器物。在中式造型器物里，绿色单圈款出现较晚。

图 4-98　黑色“启新磁厂”四字双笔划隶书单圈款

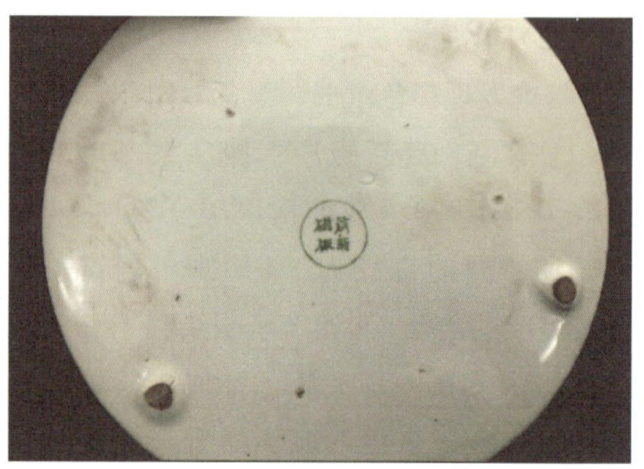

图 4-99　绿色“启新磁厂”四字隶书单圈款

（3）月牙款

黑色“启新磁厂”四字隶书月牙款（图 4-100）。月牙形状边框，长约 1.6 厘米、1.8 厘米、2 厘米不等。这类款不如方框款和单圈款数量多。月牙形款也为印章形式。有的印于器物盖子内部，有的印于器物外底。除月牙款外，还有附带阴刻数字 11 和汉字“不”的器物。月牙形款以中式造型器物为主。如 1927 年釉上彩“怀橘奉亲”将军罐、1928 年“五彩凤凰”将军罐、1929 年釉下彩“仕女”提梁壶、1932 年釉上彩奶杯等。

图 4-100　黑色“启新磁厂”四字隶书月牙款

（4）无框无圈款

无框无圈绿色“启新磁厂”四字款（图 4-101、4-102）。目前仅在私人收藏的一件贴花生肖盘的外底和一对贴花帽筒的外底为此款。

图 4-101　无框无圈绿色“启新磁厂”四字款，私人收藏

图 4-102　外底款识

3. 手书“唐”字款

“唐”字基本为行书形式。有黑色、红色、青花、赭色等不同颜色，黑色为多。主要器物有茶盘、釉下五彩花边纹盘、釉下五彩花草纹盘等。“唐”字款多施于器物底部，少数有施于口沿处。

除“唐”字外，还有附带其他标记，如：黑色“唐”字外，有黑色汉字手写“个”或“八”；红色“唐”字外，还有红色手写汉字“个”；黑色“唐”字外，还有手写数字 7；还有蓝色“唐”字款（图 4-103）。

图 4-103　蓝色“唐”字款

“唐”字款器物中式、西式造型均有，西式造型居多。

4. 花款

目前仅见一件渣斗的外底为桃形花款。此件器物为孙照程收藏，口径 22.5 厘米、底径 13 厘米、高 20 厘米。主体纹饰是“欢天喜地”图案，外底款识除桃形还有“启新磁厂”四字方框款（图 4-104、4-105、4-106）。

图 4-104　釉上彩“欢天喜地”渣斗，孙照程藏

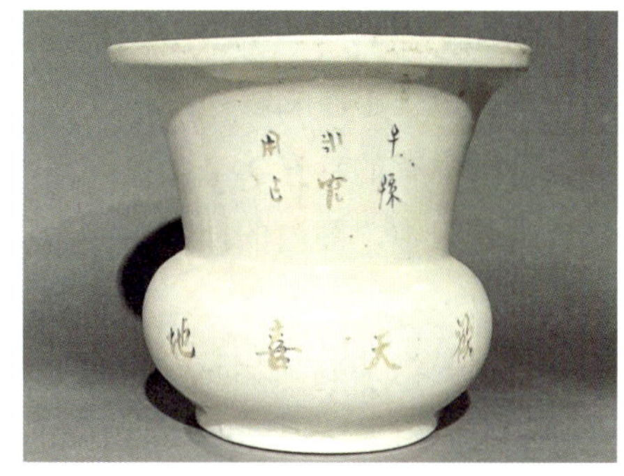

图 4-105　背部题款

图 4-106　外底款识

通过对数百件启新日用瓷和陈设瓷产品的归纳、比较，寻找其款识规律，得出以下结论：

（1）20 世纪 20 年代初期启新瓷早期产品仅见“启新公司”楷书款，其余一般无款。中期为鼎盛时期，从 1924 年至 1934 年。这一阶段的早期为“唐”字款、直径 1.4 厘米的黑色四字隶书单圈款、直径 2 厘米的绿色单圈款。后期为边长 1 厘米的黑色方框款、直径 2 厘米的黑色单圈款数量众多。20 世纪 30 年代后半期启新日用瓷和陈设瓷开始衰落。目前仅见数量极少的产品，款识为直径 1 厘米的小单圈款。

（2）“唐”字款多用于 1924 年、1925 年、1926 年，中式掸瓶常见“唐”字款，西式造型的器物如西式花浇、欧式花边系列产品等也有“唐”字款。绿色单圈也多用与西式造型器物，如钟表架、高足贴花盘等。虽然二者均多见于西式造型产品，但“唐”字款多用于早期釉下五彩产品，绿色单圈款多用于贴花产品。20 世纪 30 年代后在中式嫁妆瓶上也出现了绿色单圈款。

（3）“唐”字款的颜色主要有赭色、蓝色、黑色，完全取决于其所绘器物的色料，例如釉下五彩小花浇外底“唐”字为赭色，其纹饰中就有同样颜色；12 瓣杯的外底“唐”字为蓝色，其色料中也有同样的颜色。

（4）虽然有些款的类型一样，但是印文略有差异。如，黑色四字隶书方框款，框边长 1 厘米。仔细辨别，同样的形状还是有一些细微差别，字体粗细、边框也有的存在 1 毫米的误差。黑色四字隶书单圈款，圈的直径 2 厘米的这类款识中，圈内的四字距离存有差异，有的四字距离紧密，有的则比较疏松。

（5）器物外底的标记，有的是用来标记其在窑内的位置，如“上、下”之分；有的用来标记排序，如 1930 年釉上彩“仕女图”一对掸瓶，外底标记分别为“ 10/104 和 11/104”，另一对 1927 年釉上彩“天仙送子”掸瓶，一件标记是“8 S 上”，一件标记为“9 S 上”。

（6）器物多有阴刻 3、6、7、8、10、11 等数字，其中绝大多数为阴刻 7 和 11。有观点认为这些数字代表工人的轮班排号。但是为什么绝大多数都是 7 和 11 ？尚无法解释。这些数字应该另有用途，是否标记中的“7”为变体的∧，有的直接标记为∧，代表“上”？标记中的“不”，代表“下”？不得而知。

（7）有的同一对器物，标记也不相同。如一对素心子绘釉上彩“黛玉葬花”掸瓶，一件阴刻 6，一件阴刻 118。又如一对 1930 年釉上彩“三娘教子”

图掸瓶，一件是黑色“启新磁厂”四字隶书方框款，阴刻7标记；一件是黑色“启新磁厂”四字隶书单圈款，圈的直径2厘米，阴刻10。

（8）20世纪30年代后期，启新日用瓷和陈设瓷衰落，其风格也逐渐与缸窑瓷厂的瓷绘风格融合。一些画师到缸窑一些瓷厂绘瓷，出现了集缸窑和启新风格于一体的产品。例如1941年李泽民绘釉上彩“仙女散花”掸瓶、1943年釉上彩“桃园问津”掸瓶。在掸瓶颈部题款，外底无款，但是均有一个明显的凸起。

（9）一种“启新磁厂”四字黑色小单圈款，圈的直径仅1厘米，或者1.1厘米，出现在20世纪30年代以后，在1934年、1936年、1937年的产品中见到。

（10）另有“启新磁厂”四字双笔单圈款，大、中、小三类，小的直径不足2厘米，中等的直径2.5厘米，大的直径3.4厘米。

第五部分

制瓷工艺流程

近代唐山陶瓷产品种类丰富，除日用瓷、陈设瓷外，卫生瓷、电瓷、建筑砖等也是瓷业主要产品。这里仅以日用瓷和陈设瓷工艺流程为代表进行阐述。

一、“缸窑体系”制瓷工艺流程

1948 年出版的《唐山事》中记录新明瓷厂“秦幼泉制磁秘诀”：“磁器以制泥为第一步，而修模拉坯次之，蘸釉、吹釉、装窑又次。”[①]所谓制泥当属原料制备和原料加工，秦幼泉强调了制泥的重要性，事实上，在瓷器烧制作过程中每一环节都非常关键，任何一个环节的失败都会影响产品烧成质量。

（一）原料制备

原料主要是坯料、釉料、色料和燃料。

1. 坯料来源

“缸窑体系”瓷厂采用的多为本土坯料，少部分为外地购置。据 1932 年《京报》登载的《调查唐山德盛窑业厂》记录：德盛窑业“原料来源多取之附近各地及江西景德镇等处”[②]。1932 年《庸报》报道：唐山德盛窑业厂“凡国货须原料均为国产，方可谓之完全国货。德盛窑业厂其原料采之于唐山附近，惟此种原料大半仅适用于制造粗瓷，至兼造细瓷因配合关系，间有采自赣闽各省者。其中毫无外国原料，该厂出品可谓完全国货，惟模铸之出品其光亮较胜于机轮制造者，对于机轮出品似应再加研究”[③]。

缸窑的坯料来源主要有以下几种途径：

（1）煤层伴随黏土

唐山蕴藏着丰富的煤炭资源，早在明代，“这一地区丰富的煤炭、石灰石、黏土等资源就被当地居民尤其开平镇居民所利用，由此发展起了制陶、砖瓦、石灰等工业”[④]。煤层同时伴随有大量的石灰石。一般情况是“首先（距地表）五六尺是泥土；下面接着是八十到一百尺的石灰石”[⑤]，而在石灰石

① 《唐山事》第一辑，1948 年，第 33 页。

② 《京报》，1932 年 8 月 15 日刊载《调查唐山德盛窑业厂》。

③ 《庸报》，1932 年 10 月 31 日刊载《唐山德盛窑业厂设备科学化》。

④ 冯云琴：《工业化与城市化：唐山城市近代化进程研究》，天津：天津古籍出版社，2010 年，第 93 页。

⑤ 孙毓棠：《中国近代工业史资料》第一辑下，北京：生活 · 读书 · 新知三联书店，1957 年，第 614 页。

和煤层之间有黏土存在，这些黏土就是制瓷原料。在1931年《工商半月刊》的《调查河北省之陶业》中记载："唐山制磁之黏土，与彭城之黏土，原属同一地层，性质宜于制磁。"[①]这类黏土"来自马家沟，价值每吨八元"[②]。马家沟现为唐山郊区，民国时期在此建立马家沟砖厂，位于唐山矿北部约10公里。

（2）迁积土

由岩石风化后的黏土形成。据1930年《工商半月刊》之《我国窑业概况》记载："随水迁流而积留于江河湖海之中，即得水成黏土，又名迁积土。中国北方之黏土，如奉天复县之五湖嘴、河北之磁县彭城、唐山、河南之禹州……等产土即属于此。"[③]

（3）购置瓷土

德盛窑业厂"原料采自唐山附近及昌黎县之石门北戴河"[④]，新明瓷厂秦幼泉所作《秦幼泉陶成记》记载："所采之石，产于平榆路之北戴河及石门等处，以剖之中有玻璃角棱者为佳，法用火将石烧透，与炼石灰法相同，再破为小块，再经自撞机器，磨逾四十小时，变为细浆，用作粗细圆琢方各磁器，皆甚相宜，较饶州府高岭土红箭滩等质，不甚差也。"[⑤]又有记载，新明瓷厂原料"有采自该厂祖遗自置矿地之内者，有采自山西阳泉者，及北宁线之北戴河石门等处者"[⑥]。据《京报》报道，德盛窑业原料来源"多取自附近各地及江西景德镇等处"[⑦]。

2. 釉料来源

最初的釉料为黄土、红土、易熔黏土及其他矿物等。釉料的主要成分与坯料近似，主要是黏土、石英、长石。其中黏土来自本地，石英、长石多来自东北地区的绥中。黏土、石英决定烧成温度，长石是熔剂材料，用来熔解石英和黏土，使之变成玻璃物质，形成釉料。

以新明瓷厂为例，《唐山事》中记载："配釉，釉本白色，五色石，内地尚少专家采制，舶来品居多。若配冬青龙泉等色釉，较江西相差太远，余则均能仿效，大概不相上下。至于配制等分，总以'釉十''色一'为上等，据

① 戴建兵：《中国近代磁州窑史料集》，北京：科学出版社，2009年，第37页。
② 戴建兵：《中国近代磁州窑史料集》，北京：科学出版社，2009年，第50页。
③ 戴建兵：《中国近代磁州窑史料集》，北京：科学出版社，2009年，第32页。
④《滦县志》卷十四·实业之陶业，民国二十六年（1937年）版，第12页。
⑤《唐山事》第一辑，1948年，第33页。
⑥《唐山事》第一辑，"新明再志"，1948年，第35页。
⑦《京报》之《调查唐山德盛窑业厂》，1932年8月15日。

厂家秦幼泉言，配色之轻重，不尽在配工，尤随烧时火力之大小为变化，大概火宜柔，不宜猛，柔猛关系釉色之轻重甚大。”[①] 由此可见，民国时期缸窑瓷厂的釉料多以国外与国产色釉进行搭配使用。另据《唐山陶瓷公司志》记载：“白色透明釉始于 1925 年，启新瓷厂从德国引进了白色透明釉的配制方法。当时其他各厂尚不能配制，凡生产需要均从该厂购买釉浆。1926 年，启新瓷厂辞退工人吴廷选，将配制白釉技术带出，自购制釉设备，开设制釉作坊，向东、西缸窑各厂出售白釉。”[②]

3. 色料来源

陶瓷釉料是生产瓷器的半成品，统称基础釉，利用多种陶瓷原料按照一定比例配制而成。如长石、石英、碱土金属氧化物（包括钙、镁、钡、锌的氧化物和高岭土）、辅助原料。陶瓷色料是陶瓷用颜料，一般跟釉一起使用，把不同的金属氧化物按照不同的比例与基础釉配比，生产出不同色系颜料，再经过高温煅烧而成。因此，色料与釉料来源基本一致。

4. 燃料来源

唐山地区煤炭资源丰富，1878 年清政府在唐山建立了中国第一座大型机械化煤矿——开平矿务局唐山矿。但开平矿务局生产的煤炭质优价高，同时大量煤炭为他用，制瓷则以“小窑煤”为主。其煤质好坏对烧成时间有直接影响。据《唐山事》记载：“查缸窑月需煤斤四千余吨。因敌伪时代，每月由开滦配售四千六百吨，迨三十四年（1945 年）光复后，每月仅拨两千吨，三十五年（1946 年）则以前吨后又减至三百吨，至本年度以阅，矿局毅然停止配售，于是民营工厂，所殷望至煤斤，至此已告断绝。”[③] 由此可知，缸窑瓷业在 20 世纪 20 至 30 年代繁盛时期依赖开滦矿务局的低价煤炭供应，降低成本，提高竞争力。在 20 世纪 40 年代后期开滦矿务局停止这种优惠后导致缸窑瓷业遭受煤荒，受到严重打击。

（二）原料加工

唐山瓷坯料制备大体分为采料、粉碎、淘洗、磨细、捏练等工序。既有旧式人工操作，又有新式机器生产。

---

① 《唐山事》第一辑，1948 年，第 34 页。

② 《唐山陶瓷公司志》，内部资料，1990 年，第 65 页。

③ 《唐山事》第一辑，1948 年，第 37 页。

1. 人工加工

（1）采料

对于本地挖取的瓷土，主要用辘轳取土，掏挖下去，人顺井而下，将掏挖的瓷土装筐，地面的人转动辘轳提取上来，“剖之以有玻璃棱角者为佳”[①]。挖井取土时间一般是冬天、春天，到夏天、秋天停止，一则井下闷风，二则农活多。“此种窑业与当地农业及居民经济生活时间上之配合，唐山陶业昔日原为农民副业，当农作暇日，每年冬季每窑烧磁两次，余时则概置而不用。”[②]挖井分为以下几类：第一类，有钱人打井，另外谁愿意合伙，可入股，按股分成。第二类，一人当井主，出资购买工具，干活的抽成。第三类，按建井所需资金，合伙人平摊。采料挖井成为农民冬闲时的副业。唐山挖井采料一如彭城，“每组六七人，先凿直径五尺之土井一，复于其旁凿直径三尺之土井一，以便流通空气。挖土之工人及所挖之黏土，或上或下，概以二人推转辘轳供输送，通常每组以二人挖土，以二人沿隧道推土至井底，以一人于井底装土向地上输送，此外更须二人工作于地面焉。”[③]无论何人土地凿井，需给地主以现金并给予所挖土的百分比。挖土的工人，到地下挖土的两个工人最累，工资稍高，其余几个人少一些。

而购买的瓷土则非常简单，前文“坯料来源”中已有记述，购自北戴河、石门等地。

（2）粉碎

制作瓷器要求瓷土“细滑”。原料在使用时要达到一定的细度，所以不论土质原料还是石质原料，都需进行粉碎。景德镇一般采用碓舂方法，把瓷土舂细，并在水池中经过淘洗、沉淀滤去水分，从而得到细滑、纯净的瓷土。唐山最初瓷器坯料加工，也是比较原始的工具，如石碌、筛子、石碾等，采用碾压方法。用齿轮状的“石碾”将瓷土碾碎，石碌呈圆柱形，外表齿轮状，用来轧制瓷土（图 5-1）。碾碎的瓷土用筛子过一下，细的穿过筛孔，粗的还要继续碾轧，俗称“过筛子”，把过完筛子的瓷土放到沟槽中，加水再用石碾顺沟槽碾轧、沉淀（图 5-2）。

图 5-1　石碌

① 王长胜、李润平主编：《唐山陶瓷》，北京：华艺出版社，2000 年，第 37 页。
② 戴建兵：《中国近代磁州窑史料集》，北京：科学出版社，2009 年，第 37 页。
③ 戴建兵：《中国近代磁州窑史料集》，北京：科学出版社，2009 年，第 37 ～ 38 页。

图 5-2　1919 年国外明信片中的唐山制瓷原料加工[①]

（3）淘洗

为去掉硬质原料中的杂质和剔除黏土中的杂质，一般“以净水百分之九十，泥百分之十，盛以大缸，用木耙搅翻，漂起渣滓，经过马尾细箩，再入双层绢袋，分贮过泥匣钵，俾水渗浆稠，倾入包裹，码压吸水，水尽泥成，移至平面大圆石上，用铁锹翻扑令实，使易成器，各种坯胎，皆用此泥。”[②]唐山制瓷之初，也有的原料淘洗多用人工搬动小筐在水池或水缸中晃动冲洗，劳动强度大，效率低。

（4）磨细

使原料制成可以进行制坯的泥料。1930 年之前，多数采用畜力拖引“槽碾”将原料轧成泥浆，放入泥池，经自然干燥成泥块再经人工摔打、脚踩，始成制坯用泥。

（5）泥料捏练

俗称“耙泥”，也写作“扒泥”。唐山制瓷主要原料均属于软质黏土，原料进入窑场后经过自然风化粉碎，用独轮车推入石头砌成的槽内，将土和水按比例调配好，用骡马畜力拉耙旋转和泥。泥浆排放通过沟槽，颗粒较粗的沉积在槽道内，需要再次加工，小颗粒的泥浆流入储泥池中。一般来说，一池泥浆要经过一天一夜不停拉耙才能达到要求。耙好的泥放入储泥池中，经

① 黄志强记述，此照片为刘玉斌先生从国外网站购得的一张明信片，照片背后有“1919 年唐山”字样。

②《唐山事》第一辑，1948 年，第 33 页。

过 1 ～ 3 个月自然脱水，运进储泥洞内陈腐。陈腐，也称陈化。将调制好的坯料放置在阴暗而温度较高、通风不良的室内贮存一段时间，通过水解、氧化以及细菌作用，改善性能。坯泥经过这样陈化，水分分布均匀，有利于克服干燥和烧成时产生的不均匀收缩。捏练泥料是改善坯泥可塑性成型质量的方法。未经捏练的泥料组织疏松，影响坯体质量，因此必须经过加工。简单讲，捏练就是揉泥。人工双手搓揉，或者用脚踩踏，把泥团中的空气挤压出来，使泥中的水分均匀，同时要去掉渣质。

此外，釉料的制作与泥料近似，旧式窑业用水碾或水磨粉碎。粉碎的程度需要把握好，并不是越细越好。太细的釉浆稠度高，干燥收缩也大，上釉后容易出现裂纹。但是也不能颗粒太大，太大在烧成中不容易熔融，影响釉的光泽。釉浆制作工具，早期主要有缸、木耙等。把长石、石英破碎成小颗粒，然后将粉碎的釉料浸于缸内，用木耙搅拌均匀，渣滓沉淀后将细浆淘出备用即可。

2. 机器加工

据《唐山陶瓷公司志》记载，20 世纪 20 年代“唐山共有窑店四十家，内五六家已设置新式机器，担任数部分工作。合泥之磙子，以机器代之。此类机器共有两种：一种以十马力之油机推动之；一种以十二马力者推动之。凡用此种机器合泥者，其原料（黏土）可毋庸过筛”[①]。这些机器就是进行粉碎、淘洗、磨细、泥练的球磨机、粉碎机等设备。缸窑一带瓷厂仿制启新设备，进入机械化制瓷阶段。据史料记载：“1926 年，德盛、新明开办了新明铁工厂，仿制启新瓷厂进口的德国机器设备，造出了轮碾粉碎机、搅泥机、滤泥机、球磨机等，装备当地厂家。”[②] 也有的记载，新明瓷厂“至民国十七年（1928 年）复添购制瓷各种机器，出品日有起色”[③]。民国十九年（1930 年）德盛窑业在雹神庙旁建新址之后，“及新式瓷窑砖窑并购置机器，改用电力，规模即倍，出产更富”[④]。

（三）成型

1.手工拉坯成型

缸类大件器物用石轮盘拉坯成型。石轮盘是手工拉坯的重要工具，两个

① 《唐山陶瓷公司志》，内部资料，1990 年，第 50 页。
② 陈帆主编：《中国陶瓷百年史》，北京：化学工业出版社，2014 年，第 126 页。
③ 《唐山事》第一辑，1948 年，第 32 页。
④ 《唐山事》第一辑，1948 年，第 32 页。

轮盘为一组。唐山博物馆征集的清晚期青石轮盘，直径 65 厘米、厚 13 厘米，两个坑空直径均约 10 厘米。缸类、笼类和缸盆制品等产品皆用双石轮盘制坯成型。轮盘的用法参考1935年对彭城瓷业的调查记录“缸窑专制缸瓮甕等属，多为笨重大货，故轮盘则为两个，一左一右，中以粗绳套之。工作时，一人执棍搅一端之轮盘，端彼之轮盘，即随之旋转不息。匠工则将泥放在此轮盘上，用手及木板制成各种不通过样式之大缸甕等生坯。坯造成后，即施以黑釉。俟干至相当程度，即运入窑内烧之，经六七日则烧熟矣”[①]（图 5-3）。

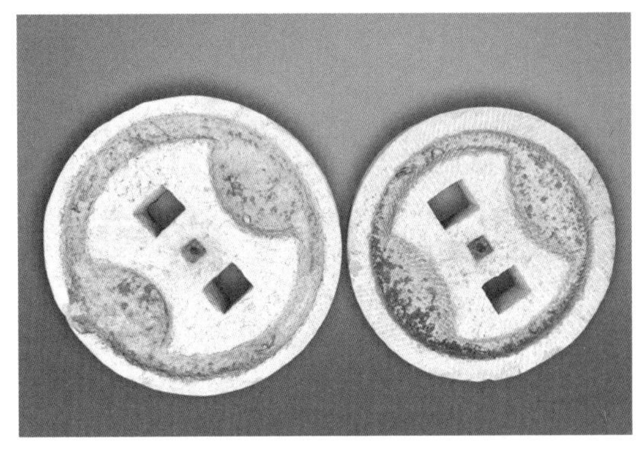

图 5-3　石轮盘

唐山私人收藏有“裕发成”款缸坨。制作大缸时，要使用缸坨子，先把泥放在缸坨子上“捣底”，然后往上盘泥条，再用手拉坯。技术好的缸师傅做缸不用尺，眼到手到，就能做到分毫不差。这件带款缸坨，“裕发成”三个字是刻划上的，字体潦草，不成规矩，是制作人顺手而为。“裕发成”是唐山缸窑老字号瓷厂，除了生产缸坨外，还发现有墨迹“裕发成”粗瓷管道，管道一节一节套在一起，成为窑灶的烟筒。

2. 机车拉坯成型

罐罍尊彝之类的琢器，“用机车拉坯晾干，仍就机车刀镟定样后，再用大羊毫笔洗磨，俾极光洁，冀易受彩”[②]。

3. 模胎与机车拉坯相结合

“圆器之造，每一款式，动盈千百，不有模胎，断难划一，其模胎与原样相似，先在机轮定位，使无厚薄偏倚之病，经火后用。制造盅碗等圆器，泥在模里，制造盘样等圆器，模在胎外，又先以铁板符木，用铁锉锉成器类半形，名曰压刀削刀，一模一压一个，一胎刮一个，千百一样，烧成亦无大伸缩。拉坯，用小型旋轮拉坯。”[③]

① 《中国近代磁州窑史料集》之《河北彭城镇瓷业概况》，第 65 页。
② 《唐山事》第一辑，1948 年，第 33 页。
③?《唐山事》第一辑，1948 年，第 33 页。

4. 注浆成型

启新瓷厂最早从德国引进注浆成型工艺。但是，据《唐山陶瓷公司志》记载，启新瓷厂的注浆工艺密不外传。“新明、德盛等厂从江西学到此法，到1935年后已普及各厂。”①

（四）施釉

施釉方法主要有蘸釉法、浇釉法、刷釉法、吹釉法。

1. 蘸釉

一般常见中小件制品的施釉法，手工操作，将釉浆置于较大容器里，手持坯体浸于釉中并迅速取出。釉层的厚度由浸釉时间的长短来决定，但也与釉浆的浓度、坯体的吸水能力密切相关。20世纪20年代启新、新明瓷厂即普遍使用蘸釉法施釉，之后蘸釉也一直是唐山瓷器施釉的主要方法。新明瓷厂秦幼泉所作“制瓷秘笈”中记载：“圆琢方长棱角等器，用羊毛笔蘸釉刷器，失之不匀，在缸内蘸釉，又有轻重，且多破裂，今于圆器之小者，仍用缸内蘸釉法。”②

2. 浇釉

浇釉一般用于大缸、大盆、特大瓷瓶等。涂釉用毛刷、毛笔蘸釉涂于坯体表面。此法多用于花釉艺术瓷的釉面装饰。很多器物需要多种施釉方法并用。例如在釉下五彩瓷器中以浸釉法为主，但空心器物，如壶、瓶、罐及较深的杯等需浇釉、浸釉并用。施釉时先浇施里釉，再浸挂外釉。

3. 刷釉

圆、琢、方、棱角等造型的器物，常用羊毛笔蘸釉刷器。某些产品对施釉有特殊要求时用刷、涂、点、染的方法。施几种釉料，以达到烧成后特定的釉色艺术效果。

4. 吹釉

有些器物采用吹釉方法。“圆琢方长棱角等器，用羊毛笔蘸釉刷器，失之不匀，在缸内蘸釉，又有轻重，且多破裂，今于圆器之小者，仍用缸内蘸釉法，其琢器与圆而且大之器，用吹釉法，其法截径寸竹筒，长7寸，口蒙细纱，蘸釉以吹之，则无轻重不匀之弊。”③

---

①《唐山陶瓷公司志》内部资料，1990年第75页。

②《唐山事》第一辑，1948年，第34页。

③《唐山事》第一辑，1948年，第34页。

（五）装饰

缸窑除青花产品外，未见釉下五彩装饰产品。彩绘者皆为釉上新彩，偶见花纸贴花。德盛产品广告中提及的“五彩瓷器”指的就是釉上新彩。在《唐山事》中记载的烤窑环节，指的也是釉上新彩的制作过程。“白釉烧成，始施彩画，画后复烧，使颜色入骨，因有烤窑之设，窑之周围，具砌筒砖，火由筒内循环而出，砖红热达于器，由孔窥之，诸色有光，火候足矣，即便住火。”[①]又：“圆琢器洋彩——圆琢各白器，五彩绘画，仿西洋者，曰洋彩，画工调和各种颜色，先画白瓷中烧试，以验色性火候，所用颜色，调法有三，一用芸香油，一用胶水，一用清水，油便渲染，胶便榻刷，清水便堆填也。”[②]

（六）烧成

1. 窑炉

缸窑瓷厂主要使用馒头窑。馒头窑，火膛与窑室合为一个馒头形的空间，故而得名。馒头窑是北方地区流行的陶瓷窑炉形制，由窑门、火膛、窑室、烟囱等部分组成，多在生土层掏挖修制或以坯、砖砌筑而成。馒头窑的特点是容易控制升温和降温速度，保湿性较好，适用于焙烧胎体厚重、高温下釉黏度较大的瓷器。早期制碗、烧缸均为馒头窑，分缸窑、碗窑，缸窑要大一些。馒头窑，设有燃烧口、炉床，容积比景德镇窑小。窑床下摆好圆木棒，上面盖以陶瓦，在此上面燃烧无烟煤粉末，将不完全燃烧的半煤气送入烧成室内，并由窑墙上设有的小孔送入空气，以使之完全燃烧，此概为通风能力较弱的窑炉最适当的一种方法。不过这样的平地窑，通风能力弱，温度上升缓慢，冷窑也要很长时间，对制品有很大影响。据记载：“窑制长圆如覆甕，崇广并丈许，深倍之：上覆铁板如屋，曰窑棚，烟囱多立其后，或立其旁，而远在窑棚以外，烟火由地洞入烟囱，坯成装匣入窑，分行排列，中间稍疏，以通火路，量器之大小以配合之，自窑位器满，然后发火，再用砖塞窑门，泥涂其隙，就原留方炉门口，陆续填煤，约两天两夜，红透住火。”[③]缸窑一带瓷厂是在启新瓷厂的影响下开始使用倒焰窑。“1927 年新明瓷厂建成倒焰窑三座，到四十年代（20 世纪 40 年代）已较普及，一般均为长方形，容

① 《唐山事》第一辑，1948 年，第 34 页。
② 《唐山事》第一辑，1948 年，第 34 页。
③ 《唐山事》第一辑，1948 年，第 34 页。

积为 50 ～ 70m^3。”[①]

2. 窑内布局

以粗瓷缸盆碗罐的装窑为例：在陶瓷业内，缸的叫法有多种，有的根据用途来称谓，如酒缸、染缸、豆腐缸等；有的根据在窑内的位置来称谓，如脚缸、稍缸等；有的以烧缸人的俗称来称谓，如行缸、老老缸、地缸等。因缸有不同大小型号，一般比较高深的缸适用于酿酒业、榨油业和酱醋坊，矮浅的缸适用于染布业、豆腐坊等。“永平府滦州缸窑镇与开平镇等处，有窑烧造大小缸只、盆、碗等类”，缸内外施“土釉”，高温烧成，胎质黄褐色，表面呈红黑色，坯釉结合较好。

缸窑在烧制大缸时，是靠人力抬、担、搬、扛，将做好的缸坯运入窑内，然后按照大小类似“套娃”一样，大缸套小缸，一套一套码成柱，一般一套三件或四件。缸的口沿、底部不施釉，以免粘连。一组套好，再找相应的缸型扣过来套装一组，两组缸口对口。为充分利用窑内空间，再在码好的这柱缸上，底对底，继续往上罗叠。在装窑码放时每柱下边最大的一件，也就是一号缸，被称为“脚缸”。脚缸壁厚承重力大，装在柱底，再依次内套二号、三号、四号；这组上边则由里向外依次倒扣装四号、三号、二号、一号，倒扣的一号缸俗称为“合缸”，“脚缸”与“合缸”构成一仰一合。下边的缸，底部放垫饼，以免被釉粘连，口沿朝上，缸底铺有三个垫饼，大缸套小缸入窑烧制；出窑后，缸的内底会留下垫饼与釉面黏结留下的粗糙痕迹，人们习惯将这种缸叫作麻底缸。倒扣的这组缸，口沿在下，出窑后，因为缸的底部互不接触，所以缸的内底平整光亮，人们习惯将这种缸叫作光底缸。在合缸上继续罗叠码放，开始码放各类盆。也有的在缸上边罗叠豆腐缸，大豆腐缸、二豆腐缸、小豆腐缸，同样是一组仰、一组合。再往上第五部分，一般码放更小的缸，俗称“大顶瓜”“大顶头”“小顶头”。此外，还有成套的盔，这些盔一般家用盛放“猪油”，早期唐山的食用油基本是猪油，俗称“荤油”。这些缸、盆、盔按产品体积形成塔形，作为一柱，按窑炉容积，有 74 柱、108 柱、112 柱。从窑内整体布局看，不管有多少柱，只有位于窑中间的这一柱是垂直码放的，两侧的“柱”要往中间稍微倾斜，不能码成垂直的柱，两侧往中间倾斜是为了避免坍塌。柱与柱的空隙还要装一些碗笼，附带烧一些碗，或者放一些不用匣钵的罐，这种罐一般施满釉，单独摆放，俗称“黑钵儿”。“黑钵儿”分“大黑钵儿”“小黑钵儿”。把窑装满后封闭窑

① 《唐山陶瓷公司志》，内部资料，1990 年，第 81 页。

门，点火烘烤。

码放在窑内的缸、盆、碗等坯体，因在窑里的位置不同，烧出来的效果也不同。唐山为馒头窑，燃料是煤，窑的下部温度比上部低，窑后的位置比窑前温度低。受温度影响，温度低的缸釉色深，呈黑色、酱褐色，温度高的缸釉呈褐色、棕红色。此外，因缸为裸烧，有时缸釉上会粘有落砂，釉不光滑。

3. 窑温控制

窑炉的升温速度和火焰的气氛，对产品质量影响极大。对窑炉火焰进行控制，是瓷器烧制的重要环节。唐山制瓷中窑温控制早期主要是肉眼看火，后来改进为在窑里放一块用釉料搓制的坯块，看其烧制程度判断火候，俗称“火照”。其弯倒到一定程度时，证明产品已烧熟，即可止火。此法比肉眼看火更进一步。由于适用温度范围狭窄，因此导致产品质量不稳定，倒窑、过烧与生货事故时有发生。20 世纪 30 年代，唐山德盛窑业厂购进德国产光学高温计，俗称火表，控制窑火温度。光学高温计用干电池为能源，在火表观测孔内，设有三角形灯丝，经旋转可变电阻，灯丝即发生明暗变化，当灯丝颜色与窑火颜色一致时，表上显示的温度则为窑火温度。这种方法，灵活多变，反映温度也比较准确，对保证产品质量起到重要作用。

4. 烧窑习俗

在馒头窑装窑时，一柱一柱挨着装，窑工不能全上窑。点窑时先把窑场门关上，只留一条过人的路。在门口撒上石灰线，点下草秆烧一烧。烧到大火时，窑主得买块肉，打上酒，敬窑神，烧工遇到有人从窑门探视，要问一问：喝点酒，喝点酒。被让者必须说：喝喝喝。喝取黑的音，意思是说烧出的缸釉色黑，若是碗窑，规矩不多，烧好为止。

5. 开窑

瓷器烧好之后，进行开窑。什么时候开窑，时间把握要恰到好处。开窑早容易开裂，开窑晚影响烧窑的周期。烧成周期，大件产品约 72 小时，烧制匣钵约 66 小时。单窑周期耗煤量约 17 吨左右[①]。一般入窑至开窑“以七日为率（一个周期），第七日，开窑器匣带火气，人不能近，开窑工匠用湿布包裹头面肩臂，入窑取器，开窑过后即乘热安顿新坯”[②]。这就叫“抢热窑”，主要是为了省煤，同时也是窑主为了加快周转。

① 《唐山陶瓷公司志》，内部资料，1990 年，第 87 页。

② 王长胜、李润平主编：《唐山陶瓷》，北京：华艺出版社，2000 年，第 39 页。

（七）查验

"装筒磁器出窑分类拣选，需用纸包装筒，以防著风，秦先生又言，以上各发，取法于江西瓷厂者颇多，唐山制者，除不甚开，不慎透光，及手轮机轮有异外，余皆有进部云。"[①] 对烧成后的瓷器必须逐件检验。瓷器在窑内，放在不同的位置，因窑温的不同对瓷器的烧成发色都有直接影响。因此出窑的瓷器要逐一检查。检查之后，合格的没有瑕疵的瓷器入库待售。

二、"启新体系"制瓷工艺流程

（一）原料制备

1. 瓷土来源

据民国二十四年（1935 年）三月十五日出版的《中国实业》杂志记载，（启新瓷厂）瓷土分为五类：英国瓷土、德国瓷土、半比店（今半壁店）坩子土、山东龙口土、唐山黑土。其中，英国瓷土黏力甚强，烧后复洁白，价格每吨合国币二百元，但是此土主要用于卫生瓷制作。德国瓷土"粘性强额之地纯洁，烧后色亦洁白为该厂瓷块中最重要原料之一，价格每吨合国币四百元"[②]。半比店坩子土，产自半比店，离唐山以北八里之途。山东龙口土，"产自山东龙口，有路可通塘沽，再由火车转运至唐山"[③]。唐山黑土，就在唐山附近西山旁。另外，原料中使用的长石和石英，均来自北戴河，通过火车运到唐山。据《唐山陶瓷厂厂志》中关于卫生瓷的原料记载，在建厂初期所用原料多为德国引进，自 1923 年开始研究试用本地和国内原料，1930 年为生产化学瓷开始使用吉林矸子、福建矸子和唐山当地黏土，1936 年至 1941 年曾采用德国优质原料高岭土及一些化工原料，也曾采用山东省龙口黏土和丹麦球石。第二次世界大战爆发后，日本封锁海面，外国原料不能进口，全部使用当地原料，为保证用料，1948 年 4 月 21 日，在唐山市郊半比店购地 6.27 亩（耗用 1.83 亿元）及无偿利用启新水泥厂土地资源，雇工开采原料。1946 年德国人为增加卫生器洁白度，首次使用氧化锡作为釉料的增白

① 《唐山事》第一辑，1948 年，第 34 页。
② 民国二十四年（1935 年）三月十五日出版的《中国实业》，第一卷，第三期。
③ 民国二十四年（1935 年）三月十五日出版的《中国实业》，第一卷，第三期。

剂（采用云南的高锡和天津的盐酸）[1]。外地瓷土主要来自北戴河、山东龙口。

在启新瓷厂建厂初期，汉斯·昆德考察唐山和北戴河一带矸子土的分布状况，并于1921年10月25日以电报的形式向启新洋灰公司汇报了关于制瓷原料的调查结论。汉斯·昆德在这份电报中将瓷厂所需矸子土、石英石的分布、品质以及运输等问题进行了介绍。昆德调查原文及照译档案现存唐山博物馆，详情如下：

制磁原料[2]

考查唐山迤北迤东各地方以及北戴河一带所产各种造磁之原料，视其情形足能证明可以在唐山开设磁厂制造各种磁件。

制磁原料以耐火性之矸子土及英石二种为要紧之成分，矸子土一经烧后，仍保存其洁白颜色，英石经熔化后仍可烧挂磁釉。此种原料出产虽富，惟查吾公司近来试造各货所得之结果由各方面观之，迄未达完全满意。

查此种矸子就化学上言之，其成分之配合颇为相宜，但内含黏性太少，故用于手工制造磁件法时，颇不适宜，如用于湿法制造，可勿搀加他种矸子即可使用，但制造他项磁件多半均须掺配适宜之黏性原料，方能使用。故产此种含黏性矸子地似须设法采购，方为妥善。是以，近数年来对于此事曾竭力筹办。查本地所产耐火性之矸子土用造磁件，大都均不适宜，盖其一经燃烧后，颜色即不洁净，惟有开平矿界内之大槽矸子于制造磁件颇为合用，惜吾公司所有之矸子已无大槽矸子，而所存者又恐将至殆尽。

查吾厂现时所用者仍为数年前在印字沟所收来者，但将来制造渐多，行将用尽。是以鄙人建议在大槽矸子用尽之前，即须设法采购此种矸子地，为将来制造磁件之需。

上星期内鄙人曾到白道子附近之太古庄[3]一带寻查原料，兹将所得结果胪阵如下：

大槽矸子并不似寻常烧磁所用之浅灰色者，其颜色深黑，然一经燃烧反露白色。此种特质用之搀造磁件，甚为合宜，查沿煤田一带，此种矸子与外面煤层毗连，鄙人确信此种矸子为煤层变化之余渣，至其厚薄颇不一律。

查唐山马家沟之间为老磁业发展之区，故所产之矸子土已经采用殆尽，

① 《唐山陶瓷厂厂志》，内部资料，1991年，第207页。

② 民国启新档案，唐山博物馆藏。

③ 太古庄，今唐山市古冶区王撵庄乡太古庄村。

此因本地土井工作之法往往因泉水之故不能深作，惟若改用新法开采，仍可在深处寻得上好矸子土，鄙意可将鬼个庄与高个庄间之矸子地购入，用此处老矿井之遗留尚存，将来可向深处开采也。

查缸窑以西与开滦局新打之井附近地方多有矸子土俟将来煤矿开工，泉水抽出时，在此地开采矸子，想甚合宜，除大槽矸子外，仍需设法采寻原料，以为掺合制造各种磁件之用，此节无须赘言。

查吾厂现时所用之英石由北戴河采来者，其成色并不十分美善，但用以制造寻常磁件尚属适用，应再寻查较好原料，鄙人曾沿滦河一带考察皆不合宜。查北戴河之英石大半均由地皮上所收集者，故鄙人拟赴北戴河勘察合宜地址，再俟吾公司购定后即可，起首开采所得英石当然较为洁净，因地面所得之英石内混铁养及土质等质，故不甚合用，再北戴河之英石内含有晶石，于制造磁件尚无妨碍，因晶石亦系制磁内一种原料也。

1921.10.25 昆德谨具

唐山博物馆收藏的《山东龙口附近一带所产瓷土之估价及运输情形报告》的档案资料中记载："吾厂花砖房工头陈奎武于本月内曾由塘沽烟台至龙口调查该地所产之瓷土地点情形及最便捷运输方法，谨将其调查结果奉陈于下，至祈查阅。查此次寻得出产瓷土之地计长约十里宽约三里，在龙口东南距离约二十七里。距海最近之处仅五里，可由海沿用小帆船装运，直接运至塘沽或芦台。采用此种运输法费用似属最廉者，由芦台再用船只或能运至胥各庄或塘坊等处。惟龙口之海口情形似□□□，但龙口至塘沽之航路尚属便利。吾公司原拟先运一批，故已由此航路运此项瓷土约计十吨，查在龙口装轮船之货须先用小船将货运至大驳船上后再运至轮船停泊地点。闻龙口至塘沽间现有两轮船公司，其一经营直隶山东航路，该公司有轮船三只，现在均为雇佣订供给军务之用，是以此，第一批之瓷土系装别一轮船名华顺者运来，兹将此批矸子土所需各费录下……昆德谨具 1922 六月十九日。"[①]

此外，还有一些瓷土从国外购买。唐山博物馆收藏有 1923 年、1924 年启新瓷厂购买矸子土的定单，如"磁字第七号定单"[②]，定单中有购买的除了土磨、小磨、镟电磁件用小镟床、试验火力表等用具外，还有上好陶器黏性矸

① 民国启新档案之《山东龙口附近一带所产瓷土之估价及运输情形报告》，唐山博物馆藏。

② 民国启新档案之"磁字第七号定单"，唐山博物馆藏。

子土。这次采购时间是 1921 年 12 月 10 日。[①]

1923 年汉斯·昆德公司，即启新瓷厂从德国罗爱森厂购买了 10 吨矸子土。1924 年再次购买 100 吨，要求和上次的成色相同。详情如下：

磁字第十八号定单[②]

计开

粘性矸子土成色须与 1922 年 5 月罗爱森厂 Lothain Meissner Tonwerke 所交者相同 十吨

上开请择货高价廉者订购交货期愈速愈佳 经手费百分之五

此致 汉泊昆德公司 台照

启新洋灰公司具 一九二三年四月二十一日

拟致汉泊昆德公司电 汉泊昆德公司鉴 敝处订购后 速起运矸子土十吨 成色须与上次运来者相同 以后用石膏 帆船请装一百吨运来

启新洋灰公司电 一九二四年四月二十三日

民国十八年（1929 年）十一月编制的启新洋灰公司监查磁厂账目的报告中，有很多启新磁厂购货条目[③]，其中矸子土包括英国矸子土和德国矸子土（图 5-4）。在民国十八年（1929 年）六月三十日对磁厂矸子土盘存的单据里，详细列出了矸子土类别，如黄砾、白砾、二号本地黄矸子、二号本地白矸子、黑矸子、山东矸子、德国矸子、英国矸子（一号）、英国矸子（二号）、北戴河长石等（图 5-5）。

2. 釉料、色料来源

色料原料包括在釉料之中。启新瓷厂的釉料、色料分为矿物原料和化工原料两类。矿物原料直接来自天然原料，如高岭土、长石、石英、石灰石、滑石、白云石等。化工原料是合成原料，主要成分如硼砂、硼酸、氧化锌、硝酸钾、氧化锡等。矿物原料一般就地取材，化工原料多从国外购买。

① 定单左下角是民国时期特殊的记账符号，1 至 9 的阿拉伯数字依次为〡〢〣〤〥〦〧〨〩。

② 民国启新档案资料之“磁字第十八号定单”，唐山博物馆藏。

③《监查磁厂账目报告》档案资料，唐山博物馆藏。

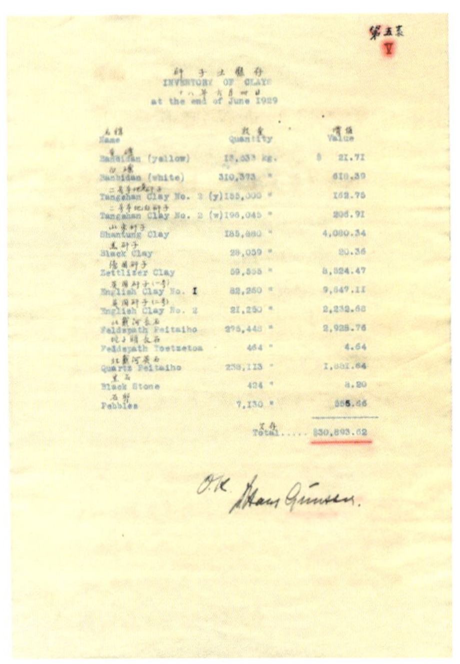

第五表 V

研子土盘存
INVENTORY OF CLAYS
十八年六月卅日
at the end of June 1929

名称 Name	数量 Quantity	价值 Value
黄礶 Banbidan (yellow)	15,033 kg.	$ 21.71
白礶 Banbidan (white)	310,373 "	618.39
Tangshan Clay No. 3 (y)	155,000 "	162.75
Tangshan Clay No. 2 (w)	196,045 "	206.91
山东研子 Shantung Clay	185,880 "	4,080.34
黑研子 Black Clay	28,059 "	20.36
德国研子 Zettlizer Clay	59,555 "	8,324.47
英国研子(一号) English Clay No. I	82,260 "	9,847.11
英国研子(二号) English Clay No. 2	21,250 "	2,232.68
北戴河长石 Feldspath Peitaiho	275,448 "	2,928.76
Feldspath Tsetzetoa	464 "	4.64
北戴河英石 Quartz Peitaiho	238,113 "	1,851.64
黑石 Black Stone	424 "	8.20
石子 Pebbles	7,130 "	355.66
总存 Total.....		$30,893.62

O.K. Hans Gunsen.

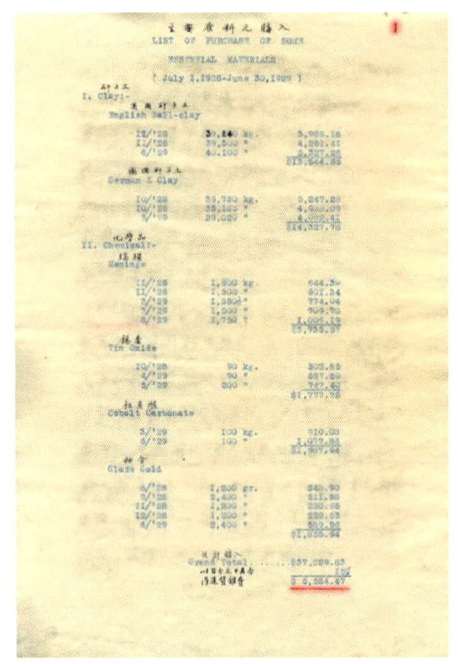

I

主要原料之购入
LIST OF PURCHASE OF SOME
ESSENTIAL MATERIALS
(July 1,1928-June 30,1929)

研子土 I. Clay:-
English Ball-clay
German Z Clay
化学品 II. Chemical:-
Tin Oxide
Cobalt Carbonate
Glaze Gold

Grand Total.......$37,229.83

图 5-4　研子土盘存账目档案　　　　图 5-5　主要原料购入账目档案

唐山博物馆收藏有 1922 年启新购买瓷釉的定单。通过这张定单可以了解到启新公司从德国曾经购买过瓷釉，“且已向德国订购数种，以备该部之需”。同时，“照译昆德致总理处函”中，启新瓷厂意欲从天津本地购买瓷釉。“此种应用之要品可否在本地订购数种，或能否以较廉之价由他处购来。”同时提出可以从日本或美国订购，然后和德国药料进行比较。

昆字二号昆德博士来函及报告由一九二二年一月起至一九二二年十二月止①（图 5-6）

照译昆德致总理处函②

天津总理处台鉴 关于购买陶器部应用之化学药品事 吾公司目的系用以配合各种磁器磁釉之用 此节前已详陈 且已向德订购数种 以备该部之需 但吾公司此时当考察 此种应用之药品可否在本地订购数种 或能否以较廉之价由他处购来□谨将鄙人建议应购之药品列下

计开

硼酸约一百磅 硼酸锌约二十磅 炭酸钡约一百磅 酸钡（铬酸钡）约二十

① 民国启新档案资料，唐山博物馆藏。
② 民国启新档案资料，唐山博物馆藏。

磅 炭酸镁约一百磅

铝养约一百磅 灰养约二十磅 锢养约二百磅 钴养约二十磅 锡养约一百磅 黄色铁养约一百磅 锑养约二十磅 硼砂约五十磅 锌养约五十磅 灰养钾约二十磅 红铅约一百磅 锑酸约十磅 油金水 约四分之一磅

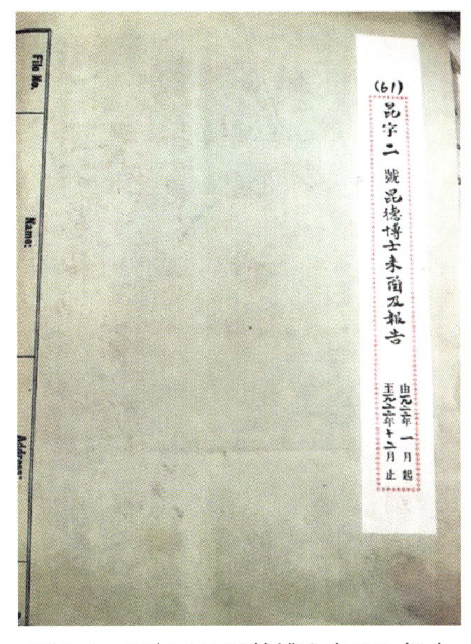

图 5-6　昆字二号昆德博士来函及报告

如尊处在本地探寻以上化学药料之价值太昂 亦可向日本或美国探价订购 一俟由德所订之各药料运到时即可作一比较 籍可考查将来究向何处订购为宜 此为至要之点 查现时陶器部须用以上药料为试验之用 是以即使其价值稍贵甚愿 速订购少许 至少可照以上各项分量订购百分之十 以资试验之需也 专此即颂

公祺 昆德谨具 一九二二年一月二十一日

根据电报原件英译德文后，上列各项化学药剂应为：

H_3BO_3 硼酸
$B_2O_6Zn_3$ 硼酸锌
$BaCO_3$ 碳酸钡
$BaCrO_4$ 铬酸钡
$MgCO_3$ 碳酸镁
$Al(OH)_3$ 氢氧化铝
Cr_2O_3 三氧化二铬
MnO_2 二氧化锰
Co_2O_3 三氧化二钴
SnO_2 氧化锡
Fe_2O_3 氧化铁
Sb_2O_3 氧化锑
Borax 硼砂

ZnO 氧化锌

$Cr_2O_7K_2$ 重铬酸钾

Red Lead 红铅

Native Titanic-Acid（Rutil）原生态酸（钛白粉）

Gold-Solution 金溶胶

订购的化学药剂在制瓷中的主要用途：

硼酸，用作助熔剂。硼酸锌，可以作为氧化锑或其他卤素阻燃剂的多功能增效添加剂，可以用于陶瓷釉料有效提高阻燃性能，减少燃烧时烟雾的产生。碳酸钡，用作分析试剂，陶瓷涂料和光学玻璃的辅料。铬酸钡，黄色颜料，用于陶瓷、玻璃着色。碳酸镁，搪瓷、陶瓷起表面光亮作用。氢氧化铝，陶瓷增白剂。三氧化二铬，可用于陶瓷和搪瓷的着色（绿色）。二氧化锰，化学工业中用作氧化剂，也用作陶瓷、搪瓷的釉药原料。三氧化二钴，用作颜料和釉料及磁性材料，也用作氧化剂和催化剂等。氧化锡，用于搪瓷和电磁材料，并用于制造乳白玻璃、锡盐、瓷着色剂。氧化铁，着色剂。氧化锑，用于搪瓷与陶瓷制品中作遮盖剂、增白剂。硼砂，用于搪瓷制品的制作中，可使瓷釉不易脱落且具有光泽。氧化锌，可作熔剂、乳浊剂、结晶剂等。重铬酸钾，搪瓷工业用于制造搪瓷瓷釉粉，使搪瓷成绿色。红铅，陶瓷釉料。原生态酸（钛白粉），陶瓷白色颜料中着色力最强的一种，具有优良的遮盖力和着色牢度，适用于不透明的白色制品。金溶胶，用作重色颜料。

民国十八年（1929 年）启新洋灰公司对瓷厂的化学品进行盘存的清单，其中的化学品翻译过来为：

德国釉、碳酸钡、萤石、碳粉水合物、二氧化锰、氧化亚铜、冰晶石、铅丹、氧化锡、氧化锌、硼砂、溴酸铅、重铬酸钾、氧化锑、二氧化钴、铬酸盐、明矾、硫酸铝、碳酸钴、金釉、硝酸铅等（图 5-7）。

色料生产需经过原料、配料、混合、煅烧、磨细、水洗、烘干等过程，主要用于釉下彩绘和釉上彩绘。无论釉上还是釉下，色料成分基本相同。但釉下彩绘着色温度高，要求釉与色料不能起化学反应。因此，需要对色料配方进行适当调节，使之能够承受高温氧化物的变化。色料不溶水，使用时常与乳香油调合，调合后的颜料呈油性膏状，画时需要用樟脑油调节稀释。除极少数色料相互调配后烘烧时会产生化学反应外，其他大部分颜色均可自由调配。20 世纪 20—30 年代，从启新日用瓷和陈设瓷的器物上可以窥见，这一

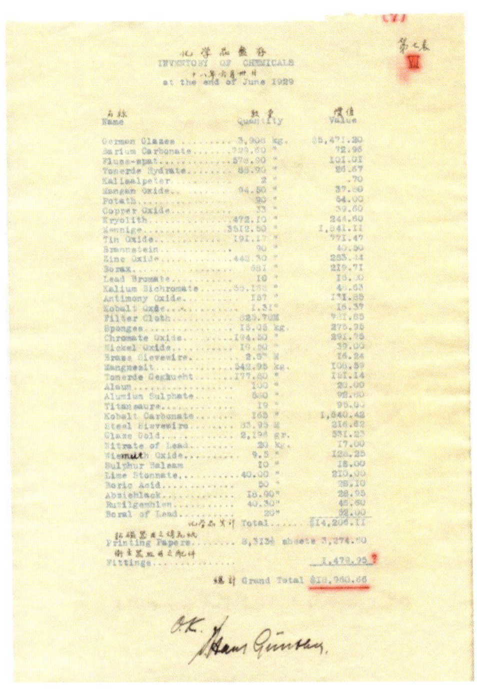

化學品盤存
INVENTORY OF CHEMICALS
十八年六月卅日
at the end of June 1929

第七表 VII

名稱 Name	數量 Quantity	價值 Value
German Glazes	3,906 kg.	$5,471.20
Barium Carbonate	723.60 "	72.96
Fluss-spat	578.90 "	101.01
Tonerde Hydrate	88.90 "	26.67
Kalisalpeter	2 "	.70
Mangan Oxide	94.50 "	37.80
Potath	90 "	54.00
Copper Oxide	33 "	39.60
Kryolith	472.10 "	244.60
Mennige	3512.50 "	1,841.11
Tin Oxide	191.17 "	771.47
Braunstein	90 "	40.50
Zinc Oxide	443.30 "	233.44
Borax	881 "	219.71
Lead Bromate	10 "	[illegible]
Kalium Bichromate	[illegible] "	45.63
Antimony Oxide	157 "	171.88
Kobalt Oxide	1.31 "	16.37
Filter Cloth	323.70M	[illegible]
Sponges	15.05 kg.	275.35
Chromate Oxide	194.50 "	291.75
Nickel Oxide	19.50 "	39.00
Brass Sievewire	2.37 M	16.24
Mangnesit	242.95 kg.	106.89
Tonerde Geglueht	177.80 "	121.14
Alaun	100 "	20.00
Alumium Sulphate	560 "	[illegible]
Titansaure	19 "	95.00
Kobalt Carbonate	168 "	1,840.42
Steel Sievewire	33.95 M	216.62
Glanz Gold	2,194 gr.	331.23
Nitrate of Lead	20 kg.	17.00
Bismuth Oxide	9.5 "	128.25
Sulphur Balsam	10 "	15.00
Lime Stannate	40.00 "	210.00
Boric Acid	50 "	28.10
Abziehlack	15.90 "	28.95
[illegible]	40.30 "	45.60
Boral of Lead	20 "	32.00
化學品共計 Total		$14,206.11
印刷用品 Printing Papers	3,313½ sheets	3,274.[illegible]
衛生器用品配件 Fittings		1,479.95
總計 Grand Total		$18,960.66

O.K. Hans Günther

图 5-7　民国十八年（1929 年）启新洋灰公司对瓷厂化学品进行盘存的清单

时期启新瓷厂产品使用进口色料，而缸窑产品使用国产色料。二者在器物色彩的呈现上有明显区别。进口色料与传统中国古瓷釉上彩颜料相比具有两大优势：第一，进口色料经 700 ～ 800°C 的低温烘烧，烘烤前后颜料呈色基本一致，这便于彩绘时即可看到烧成后的预期效果，有利于使用者把握画面效果。第二，进口色料呈现更为丰富，颜色也更加柔和。而国产色料烧制出来的颜色比进口色料要艳丽，呈色突兀。

民国启新洋灰公司档案中有瓷厂购置色釉的定单①。

定单中记录可知购买的色釉按桶计算，每桶约重 100 克罗格拉姆，购买的品种有“白磁釉、象牙色磁釉、透光白磁釉、浅黄色磁釉、橘黄色磁釉、深蓝色磁釉、浅绿色磁釉、深绿色磁釉、红色磁釉、棕色磁釉、红铜色磁釉、银灰色磁釉、深青色磁釉”等。

关于色彩柔和度的问题，主要是氧化锡的应用，加入氧化锡可使色料颜色变得柔和、素雅，“色调偏浅”②“颜色鲜艳度降低”③。但是对于氧化锡的使用时间存有不同观点。据《唐山陶瓷厂志》记载：1923 年研制生产出透光、不透光、色釉三种釉料，色釉颜色有深绿、浅绿、深蓝、浅蓝、橙黄多种。随着瓷器制作水平的发展，为了提高釉料光洁度、透明度、亮度，工匠有意识地在釉料中加入化工原料。1946 年“该厂用金属试制氧化锡，作为釉料增白剂取得成功”④。这一点在《唐山陶瓷厂厂志》中也有记载：“1946 年德国人为增加卫生器洁白度，首次使用氧化锡，作为釉料的增白剂。”⑤ 氧化锡在当代制瓷业中

① 民国启新档案之“磁字第九号定单”，唐山博物馆藏。
② 翟新岗：《氧化锡对陶瓷色料釉呈色的影响》，《佛山陶瓷》，2006 年第 9 期，第 18 页。
③ 翟新岗：《氧化锡对陶瓷色料釉呈色的影响》，《佛山陶瓷》，2006 年第 9 期，第 18 页。
④《唐山陶瓷厂厂志》，内部资料，1991 年，第 28 页。
⑤《唐山陶瓷厂厂志》，内部资料，1991 年，第 209 页。

已被广泛应用，“它不溶于水，在许多硅酸盐高温熔体中溶解度很低，且不易熔化，在冷却后的釉中，仍然为细微的悬浮颗粒，从而使釉乳浊”①。因氧化锡价格昂贵，当代一般只在艺术瓷中使用，其他已用氧化锆代替。但是，从唐山博物馆收藏的民国启新档案资料中获知，关于氧化锡的应用早于1946年，在民国启新档案中明确记录20世纪20年代已购有氧化锡化学品。

3. 燃料来源

制瓷过程中，燃料是重要原料之一，关系到制瓷成本。启新洋灰公司购用开平矿务局煤炭，但开平矿务局故意抬价居奇，致使水泥成本过高。周学熙呈请袁世凯成立了滦州煤矿，并与之订立互用煤灰合同，“滦矿售煤与洋灰公司，应酌减价值，不得过于开平市价十分之七”②。这样，启新洋灰公司得以长期有廉价煤炭供应。启新瓷厂的燃料一直由洋灰公司供应，享受的也是廉价待遇。启新还通过购用滦州煤矿公司矿股的办法以“保固我公司永远用煤不致失败”③，此项特权一直行之有效，启新洋灰公司由此保全的利益十分可观。从燃料供给上看，启新与滦州煤矿公司是“你中有我，我中有你”互惠互利的关系，从而确保启新水泥、瓷器等系列产品的成本。

（二）原料加工

启新因多为购置瓷土，因此采料环节在此略去。其余粉碎、淘洗、磨细、泥练使用机器操作，生产效率较人工极大提高。制造部下属的大磨部，责原料制备，“工序含倒、洗、选、运、配料、出装末、送泥、滤泥、搅泥和风面等”④。大磨部厂房分散，有厂房、露天料场和储泥池。原料配料和泥釉浆均以人工筐抬、肩搬。在建厂之初，大磨部的设备使用的是原细棉土厂的旧设备，之后从德国引进机械制瓷设备，打破了唐山传统制瓷方式，提高了劳动生产率。在原料处理方面采用了球磨机、压滤机、挤泥机进行加工。启新瓷厂从粉碎、淘洗、磨细、泥练全面进入机械化阶段。球磨机粉碎、磨料，但当时的球磨机体积很小，约半吨左右，铁皮卷筒，铆钉接口，传动皮带直接挂于圆形磨体，以动力带动旋转。粉碎后制成精细泥浆，再经过滤泥机滤去多余水分，最后用搅泥机搅拌，以便让泥浆可以符合机轮制坯的泥料要

① 翟新岗：《氧化锡对陶瓷色料釉呈色的影响》，《佛山陶瓷》，2006年第9期，第17页。

② 南开大学经济研究所、南开大学经济系编：《史料》，第97页。

③《提议酌购滦州官矿公司矿股以维利益事》，宣统元年（1909年）4月28日，见《启新公司董字第21号卷》，启新洋灰公司档案馆藏。

④《唐山陶瓷厂厂志》，内部资料，1991年，第52页。

求。机器是压缩机压出泥饼，练泥机捏练，再用真空练泥机排出空气，减少或者消除坯泥中存在的大大小小的气孔，增加坯料的致密度和可塑性。

随着启新瓷厂的发展，不断购置新设备，生产能力也随之提升。“1919年开始利用德国和日本制作的滤泥机，再经练泥机，供制作电瓷，或将泥饼烘干，用轮碾机粉料，供制作各种小缸砖。”① 1923年，汉斯·昆德由德国购进碎石机，1.5吨大型球磨机、榨泥机、泥浆泵、滤泥机和75马力电动机等陶瓷设备。1925年至1928年先后又自德国购入球磨机、大型搅泥机，生产供造瓷部、小缸砖部、火砖部所需之泥釉料。1932年奥特·昆德再次由德国购进轮碾机、混土机、除铁机等设备，以提高产品质量，生产效率也显著提高。大磨部原料加工设备齐全，使用之早、应用之广、种类之多使启新瓷厂成为当时中国最先进的陶瓷工厂。“1942年大磨部已有陶瓷设备49台。1948年大磨部有球磨机20台，轮碾机4台，滤泥机6台，碎石机3台，抽泥机4台，轧泥机、混土机、除铁机各1台。”② 据《中国近代磁州窑史料集》中记载：“盖近自启新洋灰公司制磁部开办以来，一般旧窑店对于新机器之购用，新方法之仿行，皆以次第实行矣。启新附设之制磁部，为一完全新式之瓷业，居一德人领导之下。所用碾土磨光各种机器，全属最新式者。轮盘以电力推动之。”③ 到1948年，启新瓷厂“主要生产和机械设备有109台，品牌主要有DO、AEG、西门子等”④。

磁字第十九号定单（磁厂用）⑤

计开

第一项 干球磨（干式球磨机）附带筛子及收尘箱一具 掺合原料机二具 碾二具 压砖机两具 提运斗二具 自动尺及量水表二具 湿球磨一具 压滤机一具 泥泵二具 转磨一具

第二项 湿球磨（T.N.M.6）一具 压滤机（Zwei Filterpresse mit je50 kammern F.P.R.I）两具

以上各件接到定单后先电告每项价值及交货日期 俟 敝处电证实再行订购

① 《唐山陶瓷厂厂志》，内部资料，1991年，第52页。

② 《唐山陶瓷厂厂志》，内部资料，1991年，第52页。

③ 《唐山陶瓷公司志》，内部资料，1919年，第50页。

④ 黄荣光、宋高尚：《技术的传统、引进和创新——启新瓷厂发展述评》，《科学文化评论》2021年，第18卷第1期，第57页。

⑤ 民国启新档案资料之“磁字第十九号定单（磁厂用）”，唐山博物馆藏。

其他条件如常

此致 汉沽昆德公司 台照 启新洋灰公司具

一九二三年五月二十三日

开报磁字第十九号定单 机器价值列下[①]

计开

干球磨附带筛子及收尘箱一具 价计英金八十五镑 搀合原料机二具 价计英金一百十五镑 碾二具 价计英金四十三镑十先令 提运斗二具 价计英金五十四镑 湿球磨一具 计价英金六十九镑 压滤机一具 计价英金八十四镑十先令 泥泵二具 计价英金八十三镑 转磨一具 计价英金九十八镑 湿球磨一具 计价英金一百六十镑 压滤机二具 计价英金二百五十三镑

压砖机一具 计价英金二百七十镑 自动尺及量水表二具 计价英金七十七镑十先令 装箱费及汉沽装船费 计英金八十镑 共计英金一千四百 十二镑十先令 三个月由德厂运完

照译拟致昆德公司电 汉沽昆德公司鉴 关于七月二十五日尊电 为磁字第十九号定单机件 敝处照定

启新洋灰公司电 一九二三年八月二十一日

（三）成型

1. 机器模压成型

这种成型方法主要是针对唐山电瓷产品。采用机器模压制的方法进行制造，制造前先在模内放煤油、麻油便于脱模，再把调制好的瓷土放入，以机器压制成坯胎。

2. 注浆成型

启新瓷厂是中国最早使用注浆成型工艺的瓷厂。20 世纪 20 年代由启新瓷厂从德国引入注浆成型工艺。“1923 年，启新磁厂为提高生产效率，由德国引进……先进的注浆生产工艺、采用现代工业的管理方法进行经营管理的陶瓷厂……实现了中国陶瓷工业化生产。”[②]

主要过程是将泥浆注入石膏模具，借助模型的吸水性能，将泥料吸附于模壁，待达到所需厚度即形成坯体。后将多余的泥浆折出，待泥层脱水收缩

① 民国启新档案资料，唐山博物馆藏。

② 《唐山陶瓷厂厂志》，内部资料，1991 年，第 2 页。

后脱模晾硬，经粘接、水修即成各种坯体。凡结构复杂、异形、薄胎或体积较大的细瓷与容器，均用此法生产。1949 年以前，启新工人用泥桶注浆、泥桶回浆。1949 年以后，逐步使用管道注浆。

（1）石膏来源

石膏是注浆成型必备用具。注浆成型需用石膏，水泥生产也需用石膏。因此，启新瓷厂的石膏与启新洋灰公司的石膏购买经常融混。在汉斯 · 昆德承包瓷厂与洋灰公司签订的合同中提及："所用之石膏数与重量与洋灰公司交换使用，即代理以□□之石膏模子换洋灰公司之□□，按此于洋灰公司并无损失。"① 1931 年《调查河北省之陶业》中记载：唐山"至制模型用之石膏，则系来自湖北。目今时价，在唐山为每吨七十元零五角六分"②。唐山博物馆收藏的民国启新档案中有汉斯 · 昆德从湖北采购石膏的电稿③。电稿中记录，"查由湖北石膏运至唐山工厂每吨计银洋二十九元五角。塔玛瑞帆船装来石膏至唐山工厂每吨计银洋二十一元五角。此次所开报之石膏按十六元计算运至唐山工厂每吨月计银洋二十元"（图 5-8）。

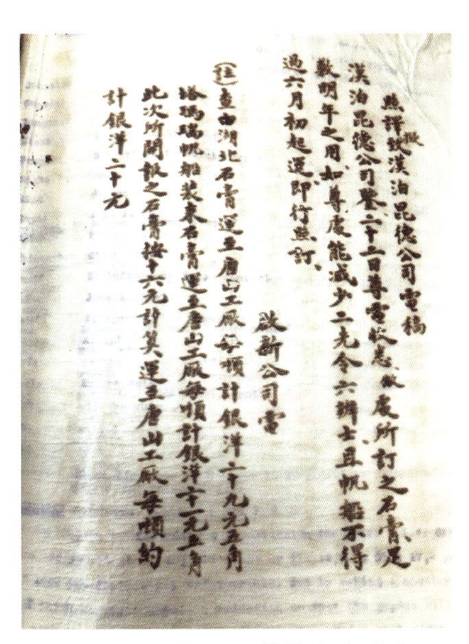
照譯擬致漢泊昆德公司電稿
漢泊昆德公司鑒、二十一日尊電收悉、敝處所訂之石膏足
數明年之用、如尊處能減少二先令六辨士且帆船不得
過六月初起運、即行照訂、
啟新公司電
(注)查由湖北石膏運至唐山工廠每噸計銀洋二十九元五角
塔瑪瑞帆船裝來石膏運至唐山工廠每噸計銀洋二十一元五角
此次所開報之石膏按十六元計算運至唐山工廠每噸約
計銀洋二十元

图 5-8　汉斯 · 昆德从湖北采购石膏的电稿

又有"照译汉泊昆德公司来电"记录"唐山启新洋灰公司昆德鉴，现有石膏三千二百吨，立即答复订定有效，秦皇岛交货之价，每吨计英金一磅十八先令六便士，经手费在外六月间起运，请电示尊意并望订购，因户口税不久即行加多"④。"今年夏季可以积存石膏甚多，鄙意仍可订购此批为宜。查除海瑞路德帆船□□之石膏外，湖北已为筹备约有石膏三千吨。今年发计可收石膏约九千吨之谱，至今年年底，预计除用至多尚可存四五千吨。"⑤ 1922 年启新采购石膏

① 民国启新档案，现存启新水泥博物馆藏。
② 《中国近代磁州窑史料集》，第 50 页。
③ 民国启新档案之"照译拟致汉泊昆德公司电稿"，唐山博物馆藏。
④ 民国启新档案之"照译汉泊昆德公司来电"，1922 年，唐山博物馆藏。
⑤ 民国启新档案之"照译汉泊昆德公司来电"，1922 年，唐山博物馆藏。

的费用单[1]，这是运抵秦皇岛码头的材料，单据上注明购买了石膏 30 916 千吨合 51 939 万担，其他有卸装费、脚力费等。

除国内采购外，石膏也从国外进口。1922 年档案资料中有“总理处鉴：关于达马瑞十二号航船装运石膏事，按照船行于起运时报告日期计算，当在月内可到，但此种航船每以海程中天气风向关系发生阻滞，故难预定其装船单据等”[2]。

（2）注浆成型主要步骤

第一步，供浆：用浆耙在泥缸中人工搅拌，排除泥浆中的气泡。把泥浆放到各个模型需要用浆的地方。

第二步，注浆：注浆时首先要注意模型的干湿程度以及模型的新旧程度，同时要注意室内温度和坯体重点部位，确保坯体成型。模型擦好后合模，并紧固模型，然后用泥桶注浆。浇注的泥浆在工艺上又有特定要求，必须保证泥浆在管路中无阻碍地输送到使用部位，含水量还应尽可能少，以降低干燥收缩。泥浆还要求悬浮性稳定，渗透性好，对石膏模的侵蚀性要小。石膏模对泥浆中的水分吸收能力要好，浇注形成的坯体须致密，要有足够的强度，以便于下道工序的加工操作。注浆模具有石膏模具和金属模具。石膏模具由原胎翻制母模，再用母模翻铸使用模型，具有较好的快速吸水性能。金属模具多用于釉面砖的制作。此外，烧制日用瓷时所用匣钵，也多由金属模具压制而成。

这里要概述一下石膏模型制作。石膏模型一般由工厂自己制作。石膏粉由干粘粉碎后用铁锅炒制，然后制模。劳动强度大，当时的石膏粉标准很难控制。石膏模型可以从中一分为二，密合后，模型顶上有孔。调制好的稀泥浆把模型注满，经过石膏模型吸水后，靠近模型处的泥浆会附着在模型上，将剩余的泥浆倾出后，乃成坯胎。坯胎的厚薄，由石膏模型吸水时间的长短决定。如果吸水时间长，则坯胎较厚。在做浴盆、洗面盆、马桶等卫生器皿坯胎时，为了防止烧窑时缩小，一般都会做得稍大，大小依照工人经验。注模完成后对模型进行烘干存放，以备下次使用，一个石膏模型大约可以用几十次。

第三步，漏浆：坯体按照标准确定吸浆时间，在达到一定厚度时开始漏浆。

第四步，湿坯巩固：漏浆完成后，湿坯在模内用一定的时间巩固。

① 民国启新档案之“海瑞德船运石膏各项费用单”，1922 年，唐山博物馆藏。

② 民国启新档案，1922 年，唐山博物馆藏。

第五步，修粘：湿坯脱模前，存放湿坯的板、托、垫要清扫干净。脱模后进行找裂、整形，然后对粘口部位进行处理。

第六步，修坯：坯体经过干燥，进行打磨。对坯体各部位按照半成品进行修坯。刚制造出来的坯体一般比较粗糙，在施釉之前还需进行修理。把碗碟等坯件放置在镟活机上，一手持刀，通过机器的旋转修理坯胎。修理好的坯胎会在施釉后放入匣钵内入窑烧成白胎。如果需要变得更加美观，则需画工进行彩绘，颜料由启新瓷厂自己配制，图案和印花纸全部来自德国。画工在蜡纸上印上图案，用烤药涂抹后，粘在白胎上，送入烘炉内，图案画与白胎紧密结合在一起则为完成。卫生瓷的制造程序和普通瓷器略有不同，卫生瓷的成型过程一般为手工操作。坯体初步成型后的湿坯修粘和干坯打磨等都是人工操作，接着对坯体浸釉后即入窑进行烧制。

（四）装饰与施釉

启新瓷厂的日用瓷和陈设瓷最主要的装饰技法是釉上新彩、釉下五彩、花纸贴花和单色釉。前文已述，此处略。施釉方法有浸釉、吹釉等（图 5-9）。

（五）烧成

1949 年以前，启新瓷厂的器物烧成称为窑部，直属制造部管辖，窑部包括烧窑、出装、搬运和泥工四部分。各部分有专人管理。

图 5-9　20 世纪 30 年代启新瓷厂制瓷施釉，引自《唐山写真》

1. 窑炉

启新瓷厂是中国最早使用倒焰窑的瓷厂。据考证，中国主要陶瓷产区使用的倒焰窑的时间分别为：江西景德镇于 20 世纪 50 年代[①]、河北邯郸于 1948 年 10 月[②]、山东淄博于 1937 年 4 月[③]、湖南醴陵使用特殊的“醴陵窑”（表 5-1）。

① 汪春菊等：《燃煤倒焰圆窑烧瓷及历史作用》，载于《景德镇高专学报》，2013 年第 28 卷第 6 期，第 53 页。

② 邯郸陶瓷总公司编纂：《邯郸陶瓷志》，内部资料，1990 年，第 47 页。

③《陶瓷工业装备》，载于《陶瓷》2016 年第 11 期，第 69 ～ 72 页。

表 5-1　中国主要陶瓷产区使用倒焰窑时间表

地区（瓷厂）	使用倒焰窑时间	备注
河北唐山（启新瓷厂）	20 世纪 20 年代	
江西景德镇	20 世纪 50 年代	
河北邯郸（彭城）	1948 年 10 月	试建了第一座倒焰圆窑。
山东淄博	1937 年 4 月	山东省农矿厅在博山建立山东省模范窑业厂，采用机械设备和新式倒焰窑试产细瓷。
湖南醴陵		主要使用日本间隔串窑和景德镇镇窑，后取二者之长进行窑炉改进，出现了“醴陵窑”。

倒焰窑窑炉两面设有窑门，窑门两侧有火炉 2 ～ 4 对，窑内的底部称“窑炕”，窑炕设方形吸火孔，间隔排列，吸火孔下部为烟道，烟道通往烟囱。坯体入窑后，封闭窑门点火烘烧，火焰升至窑顶，后借助烟囱拉力引入吸火孔汇入烟道，经烟囱排出，故称“倒焰窑”。倒焰窑一般为长方形，以烧制小件产品为主。启新瓷厂在建厂时即使用倒焰窑，火焰系由窑心上升，遇穹形顶后，折而由四角处开孔下降。窑门高于一人，宽可三尺，烧窑时用砖及火泥封固。未烧窑时先以装有磁器之匣钵，累之窑中，燃烧时间为 14 ～ 15 小时。“当时窑炉容积 17.5 ～ 35 $m^3$①，随着生产的发展，单窑容积逐步扩大，炉数也相应增加，1949 年“全厂共有倒焰窑 15 座，最大的 133 m^3，最小的试验窑 12m^3。”②倒焰窑比直焰窑热利用率高，温度分布比较均匀，有益于提高产品质量，烧成周期短，但仍未摆脱间歇式作业。烧窑之燃料以煤炭为主。中华人民共和国成立后，唐山一些瓷厂相继建成了比较大型的倒焰窑，容积可达 100 m^3。

在启新档案资料中记录：“煤电费用并各种材料及修理等费均较以前低。有时改良磁厂费用亦包括修理项内使用新式烧磁件大窑，颇为经济。至其所用之煤与大窑出货数目按比例计算并未增加也。”③由此证明，新式倒焰窑节约了制瓷成本，提高了生产效率。

2. 窑内布局

瓷器一般装入匣钵中进行烧制，防止瓷坯与窑火直接接触，避免污染，以保护器物，防止粘上杂质、灰土。入窑一般由六人操作：一人运坯、一人放坯、一人扣笼（匣钵）、两人传递、一人码柱。瓷器放在匣钵内，一柱一

① 《唐山陶瓷厂厂志》，内部资料，1991 年，第 72 页。

② 《唐山陶瓷厂厂志》，内部资料，1991 年，第 72 页。

③ 民国启新档案资料，唐山博物馆藏。

柱在窑里都排列整齐。每一柱的底部称为“脚”，上部称为“稍”，横向称为“行”，纵向称为“列”。柱间距要合理，柱与柱之间要卡牢固定。装满后封闭窑门点火烘烤，燃料是煤炭。烧窑过程约一昼夜，温度在 1 300℃ 左右，粗瓷稍低。窑装完即封闭窑门点火烘烧。

3. 烧窑习俗

倒焰窑内添煤也很讲究，煤里需拌适当水，但不能过潮。第一锹煤添在窑门口，第二锹在左前角，逐渐往里添，直到内角添满。煤添的厚薄要均匀，添煤的时候要隔眼，每眼相隔两三分钟等。此外，对落灰、通风、温度的控制等都有非常专业的要求。烧窑工人的经验非常重要，掌控着整个窑场的产品质量和成功率。

（六）查验

这一过程与缸窑瓷厂基本相同，不再赘述。

附：刘汉宗《陶瓷史画》长卷解读

唐山有“北方瓷都”之誉。画家刘汉宗先生绘制的鸿篇巨制——《陶瓷史画》长卷描绘了民国时期唐山制瓷工艺流程。此长卷虽为现代作品，但因画家的艺术成就及其展现的唐山地域文化，使之不仅具有极高艺术价值同时还具有重要史料价值。长卷自 1976 年完成后几经周折，2009 年入藏唐山博物馆。下面就长卷所绘制的制瓷工艺内容及绘画技巧对其进行解读。

一、《陶瓷史画》长卷绘画内容

长卷纸本，画芯长 1 190 厘米、宽 34 厘米，按“季节”分为五个段落，第一段和第五段均为冬季，前后呼应。

第一段：冬季。重点描绘制瓷采料情节。唐山作为重要陶瓷产区蕴藏着丰富的瓷土资源，特别是耐火矾土，硬质、软质黏土以及石英、长石等无机非金属矿产资源充裕。画面呈现缓缓的山坡，沟壑中丛生着干枯的灌木，寒风凛冽。人物分为三组，第一组用辘轳取土。我们知道辘轳常作取水之用，但是古代采煤和采土也常用辘轳工具，掏挖下去，人顺井而下，将掏挖的瓷土装筐，地面的人转动辘轳提取上来，当然，采煤与采土的深度、难度不可同日而语。第二组将提取出来的瓷土装筐。第三组是两辆马车和车夫。仔细看，画面上的车是大眼车，这是北方特别是冀东比较普遍的运输车辆，大眼车的特点是车轱辘包一层铁皮，减少磨损。为了便于运输，马车安装了荆条编的“插兜”，后来的插兜改为铁皮（图 5-10）。

图 5-10 《陶瓷史画》第一段

第二段：春季。春暖花开为这一段画面增添了艳丽的色彩。几棵桃树很自然地将两段画面分开，或者说是连接，毫无突兀之感。这一段重点描绘轧料和筛选瓷土情节。瓷器的特点是质地紧密坚硬，这就要求瓷土“细滑”。景德镇一般采用碓舂方法，把瓷土舂细，并在水池中经过淘洗，沉淀滤去水分，从而得到细滑、纯净的瓷土。唐山采用碾压方法。用齿轮状的“钮碌”将瓷土碾碎，然后把碾碎的瓷土“过筛子”，细的穿过筛孔，粗的还要继续碾压。最后把过完筛子的瓷土放到砌好的沟槽中，加水再用石碾顺沟槽碾压、沉淀，牛拉石碾。这一段人物因季节变换，穿单衣，裤腿同样是扎起来，筛土的两个工人戴着草帽，因为筛土会粉尘飞扬（图 5-11）。

图 5-11 《陶瓷史画》第二段

第三段：夏季。描绘的是炼泥、拉坯、注浆、施釉、彩绘、入窑、烧成、开窑、验校、入库的过程。第二段与第三段的过渡用一家窑场的围墙，围墙的上面码砌了烧瓷用的匣钵和破损的缸片。

1. 选用泥料后进入炼泥阶段。用水调和泥块，把不同干湿度的黏土揉匀，如果黏土太硬，在揉压的时候需要加水，反之则需要脱水。双手搓揉，或者用脚踩踏，把泥团中的空气挤压出来，使泥中的水分均匀，同时要去掉渣质。

2. 拉坯和注浆。这是制瓷工艺的核心，属成型工艺。画面展示的手拉坯是用转动的轮盘。轮盘是青石材质，两个轮盘为一组，用绳子将两个轮盘套围起来，运用物理学中的定轮原理，一个轮盘固定放置在一个轮轴上，在轮盘上面靠近边缘处有一坑孔，手拿一根细长木棍插入坑孔内，按逆时针方向不停搅动，轮盘旋转起来，另一个轮盘通过绳子也跟着转动，工匠在“被转动”的轮盘上拉坯，最后用线割下已经成型的毛坯。大件产品分三至四节控制，然后接在一起。小件产品一次拉坯成型。毛坯干燥到一定程度，再在轮盘上进行旋削修整，达到精坯的要求。一般的盘、碗的修坯重点是对圈足进行处理，画面中也有交代，用小型拉坯轮盘，工人自己动手转轮盘，进行旋削。注浆是近代才出现的。注浆成型的原理是利用石膏容易成型的特点，制造模具，模具干燥后具有较好的快速吸水性能，用普通泥料加入悬浮剂和水搅拌成泥浆，泥料在水中可以均匀悬浮，注入模具内，模具迅速吸收水分，水肿的泥沙随水被吸附在模具内壁形成上下左右基本薄厚一致的坯体。泥浆在模具中停留的时间根据坯体所需要的厚度而定。一般从 20 分钟到 1 小时，然后将没有吸附在模具内壁上剩余的泥浆倒出，打开模具取出成型的坯体。唐山和湖南醴陵是中国较早使用注浆工艺的陶瓷产区（图 5-12）。

图 5-12 《陶瓷史画》之炼泥、拉坯

3. 施釉、彩绘。施釉主要有刷釉、浸釉、浇釉等。釉料的成分和制作方法与坯土的选择和加工大致相同，只是要求在火中比坯土容易熔化，一般得添加助熔剂。长卷中在施釉这一环节描绘得比较简单，只是在大缸外面刷釉，碗用蘸釉的方式（图 5-13）。

图 5-13 《陶瓷史画》之注浆、施釉

彩绘环节主要是对细瓷进行彩绘。彩绘分为釉上彩绘和釉下彩绘，釉上彩绘是在已经高温烧成的瓷器釉面上描画彩色图案，再入窑二次低温烧成。釉下彩绘是在素坯上绘画，再施透明釉，入窑高温一次烧成。从长卷所绘画的瓷器器型看，有缸、碗、掸瓶、凉墩等。民国时期唐山瓷中这些器型既有釉上彩又有釉下彩，但从那些绘有开光纹饰的大缸、凉墩来看，应是青花产品，属釉下彩（图 5-14）。

图 5-14 《陶瓷史画》之彩绘

4. 入窑及烧成。彩绘后入窑，细瓷一般都装入陶制的匣钵中，防止瓷坯与窑火直接接触，避免污染，以保护器物，防止黏上杂质、灰土。而长卷中展示的那些粗瓷大缸则是直接裸露地安置在窑内。先砌窑门，点火烧窑，燃料是煤炭，长卷用了很多篇幅画了窑前的煤炭，还有正在挑运的煤工。烧窑过程约一昼夜，温度在 1 300 度左右，粗瓷稍低。唐山的瓷窑主要是馒头窑，火膛与窑室合为一个馒头形的空间，故而得名。馒头窑是北方地区流行的陶瓷窑炉形制，由窑门、火膛、窑室、烟囱等部分组成，多在生土层掏挖修制或以坯、砖砌筑而成。馒头窑的特点是容易控制升温和降温速度，保湿性较好，适用于焙烧胎体厚重、高温下釉黏度较大的瓷器。在装窑和烧成住火之间，窑主要烧香祭祀窑神，求窑神保佑窑火顺利（图 5-15、5-16）。

图 5-15 《陶瓷史画》之入窑

图 5-16 《陶瓷史画》之烧窑

5. 开窑。瓷器烧好之后，进行开窑。什么时候开窑，时间把握得要恰到好处，开窑早容易开裂，开窑晚影响烧窑的周期。画面中我们看到陶工扛着缸奔跑而出，也就是“抢热窑”。窑主为了加快周转，烧好的大缸还有余热就开窑了，窑工不得不奔跑着把缸放置到地面上，再用滚动的方法将缸归位，俗称“转缸”（图 5-17）。

图 5-17 《陶瓷史画》之“抢热窑”

6. 对烧成后的瓷器必须逐件检验。瓷器在窑内，放在不同的位置，因窑温的不同，对瓷器的烧成发色都有直接影响，因此出窑的瓷器要逐一检查。检查之后，合格的没有瑕疵的瓷器入库，等待出售（图 5-18）。

图 5-18 《陶瓷史画》之检验

第四段，秋季。这是收获的季节，画家将烧成的瓷器交易和售卖的情节放到这个段落中。而实际生活中，瓷器的生产周期是不以四季为节点的，隔上几天就有匣钵入窑，随之即有瓷器出窑。售卖的主要有粗瓷大缸，还有前面提到的青花瓷缸和凉墩，“到民国期间，唐山缸窑已经能够制作不同规格、不同用途的大缸、瓮、盆、罐等粗瓷制品达上百种之多”。在画面中买粗瓷大缸的运输车主要是马车、牛车和驴车，买细瓷的多为人力木板车。画面中再次出现了上面有匣钵和缸片的围墙，表示一个段落的结束（图 5-19、5-20、5-21）。

图 5-19 《陶瓷史画》之瓷器售卖

图 5-20 《陶瓷史画》之瓷器售卖

图 5-21 《陶瓷史画》之瓷器售卖

第五段，围墙外，扬鞭远去的运输马车，载满了收获。而季节也转入冬季，干枯的灌木，冬风又起，这是画面的第五段，与第一段进行呼应，如一篇文章首尾衔接。画家于此处落款：“刘汉宗 一九七六年于唐山”，红色的印章自然而清晰（图 5-22）。

图 5-22 《陶瓷史画》之结尾

二、《陶瓷史画》长卷绘画技巧

1. 从画面整体布局看，画家对长卷“节奏感”的处理可谓别具匠心。首先，画家以“四季”为节点，将长卷分为五个段落，第一段和第五段均为冬季，其余为春季、夏季和秋季。各个制瓷环节融入这些段落中，并突出展示夏季，夏季部分是长卷的主体，几乎占据了长卷近三分之二的篇幅。其次，在人物布局上也富有“节奏感”。共有176个人物，这些人物在长卷的分布中，炼泥、入窑、开窑三个部分人物非常集中，而其他部分人物相对分散，特别是拉坯、上釉、注浆这些关键环节，画家给予了广阔的画面，但人物布局舒缓，犹如一首乐曲，时而急，时而缓，有暴风骤雨也有细水长流。最后，长卷总体设色也具有“节奏感”。从凛冽寒冬开始，单色调的枯木时节到春天以粉色的桃花引入春暖花开的意境。翠绿的杨柳、夹竹桃、槐树一一映现到北方夏季的火热中。秋天树叶变黄，夹杂由绿到黄的渐变，最后又落笔到冬天。

2. 画面情景生活化，注重细节的描绘。第一段中采料运输的马车，是“大眼车”，这是那一时期冀东农村的马车特色。大眼车的车轴和轱辘均为木质，为结实耐用、减少磨损，在木质轱辘的外圈包一层铁皮，用铆钉铆起来，这些生活细节都被画家清晰地描绘出来。另外在冬天，人物穿长袍，棉裤的裤脚扎紧，戴瓜皮帽，耳朵上都戴着耳套，俗称“耳搭子”，这也是北方冬天的典型装束。一副“耳搭子”立刻让人物鲜活起来，也将人带进联想和回忆中。

3. 人物形神兼备、动态万千。176 个人物中，每个人的形体动作都按照工艺环节的要求设计，造型各有不同。唐山陶瓷公司前辈赵鸿声先生就此长卷回忆，刘汉宗虽有早年瓷厂工作经验，但为使人物动作到位、逼真，曾经让有过制缸经验的人员现场演示，他负责做速写，供刘汉宗参考。从人物动作的总体设计讲，有的坐着拉坯，有的站着刷釉，有的挑水而来，有的担煤而去，监工提着鸟笼叼着烟斗或者摇着蒲扇……各具特色。特别是开窑情景，人物动感极强。入窑和开窑两个环节，画家非常集中地绘制了大批人物，但不是所有的人物都完整地表现，有的只可见到奔跑的腿，有的露出一个头。画家不是简单地照式临摹，更不是动作图解，而是着重把握人物的特定动作、神态和内在感情，进行再创作，从而把制瓷工艺场景的韵味烘托出来。

4. 画面讲究远近透视，笔墨干、湿、浓、淡运用自如。画树喜作老干虬枝，参差交错，树干纹理勾皴得法，画叶力贯笔端，随浓随淡，信手拈来。所有远景中的树木都用淡绿色表达，近景用深绿。烧窑阶段煤堆的展示，从近景到远景用不同色阶的墨色展示出透视关系，特别是加皴时干湿浓淡，光毛虚实一气呵成，没有半点犹豫。近景中的人物五官清晰，以线条勾画后略加淡墨渲染，面容的立体感和质感出神入化，在勾画侧面或半侧面人物轮廓时，也施以巧妙的透视处理，使得人物姿态更趋自然饱满。远景中人物五官只可看到眼睛轮廓，人物的衣纹用顿挫转折且富装饰意味的“单线白描”来表现并配以花草树木。远山的表达也遵循了“远山无石”的规则，扬鞭远去的马车甚至依稀能听到渐行渐远的吆喝声。

《陶瓷史画》长卷是刘汉宗先生晚年集大成的作品。特别在长卷结尾“一九七六年于唐山”的落款，让我们多了一分惆怅。1976 年对唐山来讲是个伤痛的记忆。唐山大地震使刘汉宗先生一家除本人外全部罹难。赵鸿声老师说《陶瓷史画》长卷是震前完成的。1974 年他和李远先生共同启动，李远先生是唐山画院第一任院长。李远先生认为能够完成这一画作任务的只有刘汉宗一人。于是他们代表唐山陶瓷公司前往刘汉宗先生家中商谈此事。刘汉宗先生欣然接受了此项任务。1976 年初作品完成后交给唐山陶瓷公司。唐山地震后暂由李远先生将画作保存到唐山画院，后由刘汉宗先生的继子及其学生从画院取回。2009 年，唐山博物馆将其征集入馆，同时征集的还有刘汉宗先生另一长篇力作——长达 2 700 厘米的《震前唐山》长卷以及一些人物绘画和瓷绘作品，共计 27 件，成为唐山博物馆的珍贵馆藏。

第六部分

分配制度

一、“缸窑体系”分配制度

（一）分货制

唐山旧式窑业采用分货制，与彭城近似。窑主出资建窑，准备燃料、原料、购置陶轮等主要设备。窑工则自置扁担、筐、拐等工具。大缸出窑后，由窑主、窑工按比例分成。窑主以大缸代替货币支付工资。首先将产品按质量分为好、次两类，分别从质量好的产品和次品中分货，窑主、窑工、画工各有比例分成。唐山陶瓷业分货制分配办法是：窑主先留窑扣，然后再由窑主、窑工按比例分配大缸及其他小件产品，窑工分得的部分，则依工种按比例分配。

“窑扣”：大缸出窑时，窑主先选出 20% 的优质大缸为己有，作为抵补其购置原料、燃料的费用，称为“窑扣”。比如：120 柱的窑，用三盘轮制作。按规定，两盘轮各制作 37 柱，一盘轮制作 38 柱，从中各抽出五分之一作窑扣，即从两盘轮制品中各选出 7.4 柱，从一盘轮中选出 7.6 柱，共选出 22.4 柱优质产品归窑主所得。

窑主、窑工按比例分货：把剩余的 80% 柱中的大缸分成 16 股，窑主得 10 股，窑工得 6 股。盆、盔等小件陶瓷器，另外分成 11 股，窑主、窑工各得 5.5 股。

窑工以工种按比例分货：窑主一般有两三盘轮，一盘轮雇用 5 个窑工组成一组，各管一道工序。全组窑工从 16 股柱中分得 6 股之后，要先从中提出半股购置大家随手使用的工具。对剩余的 5 股半，则依据每个窑工的技术高低、劳动强度等条件，按比例分货；如：坐轮师傅得 1.5 股，供作也就是“揉泥工”、搅轮也就是“转动陶轮工”、正外也就是“整形烧窑工”、帮外也就是“帮助整形工”各得 1 股，另外 0.5 股作为大家购置工具的费用。也有另一种分法，就是把“施釉工”也算作帮外。

综合上述分配结果：窑主得全窑大件“大缸”的 70%，窑工得 30%。在窑工分得的 30% 大件中，扣除师傅的一股半 7.5% 和大家购家具的半股 5% 外，所余的 20%，则由供作、搅轮、正外、帮外四人平分，每人各得 5% 的大件产品。小件不作明细记述分成。

唐山陶瓷业分货制的出现，是有其历史原因的。其一，分货制把劳资双方的利益拉在一起，形成利益共同体，窑主管理精心，窑工干活努力，从而提高了生产，增加了双方收入；其二，按股分货，各自销售自己的产品，免得产品积压，加速了资金周转；其三，陶瓷产品的销售价格高低与农业生产密切相关，粮食丰收，陶瓷产品售价就高，销货就多，收入也多。相反则售价低，销量少，收入少。实行分货制能减轻窑主过多压货损失，减轻销售负担。但是分货制有时无法保证产品质量。

（二）货币支付

缸窑除分货制，也有货币支付工资形式。据《滦县志》记载："缸窑资本自千元至万元不等，组织经理、会计各1人，工人及工徒自二三十人至百人不等，工资每人每日四角上下，生产量每年约产三五千件，或一二万件。原料全出本地，销路亦能行销各省。"[①] 德盛窑业厂"资本国币20万元，公积金在外。组织设总理1人，老厂经理1人，唐山分厂经理1人，批发处经理1人，售品处五处经理5人，雇佣职员58人，工人工徒157人。计件工60人，设备有球磨轧碎机、制砖机，共30余架。工资职员薪金每月约1 160元，工人工徒及计件工人工价每月约6 000余元。杂费约1 500余元"[②]。

（三）包工计件

包工计件主要指按工值计算工资或者按月、按窑结算工资。如果说分货制主要针对大缸产品，包活计件则主要针对做碗、画碗、匣钵等产品，包括装窑、开窑、烧窑、拌炭工、下照工等都实行包工计件工资制度。

（四）定额计时工资

此类工资制主要针对日用细瓷的生产特点与需要。窑户将雇佣的工人称为"里工"，是比较固定的工人，短期工人被称为"外工"。刮坯工、注浆工、彩绘工、贴花工等，均为"里工"。采用定额工资制，即在规定工作时间完成生产定额，记一个工，病事假不记工，月终按出勤天数发工资。1949年后被八级工资制取代。

此外，据《唐山陶瓷厂厂志》记载，在20世纪40年代后期，直接参与生产的工人中实行过计件工资，提高了工资水平，但因引起维修工和其他工种工人不满，对不执行计件工人加了工资系数。

① 《滦县志》卷十四·实业之陶业，民国二十六年（1937年）版，第16页。
② 《滦县志》卷十四·实业之陶业，民国二十六年（1937年）版，第12页。

二、“启新体系”工资分配制度

启新瓷厂为新型瓷厂，没有旧式窑业的传统羁绊，工资分配方面也没有旧式分货制形式。

（一）实物折算

面粉、小米、煤炭均承担过折算实物功能。据《唐山陶瓷厂厂志》记载：“1924 年其工资是以实物折合计算，以货币支付的形式，一般熟练技术工人每月 3 袋面粉至 6 袋面粉的工资。”① 又：“1924 年以后至 1934 年，由于世界经济危机，各国在中国倾销商品物价下降，工资仍按实物折算，数额减少，1938 年受第二次世界大战影响物价迅速上涨，所支付工资改按实物小米计算。工人最低工资每日 2.6 公斤，普通壮工 3.9 公斤，高级工每日 4.8 公斤。1945 年抗日战争胜利后又有所改变，每人每天按 1.75 公斤白面为基数差额按小米计算再以货币支付工资。”②“在国民党统治时期物价飞涨，工人发了工资立即买成实物以求保值，所以也出现实物支付工资的形式。每月按职员、大工头、二工头、普通工人分别得 1.08 吨、0.75 吨、0.7 吨、0.25 吨煤。”③

（二）货币支付

按照 1932 年《河北实业公报》中“唐山工业调查录”的记载，启新瓷厂在汉斯·昆德承包之初“工人数额及工资并工作时间，约有工人 460 人，每日工作 10 小时，工资平均每人每日计在 5 角以上”④。按照 1934 年《时事汇报》中“唐山瓷业之现状”的记载，“全厂工人共 457 人，工作时间为上午 7 时至 12 时，下午 1 时至 4 时半，外有夜工班，专做粉碎原料等工作，工资最低每日 3 角 5 分，最高每日 1 元 2 角，至于彩绘工人，有按月计算者，每月约四五十元，为精细画工，另有按件计算画工工资者，为粗笨画工”⑤。

启新瓷厂最主要的货币工资是上层管理者的货币工资，即“华洋员司”

① 《唐山陶瓷厂厂志》，内部资料，1991 年，第 218 页。

② 《唐山陶瓷厂厂志》，内部资料，1991 年，第 218 页。

③ 《唐山陶瓷厂厂志》，内部资料，1991 年，第 218 页。

④ 陈真：《中国近代工业史资料》，第 336 页。

⑤ 《唐山瓷业之现状》，时事汇报，1934 年第 3 期，第 27 页。引自黄荣光、宋高尚：《技术的传统、引进和创新—— 唐山启新瓷厂发展述评》，载于《科学文化评论》2021 年，第 18 卷第 1 期，第 57 ～ 72 页。

的工资。例如，在1929年启新洋灰公司盘查启新瓷厂财务账目的档案中，在“负债”一页，列出欠“皮奥薪水7 500.00，扣除魏克薪水2 000.00”（图6-1）。

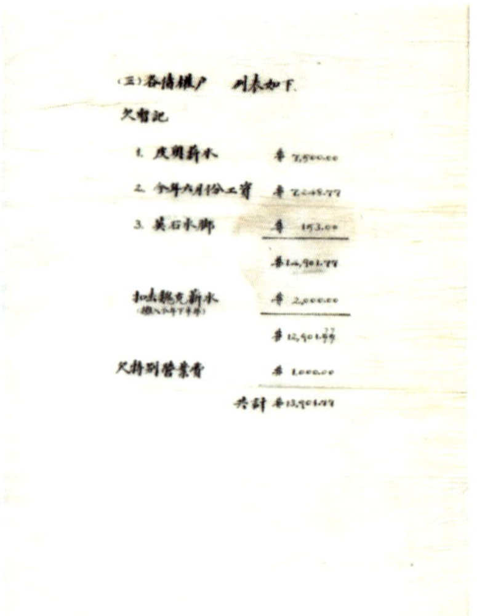

（三）各债权户 列表如下.

欠暂记

1. 皮明薪水	＄7,500.00
2. 今年六月份工资	＄7,248.77
3. 英石木脚	＄153.00
	＄14,901.77
扣去魏克薪水	＄2,000.00
	＄12,901.77
欠转别营业费	＄1,000.00
共计	＄13,901.77

图6-1 皮奥、魏克等人薪水档案

另外，在档案中还有1928年7月1日至1929年6月30日一年的启新瓷厂主要经营者的薪水。其中，昆德共6 000元、皮奥9 000元、魏克11 440元、李770元、石1 445元、崔1 445元、穆820元、张395元（图6-2）。皮奥的每月薪水是750元、魏克也是750元左右，略有浮动。李、石、崔等人每月薪水与皮奥和魏克相差甚远。昆德因为是独立承包人，其薪水在这一年并未固定。档案记录库房人员全年1 395元、查工处710元、总公事房935元、陆彬240元、年赏580元、杂员730元。最终全年净付33 400元。在另一页档案中也记录了1928年7月至1929年6月的工资情况（图6-3）。其中，查工处全年73 376.49元、烧

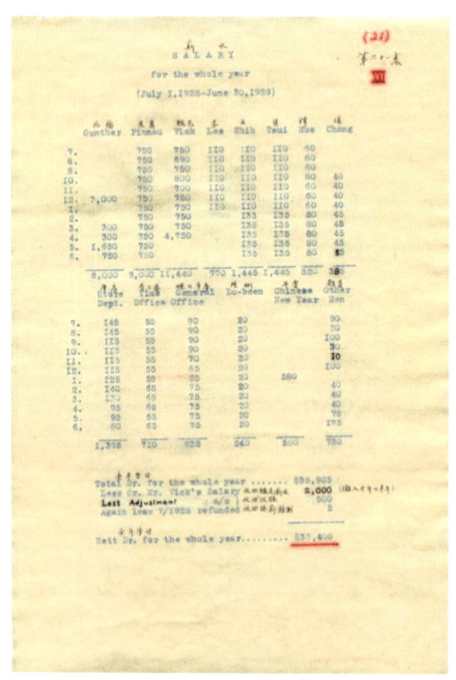

(21) 第二十一表 XXI

薪水
SALARY
for the whole year
(July I,I928-June 30,I929)

	Gunther	Pinnau	Vick	Lee	Shih	Tsui	Hoe	Chang
7.		750	750	II0	II0	II0	60	
8.		750	690	II0	II0	II0	60	
9.		750	750	II0	II0	II0	60	
I0.		750	800	II0	II0	II0	60	40
II.		750	700	II0	II0	II0	60	40
I2.	3,000	750	750	II0	II0	II0	60	40
I.		750	750	II0	II0	II0	60	40
2.		750	750		I35	I35	80	45
3.	300	750	750		I35	I35	80	45
4.	300	750	4,750		I35	I35	80	45
5.	I,650	750			I35	I35	80	45
6.	750	750			I35	I35	80	50
	6,000	9,000	II,440	770	I,445	I,445	820	395

	Store Dept.	Time Office	General Office	Lu-bden	Chinese New Year	Other Men
7.	I45	55	90	20		90
8.	I45	55	90	20		30
9.	II5	55	90	20		I00
I0.	II5	55	90	20		30
II.	II5	55	70	20		I0
I2.	II5	55	65	20		I00
I.	I25	55	55	20	580	
2.	I40	65	75	20		40
3.	I30	65	75	20		40
4.	95	65	75	20		40
5.	95	65	75	20		75
6.	60	65	75	20		I75
	I,395	7I0	935	240	580	730

Total Dr. for the whole year $36,905
Less Cr. Mr. Vick's Salary 2,000
Less Adjustment a/c 500
Again less 7/1928 refunded 5

Nett Dr. for the whole year......... $33,400

图6-2 1928年7月1日至1929年6月30日启新瓷厂主要经营者的薪水档案

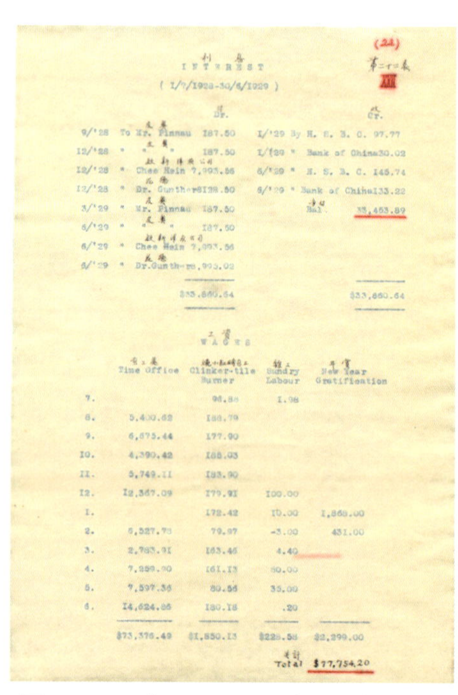

(22) 第二十二表 XXII

利息
INTEREST
(I/7/I928-30/6/I929)

借 Dr.			贷 Cr.		
9/'28	To Mr. Pinnau	I87.50	I/'29	By H. S. B. C.	97.77
I2/'28	" " "	I87.50	I/'29	" Bank of China	30.02
I2/'28	" Chee Hsin	7,993.56	6/'29	" H. S. B. C.	I45.74
I2/'28	" Dr. Gunther	8I28.50	6/'29	" Bank of China	I33.22
3/'29	" Mr. Pinnau	I87.50		Bal.	33,453.89
6/'29	" " "	I87.50			
6/'29	" Chee Hsin	7,993.56			
6/'29	" Dr.Gunther	8,995.02			
		$33,860.64			$33,860.64

工资
WAGES

	Time Office	Clinker-tile Burner	Sundry Labour	New Year Gratification
7.		96.88	I.08	
8.	5,400.62	I88.79		
9.	6,675.44	I77.90		
I0.	4,390.42	I88.03		
II.	5,749.II	I83.90		
I2.	I2,367.09	I79.9I	I00.00	
I.		I72.42	I0.00	I,868.00
2.	6,527.73	79.97	-3.00	431.00
3.	2,763.9I	I63.46	4.40	
4.	7,259.90	I6I.I3	80.00	
5.	7,597.36	89.56	35.00	
6.	I4,624.86	I80.I8	.20	
	$73,376.49	$I,850.I3	$228.58	$2,299.00

共计 Total $77,754.20

图6-3 1928年7月至1929年6月启新瓷厂部分人员工资情况

小缸砖包工 1 850.13 元、杂工 228.58 元、年赏 2 299 元，共计 77 754.20 元。这两页档案中，前者是瓷厂高层的“salary”，后者是底层的“wages”。尽管前者中也有杂工、查工处的薪水，但此处的杂工、查工处是为高层服务的。后者的杂工、查工处是为底层员工设置的。

在 1927/1928 与 1928/1929“最近二年之制造与营业之比较”的档案中记录（图 6-4）：1927/1928 年度薪水支出 35 358 元，工资 77 645.11 元；1928/1929 年度薪水支出 33 400 元，工资 77 754.20 元。

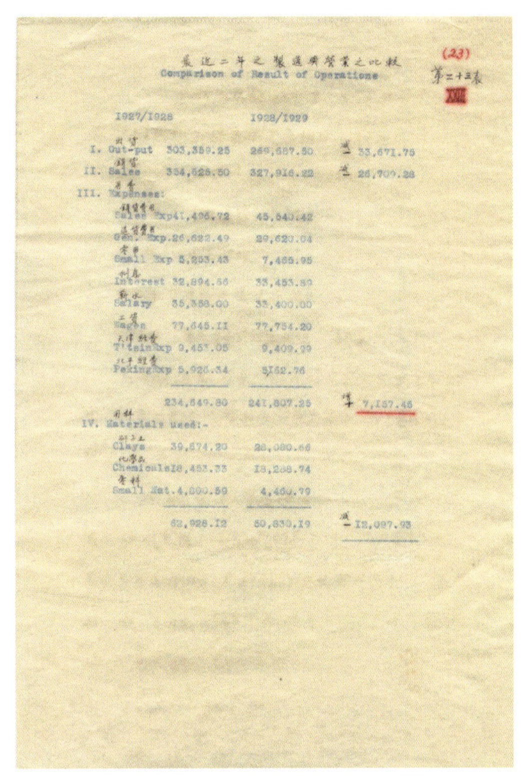

最近二年之製造與營業之比較
Comparison of Result of Operations
(23) 第二十三表 XXIII

	1927/1928	1928/1929	
I. Out-put	303,359.25	269,687.50	减 33,671.75
II. Sales	354,625.50	327,916.22	减 26,709.28
III. Expenses:			
Sales Exp	41,496.72	45,540.42	
Gen. Exp.	26,622.49	29,620.04	
Small Exp	5,293.43	7,469.95	
Interest	32,894.56	33,453.80	
Salary	35,358.00	33,400.00	
Wages	77,645.11	77,754.20	
T'tsin Exp	9,457.05	9,409.39	
Peking Exp	5,926.34	5162.76	
	234,649.80	241,807.25	增 7,157.45
IV. Materials used:-			
Clays	39,674.20	33,080.66	
Chemicals	18,453.33	13,288.74	
Small Mat.	4,800.59	4,460.79	
	62,928.12	50,830.19	减 12,097.93

图 6-4　1927/1928 与 1928/1929“制造与营业之比较”档案

1931 年启新每月向启新洋灰公司的营业及销售报告中[①]，可详细看到，在收入分配中，分为薪金、工资两大项。薪金是付给“洋员司和华员司”，实际指的是诸如昆德、魏克、皮奥等经营者。工资分为两部分：第一部分是瓷厂工人工资，有普通工资、烧窑工资、看马达工资、运石膏及材料工人工资、洗晶石工资、挖矸子土工人工资、缝挤泥布工人工资以及短工等；第二部分是与瓷厂相关工人工资，如运筐工人工资、装小缸砖工人工资、包裹电磁壶工资、押车工人工资、锯柳木工人工资和短工等。

在昆德与启新洋灰公司之间的函件中，经常可见到昆德对工人要求涨工资从而带来成本提高的内容。

（三）包工计件

在汉斯·昆德提交的 1924 年至 1925 年启新瓷厂工作情形报告中，提出：“查磁厂费用以工资一项为最多。现在各工人手艺渐渐长进，可能制作较多上好成色之出品，且各工人有按包工规定之办法工作者，是以为多得工资起见

① 民国唐山启新档案，唐山博物馆藏。

均尽力工作，磁厂因之获利较大也。”[1]在汉斯·昆德与启新洋灰公司提交的营业及销售情形报告中，也附有“包烧缸砖”工人工资。由此可见，包工计件的工资分配方式是明确存在的。

① 民国启新档案，唐山博物馆藏。

第七部分

产品销售

近代唐山陶瓷销售中“缸窑体系”和“启新体系”在销售渠道、销售范围、销售方式等方面均有各自特点。

一、“缸窑体系”产品销售

据1948年出版的《唐山事》记载：民国十五年以迄三十二年（即1926年至1943年）为缸窑鼎盛时期，“出品年产约二十万吨，运销几遍全国，尤以东北为大宗，彼时购买客商，多如过江之鲫，大有供应不暇之势，营业蒸蒸日上，俨然工业区矣，此时男女工人多至三千余名，待遇甚高，生活优越”[①]。可见这一时期缸窑瓷业之兴旺。

（一）销售渠道受益于东北粮商

据史料记载，外地客商向唐山采办陶瓷器皿，以天津及关东商为最多，关东的粮商占据大半。东北来的运粮车辆“其来时则装粮食来，归去则运瓷货去。其间交易，先由唐山粮行介绍，继则直接谈判价格数量。关东粮商缴付价银，取货时不过少数现款，大部分货价，皆系赊欠。期限为三月或六月，由唐山商店或粮商行会担保。天津客商来唐山采办瓷器，其缴价多出天津各银行支票，皆系见票迟期三日付款者。窑主收得该项支票，率托唐山瓷商持往天津代为兑款，盖以此辈瓷商常往来于天津间也”[②]。也就是说，东北粮商从东北运粮而来，再从唐山购置瓷器运回，中间钱款的赊欠由粮行担保。

东北平原是中国的粮仓。粮业包括米商、斗店商、旅津粮商、磨房商、面粉商等。当时唐山地区的“乐亭人”在东北从事粮业经营的比比皆是，因乐亭话浓重的韵律感，被称为“呔商”。民国元年（1912年）至民国十七年（1928年）全国各省重要商埠商会改组改选情况统计表[③]中，吉林长春总商会的乐亭人开办的粮栈有：邢世德的“广盛店粮栈”、张君佐的“万德栈粮栈”、郭钧衡的“福源达粮栈”、李怀仁的“富长栈粮栈”、史维翰的“广运义粮货栈”、孙文明的“万发兴杂货兼粮栈”、张新一的“广盛店粮栈”、王获人的“东发店烧锅粮栈”、史焕亭的“广远义粮栈”、赵连城的“万发兴粮业”、韩

① 《唐山事》第一辑，1948年，第37页。

② 戴建兵编著：《中国近代磁州窑史料集》，科学出版社，2009年，第56页。《中国陶瓷工业调查续》，原载《工商半月刊》，第4卷第6期，1932年3月15日。

③ 《天津商会档案汇编（1912—1928）》，1996年，第794～796页。

杏林的“益发合粮栈”。

乐亭呔商中赵氏兄弟在东北四平经营的粮业被称为“四平街东北大粮仓”。1931年，赵氏兄弟分家，义和福归赵春熙（赵正和）；义和顺粮米代理店归赵汉臣（赵正义）。这时，在昭平桥25号辟一粮谷市场（即现光复市场的前身）。另在腰站处（今白酒厂东侧）也开辟了粮谷市场。不久在现解放市场处又开辟了粮谷市场。交易旺季，每日上市售粮马车达三四千辆，因此吸引了中外粮商。南方人从这里购买大豆，华北人购买高粱谷子满足当地人食用；安东（丹东）人购买小米运往朝鲜，大连人购买粮油出口。① 同时，赵汉臣还在今四平三副食位置开设义和当。之后，相继在八面城、三江口、双辽、通辽、白城子等地开设义和顺粮栈。在老家乐亭开设义和昌，经营杂货和钱粮业。②

在当时的商业中，粮业非常兴旺。粮业并非单纯地买粮、售粮，而是担当着“金融”职能，即所谓“钱粮业”。钱粮业将金融和粮食这关乎人民生活命脉的两大行业联系在一起。清末民初，特别是1918年，乐亭人孙秀三在东北掌管的“益发和”使钱粮业迅速发展。对于“益发和”来说，粮业是他们的传统营生，有经营经验，同时又有自己的银行和钱庄提供大量资金，优势占尽。因此，组建“益发银行”，扩大“益发银行”分庄，增设了“安东、双城堡、宁安、海伦、拜泉、望奎、绥化、富锦、吉林、下九台、三岔河、公主岭、四平、唐山、北平、烟台分庄”。各分庄既办理存贷、汇兑业务，又倒把粮食和销售面粉。相继创办了开原益发和粮栈、大连益发和粮栈等，在关内的24处设立分支机构27个。③

（二）销售区域以东北、华北为主

缸窑一带瓷厂的销售区域集中在东北以及包括北京、天津、河北在内的华北地区。而且往东北、华北地区销售的产品也依据当地人的喜好各有侧重。20世纪30年代，德盛窑业产品销路为“东北至哈尔滨，西北销张家口以北，沿津浦路则南抵德州，沿平汉路则直逮保定”④。新明瓷厂与德盛窑业出自秦氏家族的“陶成局”，“两厂之组织及出品产销情形，均大同小异，惟营业方

① 乐亭县“呔商之路”编写组：《呔商之路》，中国社会科学出版社，2010年，第199页。
② 乐亭县“呔商之路”编写组：《呔商之路》，中国社会科学出版社，2010年，第200页。
③ 乐亭县“呔商之路”编写组：《呔商之路》，中国社会科学出版社，2010年，第86页。
④ 实业部工商访问局编辑：《工商半月刊》第四卷，第六号，1932年3月15日，第9页。

法新明瓷厂不若德盛活跃，出品种类则较德盛为多”①。据《唐山陶瓷公司志》记载，各地销售的货物，由于用处不一、人民爱好不同，销售的品种、花色也有所区分。天津地区所销售的瓷器，主要是饭碗，50件至80件提梁壶、茶盘、茶杯、口盂、皂盒等件，画面以柳鸟为多。北京地区多为花瓶、饭碗、把壶、鸡心杯等，图案多属于花果之类，其中红果图案人多喜爱。东北沈阳、锦州等地区适销缸、盆、饭碗等日用粗、细瓷，以及瓶、罐、油盒、皂盒、口盂、帽筒等嫁妆品，以仕女、花果图案为多。烟台、青岛、济南、徐州、开封等地区以帽筒、花瓶、皂盒、口盂、把壶、鸡心杯等瓷器较多，图案以动物、花果为主，人物次之。保定、石家庄等地区，以销售嫁妆品为大宗，红色的“太师少保”的画面最受欢迎。

（三）销售客商分“坐客”和“水客”

客商分为坐客和水客。一般情况，他们与瓷器商店洽谈订货，当地没有正式瓷器商店，客商直与生产厂家洽谈购货。所谓“坐客”，是因为定货量较多，一时不能全部制出，需要延缓时日才能交足，雇主须住厂等候，有坐催之意。或者因为大批办货，需要陆续发货，人不随货走，又须等待发运。所谓“水客”，办货不多，缺货即来，办完即走，如流水往来，住厂或住货栈最多不过三五日。此外，亦有肩挑、车推的小贩，厂方开窑选货即到，以购买残次品为主，运到乡间集市或市内摆摊出售。无论“坐客”还是“水客”，他们与厂之间的交易关系，多由旧主顾或转运货栈作介绍。交易关系一经接上后，即为这厂的主顾，其他厂不得乱拉，这是所谓的规矩。但也不是绝对的，如这厂货物不能满足主顾需要时，也可以兼为其他厂的主顾。

陶瓷产品外运，分铁路、水路，由窑厂代替客商办理转运手续，有专门的转运货栈代办转运，在指定地方取货。当时，“唐山设有北裕兴、公成、贞记货栈，开平设有开泰全、德昌货栈。胥各庄设有双义栈等，均系专营代办转运业务的企业。”② 形式以铁路运输为主，不通铁路的地区，货栈也负责雇用汽车或马车转为陆路代运。此外，缸、盆等粗器还通过河头（即胥各庄）的中和栈、双义栈等货栈经津唐运河运往天津，然后转运各地。

为扩大陶瓷销售市场，德顺隆新记窑业公司及新明瓷厂等另在北京、天

① 冯云琴：《工业化与城市化——唐山城市近代化进程研究》，天津：天津古籍出版社，2021年，第236页。

②《唐山陶瓷公司志》下，内部资料，1990年，第363页。

津、上海、沈阳等地设立了分销机构，办理批发、零售业务。“德顺隆新记窑业公司、新明窑业厂等已有专门负责供销的科股，并于北京、天津、上海、沈阳等地设有分销机构；私营小厂则只设一个柜房，贩商登门求购，生意由‘掌柜的’决定，工厂代办发运。会计负责结算。”[①]新明瓷厂在京、津设有分销所，大部分运到外地自销，因无固定处所，去向根据当地丰歉情况而定。

二、“启新体系”产品销售

启新瓷厂从成立伊始一直与启新洋灰公司“不可分割”。一方面瓷厂借力洋灰公司。除前文已经讲述过的燃料方面通过启新洋灰公司借力开滦煤矿外，电力方面、赋税方面也享受了启新洋灰公司的优惠政策。另一方面，瓷厂与公司就租金、旧存货物等问题纠纷不断。

（一）销售渠道借力于启新洋灰公司

在汉斯·昆德独立经营之前，瓷厂作为启新洋灰公司的附属厂，其产品就在洋灰公司的销售渠道里销售，在汉斯·昆德独立经营之后，也依然沿用这种渠道，因为按照双方约定，“所有关于纳税运输等事仍由洋灰公司以洋灰公司名义办理，代理照货物卖价给洋灰公司百分之一经手费，凡由洋灰公司代销之货代理照付百分之五经手费，所有费用如关税运费等须均归代理缴纳”[②]。可见启新洋灰公司也为瓷厂代销产品，收取一定金额的手续费。自1927年7月起，启新洋灰公司每年从瓷厂净利中抽取30%，从这一点看，二者是捆绑在一起的利益共同体。据《启新水泥厂史》记载，1920年后，中国水泥工业逐渐发达，南京中国、上海华商等水泥厂相继投产，一家独占市场的局面被打破了，出现了数家并立争雄的局面。启新为了增强竞争能力，在积极提高产品质量，扩大生产规模的同时，扩充了营业机构。先后设立了东、西、南、北四个总批发所，在较大的市镇分别设立分销处或代理处。1923年在天津设立“北部总批发所”，经营范围包括关内京兆、直隶、山东、山西各省，河南北部，陕西、甘肃北部，热河、察哈尔、绥远及附近内蒙古各部。同年，又在上海建立“南部总批发所”，营业范围包括江苏、浙江、福建、广东、广西各省及南洋各地。1924年在奉天（今沈阳）设立“东

① 《唐山陶瓷公司志》下，内部资料，1990年，第361页。
② 民国启新档案，唐山博物馆藏。

部总批发所”，以关外奉天、吉林、黑龙江及内蒙古各盟为营业区域。西部批发所与东部批发所同时设立，西部批发所在武汉，其营业范围包括湖北、安徽、江西、四川、贵州和河南南部、陕甘南部。除四个总批发所外，启新还在广州、镇江、宁波、福州、包头、南京等城市设立分销处，在我国香港及印度尼西亚的爪哇等地设立代销点，以扩大水泥销路。“启新到 1924 年在全国东西南北的销售处共有 59 处。”[①] 1926 年到 1937 年，启新水泥销量空前提高，九一八事变后，虽然东北销路濒临绝境，但中国人民抗日爱国情绪高涨，各地纷纷开展抵制外货运动。1932 年“唐山启新磁厂，更于天津、北平、北戴河、上海、沈阳、保定、哈尔滨、汉口等埠，皆设批发所，推销出品”[②]。启新瓷厂的销售处与水泥销售批发所的设立地点相同。

（二）销售区域十分广泛

启新瓷厂在汉斯·昆德承包之初，就提出了“希冀所造之货不只在中国各地销售，须推销于中国较远地点及邻近各国。磁厂所造各货之销售虽以中国北部为主要之市场，仍应作较大规模之分销。倘在中国一部或他部，因时局不靖、商业感受不便时，磁厂仍能维持销路也”[③]。同时，因为有了启新洋灰公司的销售渠道，使得启新瓷厂的销售区域沿着“水泥销售路线”拓展到湖北、福建等南方地区，并助力海外销售。经启新洋灰公司驻马来西亚经销处进行销售，主要是黑、紫、黄、红等各种颜色铺地砖及卫生瓷、电瓷和化学瓷，销往吕宋岛、爪哇、马来西亚等地[④]。1927 年，启新瓷厂即有少量产品出口，并在颜色上有黑、白、紫红、米黄等，这些主要指瓷厂中的小缸砖产品。1930 年，汉斯·昆德发现市场所制之瓷器日渐增多，以致供大于求，唐山本地也有仿制启新瓷厂产品充斥市场。为了缓解市场矛盾，除远销香港、广东等地外，在中国上海设立总分销处，对华北分销处进行改组。同时印有新样本，扩散各地籍广招徕。1933 年，德国“美最时”洋行已对启新瓷厂产品进行销售。1933 年，《青岛时报》刊载了山东总经理美最时洋行的广告：“誉满全国唐山启新磁厂制品到青启事”[⑤]，其中制品包括“卫生气皿、

① 冯云琴：《工业化与城市化——唐山城市近代化进程研究》，天津古籍出版社，2021 年，第 130 页。

②《中国近代磁州窑史料集》，第 59 页。

③ 民国启新档案，唐山博物馆藏。

④《唐山陶瓷厂厂志》，内部资料，1991 年，第 189 页。

⑤《青岛时报》，1933 年 4 月 25 日。

铺地缸砖、电气磁料、各种磁器”[①]。《唐山陶瓷厂厂志》中记载的1939年美最时包销的观点值得商榷。《唐山陶瓷厂厂志》上记载：1934年开始“启新瓷厂开始设营业部，直辖上海、天津、北平、沈阳各经销处，负责销路调查和市场预测，办理批发和零售业务”[②]。事实上，早在1927年至1929年，启新瓷厂已经设有北平、天津、上海等支店。在民国启新档案中有记录（图7-1）。[③]在档案中还可看到，1928年货品销量唐山本地最大，其次是天津、上海和北平。1929年三个支店中，北平销量最大，天津次之，上海最少。

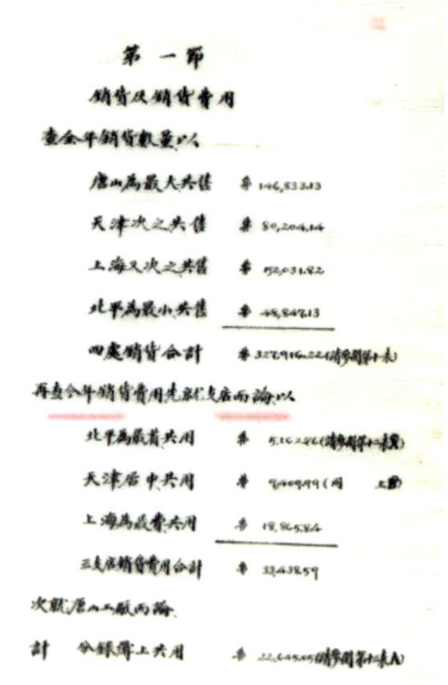
第一節
銷貨及銷貨費用
唐山為最大共售
天津次之共售
上海又次之共售
北平為最小共售
四處銷貨合計
三支店銷貨費用合計

图7-1　启新瓷厂销货档案

1936年3月，汉斯·昆德自杀。启新瓷厂由其次子奥特·昆德接手继续经营。 据1937年上海字林报行名簿上的唐山启新瓷厂德文简介可知，当时的启新瓷厂已经发展成为中国著名的卫生洁具、陶瓷铺地砖、电瓷绝缘材料、硬质陶器制造商。经理是德国人奥托·昆德，销售经理是外籍员工赫伯特·斯托克。启新瓷厂还分别在天津、北平、上海设立批发所，销售经理舒尔茨也是外籍员工。同时在青岛、济南、烟台设有销售代理商。1939年出口产品由“美最时”洋行包销，运往我国台湾、香港，以及南洋群岛、菲律宾、印度、泰国等地区。1940年4月10日出版的《中和月刊》上的两则广告，为当年唐山兴旺的制砖业留下了文字见证，摘录如下：“开滦矿务局：烟煤、焦炭、上等火砖、缸砖、缸管、营造砖、铺地砖及其他砖品……”“启新洋灰公司：马牌洋灰（附属出品）花砖、方砖、房瓦、脊瓦……”1945年，日本投降后，美最时洋行由国民党接收，改为“利济”洋行。1946年，由利济洋行包销。1947年改为华平洋行。1948年通知启新，停止包销。

① 当时器皿、电气均为“气”而非“器”。
②《唐山陶瓷厂厂志》，内部资料，1991年，第190页。
③ 民国启新档案，唐山博物馆藏。

（三）销售状况不断调整

启新瓷厂的销售状况在汉斯·昆德承包初期，以1924年至1925年为节点，之前其销售已几乎停滞，之后经营好转。昆德在承办之初，多次致函启新洋灰公司恳请减免利息以及减让旧存积压的货款。这在汉斯·昆德承包后与启新洋灰公司多次的函件档案中可看到，当时库存滞销的产品成为昆德承包的负担。如在1925年1月15日“照译昆德博士致启新洋灰公司天津总事务所来函”中提及：

磁件之销路远未达到满意地步，至所售出之货只一万七千五百五十元另五角四分，此数较相同时间所造出之货物，实售价款不过三分之一稍多。在此时间，昆德在在造货费用内已自投资洋二万余元。此后之希望如何，殊难意料也。查目下销路太滞，原因实由于战事及时局不靖影响所致。若在寻常平靖时期，则所造之磁件，其销路当然兴旺。虽然即使以后时局渐定商业可以发展，磁厂所造之货其销售较前兴旺，凡所造之货，皆能如数售出，则出入亦不过相抵而已。查磁厂最大失利，即销售旧存磁件甚为困难。此种磁件按照成本价值接收计，旧存磁件及隔电磁壶计欠三万另六百三十五元六角二分。此数确系造货成本之原价无疑，惟此项旧存之货多系在磁厂试造期内所造，故其费用较高，且在此旧存货内仍有不合时用者，其中以隔电磁壶为最多，且又以前订货中之废弃者又复不少，故均甚难销售也。兹将旧存之货重开一单，除将所有不能销售之货划出外，并将其余磁件按照现在成本计算，所有旧存之货共计价洋二万四千七百五十五元八角三分。若能按照此价计算，则磁厂或能得有相当机会以渐销售也。查目下磁厂经济情形，异常困难。如启新公司不假以实在辅助，昆德实难继续接济。值此销路停滞之际，拟恳请尊处免索上半年之一分利息，倘由今以后，磁厂营业得有进步，所销之货超过一切费用，则此项盈余即如数全行照付启新公司，俟达到一份利息时为止。此外，仍乞府允昆德所请减让旧存磁件及隔电磁壶之价款，即三万另六百三十五元六百二分减让至二万四千七百五十五元八角三分。

1925年之后销售状况开始好转。从昆德提交的民国十三年七月至十四年十二月底（1924年7月—1925年12月）的瓷厂工作结果及进行情形报告[①]可

① 民国启新档案，唐山博物馆藏。

窥见一斑。在这份报告中，昆德共分了五部分对瓷厂运行情况进行报告，最后进行总结（此档案附后）。

这份档案报告阐述人是汉斯·昆德，我们当对其言辞进行辨析。一方面，报告附财务报表，昆德不能过分脱离经营实际，否则启新洋灰公司当予以批驳。但是也存在着昆德刻意强调旧存货品的负累的情况，目的是以此为托词减免租金或者减少负债。在报告的结尾处，昆德明确提出，瓷厂情形较前为佳，可见瓷厂经营好转已成事实。因此，在《中国近代工业史资料》中，记录启新瓷厂由昆德独立经营后，随着旧存货品的逐渐消化，经营状况步入正轨。日用瓷、陈设瓷、小缸砖、卫生器皿、电瓷等成为主要产品，且“营业极佳，每年所产之货物尽能销罄无存。瓷器种类分为电磁、卫生器皿（即便桶、洗面具等）及普通瓷品”[①]。1927 年 8 月的瓷厂向公司呈送的月报中记录：“兹送呈十六年（1927 年）八月份磁厂营业月报单一览结数可知，成绩十分满意。查八月份营业之佳，洵属创见。总计全月出货仅值洋二万五千六百三十三元七角八分，而销售之数已超出三万三千元之数。”[②]

1928 年至 1929 年启新瓷厂分别在唐山、上海、天津、北平销货如下[③]（图 7-2、7-3、7-4、7-5、7-6）：

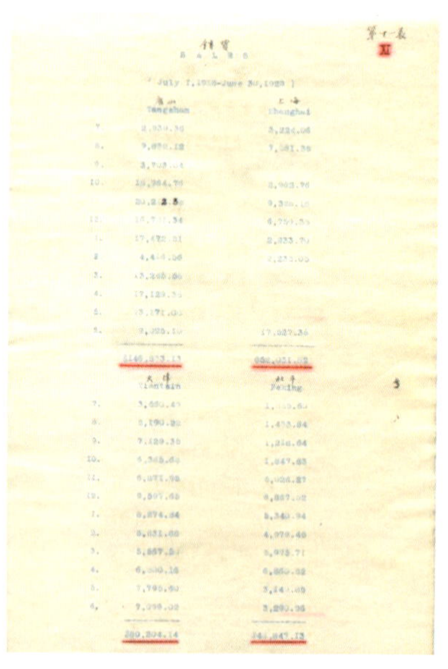

图 7-2　销货清单

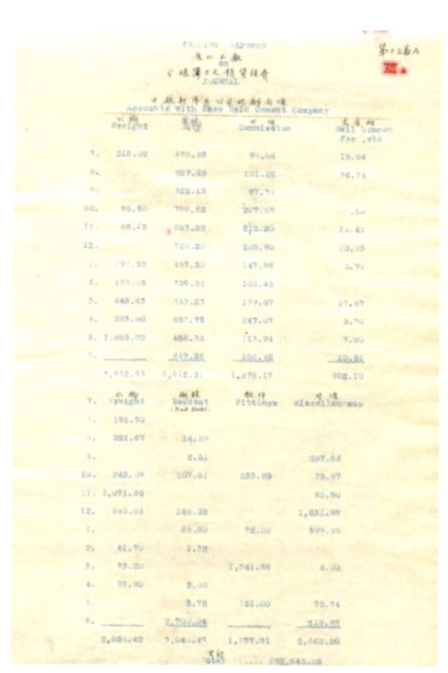

图 7-3　销货清单

① 陈真：《中国近代工业史资料》第三辑，第 336 页。

② 民国启新档案之“1927 年照译唐山启新磁厂来函”，唐山博物馆藏。

③ 民国启新档案，唐山博物馆藏。

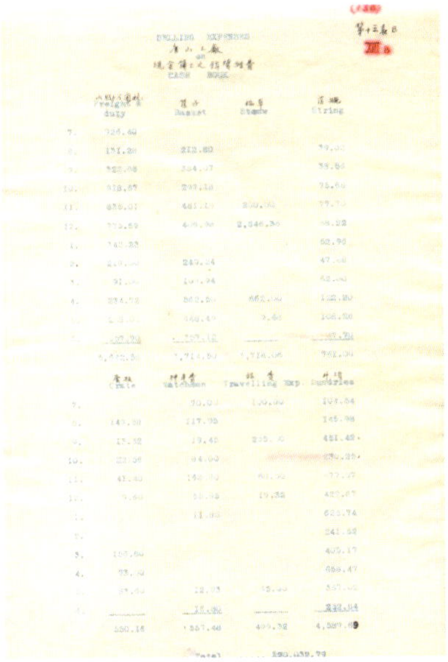

图 7-4　销货清单

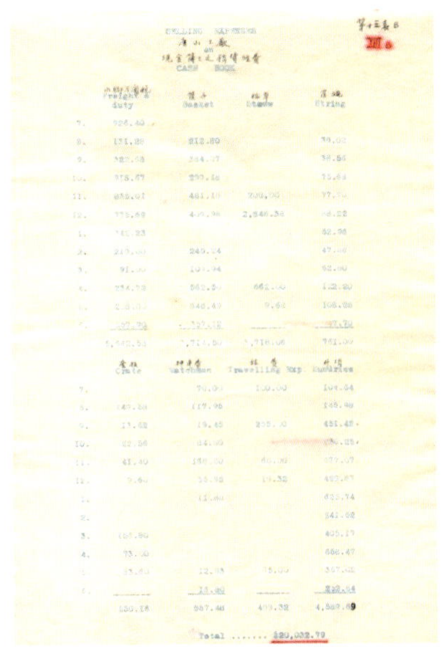

图 7-5　销货清单

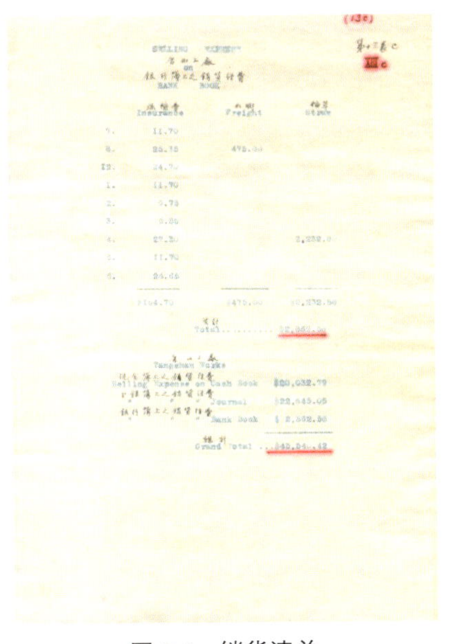

图 7-6　销货清单

据 1929 年《新江苏报》刊载“唐山启新磁厂参观记”中记录：“其出品除壶瓶碗盏等日用品外，卫生器皿及铜砖瓷砖电料尤为大宗，且行销特广，因西洋瓷马桶一套需价六十余元，该厂出品只售二十余元，其式样质地无不与外货相等，缸砖瓷砖为新式建筑上不可少之物，因其售价较低故销路亦极大，现该两项出品均供不应求，非预先订货不可，其所造电料瓷品配合亦佳，开滦等厂之电机下用之瓷料均购自该厂，林西电厂总电缝含电三万弗打[1]，所用瓷碍子[2]极易为电火烧化，闻用该厂出品后尚未发生被毁情事，将来推广必可与外货立于竞争地位。”[3]据《唐山陶瓷厂厂志》记载的1949年以前的销售年表[4]也可与档案

① 弗打为 Farad 译音，电容单位。

② 陶瓷碍子起到绝缘作用。

③《新江苏报》，1929 年 12 月 25 日。

④《唐山陶瓷厂厂志》，内部资料，1991 年，第 202 页。

记录相佐证。1931 年至 1932 年最佳销售额每月达 4 000 余元，卫生器销量达 2 000 余件，1931 年发生九一八事变，沈阳支店不能营业，天津销路一度大受影响，但因中国人民抗日情绪高涨，各地人民纷纷抵制外货，北京销路却胜于往年；1932 年一·二八“淞沪会战”爆发后，被称为瓷厂贸易生命线的上海，也一度停止营业，三个月后上海货骤然畅销，年销售量竟打破历年纪录。据 1932 年《工商半月刊》记载：“启新瓷厂每年售出总值，当地约 4 万余元，外销总值计卫生器皿年约 9 万余元，淡月合 5 000 余元，旺月 8 000 余元；铺地缸砖年约 4 万余元，淡月合 2 000 余元，旺月合 7 000 余元；各种瓷料年约 5 万余元，淡月合 4 000 余元，旺月合 7 000 余元。”[①] 启新瓷厂是华北最大的陶瓷生产企业。卫生器皿、铺地缸砖、电气瓷料多销往前门、天津、塘沽等站。运往前门的多在北京销售，1934 年大约运去 300 吨；运往天津的货物，除在天津消费外，还转销于香港、广东、青岛、烟台等地，1934 年销往天津约有 900 多吨；运往塘沽的产品，大多转销上海，1934 年约有 940 吨。其他产品如缸砖、缸管、瓷器、火土等每年运销量也不少，每年由唐山站运出有一万余吨，多销于北宁路沿线各站及附近各地，有些经由海路运销上海，每年约有千吨左右，运销汉口约数百吨，销往海州千吨。[②]

1934 年至 1945 年，启新瓷厂因产品具有质坚、物美、做工精细、色泽鲜艳的优点，销售业务大发展，销量鼎盛一时，产品供不应求。第二次世界大战后，产品推销由天津德人开办洋行“美最时”包销，行销到我国香港、台湾，以及新加坡、印度、马来西亚、南洋群岛、暹罗等地区。国内销售市场有天津、北平、青岛、烟台、广东、威海，1940 年销售量上升到卫生器 3.9 万件，电瓷 140 万支，铺地砖 108.53 万块，化学器 6.8 万件，销售量连年递增。1937 年抗日战争全面爆发，除上海外南方各地市场大部放弃，又因美英等国船只不能航行于中国沿海，从塘沽到上海，货船寥寥无几，只有搭乘开滦煤船运往上海，仍由天津利济洋行（原美最时）包销，直到 1948 年 12 月唐山解放。

（四）促销手段多样

1. *启新洋灰公司为启新瓷厂注册商标*

启新瓷厂的商标由启新洋灰公司注册。启新洋灰公司商标最早是民国

① 实业部工商访问局编辑：《工商半月刊》第四卷，第六号，1932 年 3 月 15 日，第 9 页。
② 北宁铁路经济调查队编：《北宁铁路沿线经济调查报告》第四册，第 1215 ～ 1216 页。

十三年（1924 年）注册，“十三年八月十六日起，至三十三年八月十五日止”，二十年为期。次年，1925 年启新洋灰公司为启新瓷厂正式注册“龙马负图”商标，中文：唐山启新瓷厂，英文：CHEE HSIN POTTERY，TANGSHAN，专用商品为第 14 类——陶瓷、瓷器、砖瓦。但没有商标的专用期限。1926 年 3 月 11 日，启新洋灰公司又为启新瓷厂注册商标，内容与 1925 年大致相同，但增加了商标的专用期限，即“十五年三月十一日起，至三十五年三月十日止”，有效期 20 年。直至民国三十七年（1948 年）启新洋灰公司再次为启新瓷厂注册商标。商标局标注注册证：据启新洋灰股份有限公司呈请以龙马商标专用于商标法施行细则第三十七条第十四项陶器类之陶器商品业经本局依法审定核准注册取得专用权自叁拾柒年伍月壹日起至伍拾柒年肆月叁拾日期满合行发给注册证以资证明此证。此商标注册证由“商标局局长朱世龙”签字。民国三十年（1941 年）对商标进行核验，在呈请商标查验书中提到启新洋灰公司“龙马负图商标用于商标法施行细则第三十七条第十四项陶磁器砖瓦类之陶器、磁器、砖瓦商品”（图 7-7）。启新瓷厂的商标依然与启新洋灰公司捆绑在一起。

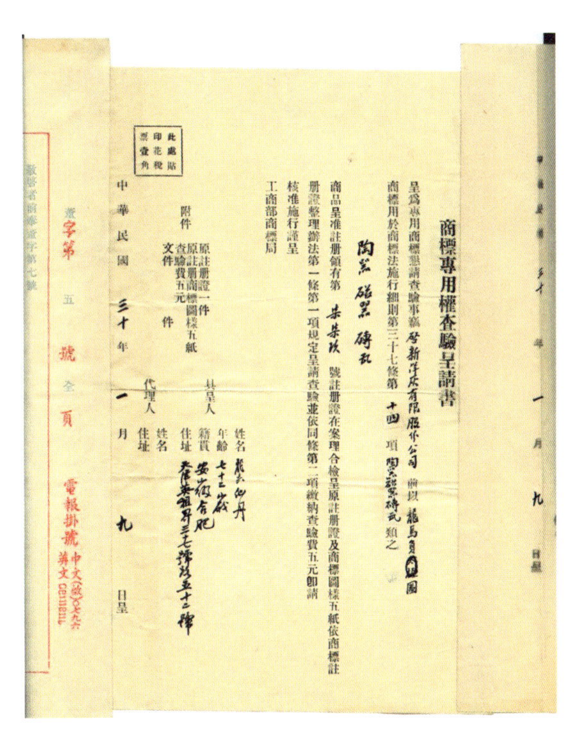
商標專用權查驗呈請書

呈為專用商標懇請查驗事竊 啓新洋灰有限股份公司 前以 龍馬負圖 商標用於商標法施行細則第三十七條第 十四 項 陶瓷磁器磚瓦 類之

陶器 磁器 磚瓦

商品呈准註册領有第 號註册證在案理合檢呈原註册證及商標圖樣五紙依商標註册證整理辦法第一條第一項規定呈請查驗並依同條第二項繳納查驗費五元即請

核准施行謹呈

工商部商標局

具呈人 姓名 年齡 七十三歲 籍貫 安徽合肥 住址

代理人 姓名 住址

附件 原註册證一件 原註册商標圖樣五紙 查驗費五元 文件 件

中華民國 三十 年 一 月 九 日呈

此處貼印花稅票壹角

字第 五 號 全 頁

電報掛號

图 7-7　商标局标注注册证

2. 加大广告宣传力度

启新瓷厂以“启新洋灰公司唐山瓷厂”的名义进行广告宣传。“启新洋灰公司为我国制造洋灰之首创，并最先发见唐山邻近土质之优美，经过数年苦心之试验与科学上深刻之研究，结果成为现今国货中之模范品，乃于民国十三年进一步而创办启新瓷厂焉。敝厂于富有经验者领导之下制造各种卫生器皿、电料绝缘磁器、磁砖及釉药磁墙砖等，花样之新，质地之佳，确可与舶来品相抵抗而有余，但引为遗憾者，即尚有同类之货，来自外洋，虽近来提倡国货之声浪甚嚣，市上以谋补救我国之经济而对敝厂出品尚有未能注意及之故，现已呈请当局给予优先权，证明敝厂出品确系优良实足，为电业上及模范家庭之需要品，兹为扩充销路起见，特通知各分事务所及代理处，以最廉之价出售以付爱用国货诸君之热忱。如蒙购办各种磁器或需样本时请迳向敝厂经理处接洽，当本竭诚欢迎之意旨，详为奉答也。”①“陶正昌磁号经理启新瓷厂磁器：启新洋灰公司唐山瓷厂所制中西各种磁器质地坚固，花样新颖。现将上海分销归陶正昌经理即蒙，顾客选购无论零费均请向南京路红朝东首陶正昌磁号接洽。”②启新瓷厂的这种宣传不仅减轻了自己的经营压力，还能让产品的销售范围扩大，借助启新洋灰公司的销售网络销往海外。

此外，在广告宣传中积极发放样本图册。在20世纪30年代启新瓷厂为了在竞争中占据优势，还印制了产品样本，如《唐山启新瓷厂出品目录》，介绍产品规格、用途、性能等。在出品总目中有“卫生器皿、铺地缸砖、隔电磁件、各种陶器”。附有产品示意图，送给各大用户及推销站。经过一年多的努力，启新瓷厂的销售网络基本建立，从其发布的广告可知，在沿海地区的主要城市皆有分厂：“唐山启新瓷厂专制各种陶器、卫生器皿应用，各种隔电磁、铺地砖、花砖、磁砖、化验室用品等，无不坚固精良，如蒙赐顾，颇受欢迎。总厂及总办事处设立唐山，批发所：上海北京路一三七号二楼。分厂：天津、北平、香港、广州、青岛、济南等。”

3. 打造国货品牌

启新瓷厂的产品被宣传为国货后得到了首都电厂的大力支持：“本厂路线所用高压绝缘电碍子（即通称白料或磁瓶），向用美国奇异厂或西屋厂，及德国西门子厂之出品，惟市上多日货。近本厂为积极提倡国产起见，由建委会购料委员会向唐山启新瓷厂订购各种磁瓶数万只，陆续运到，价廉物美，堪称国货佳品，故乐为介绍。”③ 1933年《申报》在新闻报道里把其作为国货进行宣传：“唐山启新磁厂，创办有年，資本雄厚，为国内仅有之巨大工厂。出品如电器、磁料、卫生器皿，各种磁器以及缸砖磁砖等，无不坚固精良，美观耐用，较之舶来品，犹有过之。而其价格，则低廉多多。闻该厂自即日起，大事扩充，并增加产量，贬价行销，以便与外货竞争，诚国货年中之好消息

---

①《申报》，1935年6月11日。

②《申报》，1925年8月27日。

③ 引自黄荣光、宋高尚：《技术的传统、引进和创新——唐山启新瓷厂发展述评》，载于《科学文化评论》第18卷第1期。

也。”[①]

4. 降价竞争

因为价格和外货相比较低，故英人控制的开滦煤矿也乐于购买启新瓷厂所生产的电瓷：“出品除壶、瓶、碗、盏等日用品外，卫生器皿及缸砖、磁砖、电料尤为大宗，且行销特广。因西洋磁马桶一套需价六十余元，该厂出品只售二十余元，其式样质地无不与外货相等，缸砖、磁砖为新式建筑上不可少之物，因其售价较低，故销路亦极大，现该两项出品均供不应求，非预先定货不可。开滦等厂之电机上用之磁料均购自该厂，林西电厂总电线含电三万弗打，所用磁碍子极易为电火烧化，闻用该厂出品后尚未发生被毁事情，将来推广必可与外货立于竞争地位。”[②]

5. 积极参加会展

为了进一步证明产品的质量，提高产品知名度，启新瓷厂还积极参加会展。据记载，1935 年 10 月 10—20 日，中国工程师学会在上海举办国产建筑材料展览会，此次展览会审查委员会主要由中央研究院代表（周仁、马光辰、严恩棫）、中国建筑师学会代表（巫振英、董大酉、杨锡缪）、中国工程师学会代表（沈怡、徐名材、郑葆成）、上海市商会代表（俞佐庭、马骥良、马少荃）、上海市营造厂业同业公会代表（张效良、张继光、谢秉衡）组成[③]。审查委员会在展览会开幕之后开始审查工作，通过决议规定陈列品等级之标准为四种：（1）超等：首先创制，切合实用，有普遍推行之价值者；（2）特等：质料与效用确较一般出品优胜者；（3）优等：质料与效用符合普通标准者；（4）具有特殊情形，不能为等级之支配者。经过审查委员的评判，唐山启新瓷厂的卫生器具获得超等奖。

① 《申报》，1933 年 10 月 24 日。

② 《唐山启新磁厂参观记》，《大公报》1929 年 12 月 11 日。

③ 引自黄荣光、宋高尚：《技术的传统、引进和创新——唐山启新瓷厂发展述评》，载于《科学文化评论》2021 年第 18 卷第 1 期。

第八部分

近代唐山陶瓷的文化内涵

近代唐山陶瓷的文化内涵，可归纳为三点：第一，依托官僚集团；第二，迎合市场需求；第三，中西文化交融。

一、依托官僚集团

近代唐山瓷业无论“缸窑体系”还是“启新体系”，均与大型军事或民用工业紧密结合在一起，甚至依托这些工业企业得以生存和发展。“缸窑体系”主要依托李鸿章、唐廷枢一脉，“启新体系”主要依托袁世凯、周学熙一脉。但是，从渊源讲，袁世凯和周学熙也属于李鸿章脉系。袁世凯的崛起与1882年中国军队成功平定朝鲜崇安县壬午兵变、稳定朝鲜社会秩序有关。当时的军事统帅是淮军将领吴长庆，吴长庆与袁世凯叔祖袁甲三、嗣父袁保庆及袁世凯本人有着三代世交关系。袁世凯投军吴长庆部，受到吴长庆的特别关照和精心培养，脱颖而出，迅速成长为一名优秀青年将领。吴长庆深得李鸿章的信任和重用，袁世凯遂也成为李鸿章门下。李鸿章去世后，袁世凯成为李鸿章脉系的主要力量。而周学熙的父亲周馥最初就在李鸿章幕下供职，得到李鸿章的赏识随之一路升迁。“周学熙初入开平矿务局就是因其父的关系，后来投奔袁世凯也是由于父亲的缘故。周馥与袁世凯同在李鸿章幕下，两人交情甚好。”①

（一）“缸窑体系”与李鸿章、唐廷枢脉系

李鸿章是洋务派的代表人物。他以“自强”为目的，创办江南制造总局、金陵机器制造局、天津机器局等近代军用工业。为解决军事工业中资金、原料、燃料和交通运输等方面的困难，又在“求富”的口号下，兴办近代民用工业，从19世纪70年代起采取官办、官督商办和官商合办等方式，参与开办轮船招商局、开平矿务局等一系列民用工业。之后，李鸿章深感交通迟滞、调兵运饷迟缓，再加之洋务企业产品产量猛增，急需解决运输问题。尽管遭遇到顽固势力的重重阻挠，但在李鸿章的倡导和努力之下，相继修建了唐胥铁路、津沽铁路、芦汉铁路等。

清末，唐山缸窑的陶成局为秦氏家族秦履安负责经营，秦履安与张佩纶的姻亲关系使其与开平矿务局建立了联系，并获取建设矿井的缸砖订单，

① 冯云琴：《工业化与城市化——唐山城市近代化进程研究》，天津：天津古籍出版社，2010年，第120页。

从而把手工作坊式的陶瓷生产与新型工业结合在一起。[①] 除此之外，缸窑秦氏家族分化出来的德盛、新明、东陶成等瓷厂迅速发展，以缸窑为源头，向天津、北平等地拓展，尤以天津为最。天津与唐山同属直隶工业圈，互相交织。例如，陶成局为天津北洋机器局大沽造船所提供产品，并且得到李鸿章的特奖。“光绪三年间，开办唐山矿务局时，开凿矿井，需用缸砖，曾聘该厂主之先辈秦履安先生，设计制造烧炼缸砖，幸出品精良，唐山矿井赖以完成，嗣于古冶林夕等处经理其事，出品较前尤为良好，其后乃自设厂制造缸砖缸管，供给天津北洋机器局大沽造船所，蒙前清李文忠公特奖，旋由秦幼泉接办，益见发展。”[②] 除大沽造船所外，新明、德盛、东陶成等缸窑瓷业均在天津不断拓展业务，与永利碱厂、久大盐业、津京电厂和铁路局建立了长期供应耐火砖、耐酸砖等产品的供货合同。此外，随着陶成局生产规模的进一步扩大，1899 年秦履安在天津娘娘宫东口沿河马路开设德盛缸店，经营批发陶成局产品。1900 年秦幼林接管德盛缸店，除经营批发陶成局及唐山各瓷厂的产品外，还兼营缸砖、耐火砖、水泥、砂石等建筑材料批发业务，并在天津陈家沟开办焦碳厂供应天津造币厂，获利丰厚。1932 年，天津德盛缸店名称改为德盛窑业厂总事务所，为总批发处。

（二）“启新体系”与袁世凯、周学熙脉系

1. 依托官僚获取办厂资本

启新瓷厂依托启新洋灰公司。启新洋灰公司的成立主要依托清末的官僚集团。首先，北洋袍泽，包括袁世凯家族，以及王士珍、张镇芳、言敦源、颜惠庆、龚心湛、王锡彤等。袁世凯不列名，他的股份由王锡彤（即王筱汀）出面打理。王锡彤是袁世凯的私人账房，与袁世凯长子袁克定义结金兰。此外，袁世凯的五子袁克权、六子袁克桓、八子袁克轸、九子袁铸厚等都成为启新洋灰公司的董事，1933 年袁克桓还曾担任经理。其次，周学熙及其安徽同乡，包括孙多森、陈惟壬、徐履祥等。再次，长芦盐商，包括李士铭及其后代李颂臣、李赞臣、李益臣、李嗣香等。周学熙曾任长芦盐运使，并以袁世凯的关系，指使盐商投资。此外，在袁世凯的带动下，一批封建官僚成了启新公司最初的股东，如李希明及周学熙的好友卢靖等。这些人在晚清或为道员、盐运使、按察使等实缺官员，或为捐有职衔的候

① 见本书第二部分的叙述。

② 《唐山事》第一辑，《新明再志》，第 35 页。

补官员，民国时期不少人还担任过地方的都督、省长、中央各部的部长乃至国务总理，地位都相当显赫。启新最初招股，百万巨资“不半载即行全数齐集”。

20 世纪初，启新洋灰公司决定在原细棉土厂旧址创办瓷厂。由李希明负责，汉斯·昆德兼任技师，后昆德又独自承包瓷厂。李希明是周学熙的得力助手，毕业于北洋武备学堂，学习德国语言文字长达八年，曾随载沣到德国考察实业，与汉斯·昆德关系密切。汉斯·昆德的兄长和睦·昆德成为唐山滦州煤矿和启新水泥厂在欧洲采买大型设备的主要联络人，李希明到欧洲，经过访查，发现和睦·昆德代购的这些机器，“诚属（产自）德国丹（麦）国著名之厂，且价亦属省（价格低）”[①]。其深得周学熙、李希明的赏识。“1922 年 8 月，汉斯·昆德夫妇与其女回国时，李希明之两个公子及厂中学习技师杨姓、李姓两人随同昆德到德国工厂练习电力。”[②] 但是在汉斯·昆德承包瓷厂之后，从档案材料看，只是在承办之初，在昆德要求暂缓交付租金及利息事宜时，李希明曾有所体谅、照顾，之后在收回瓷厂监理花砖事宜、要求瓷厂呈送销售报表事宜以及在对瓷厂财务监察中未见有丝毫退让，在函件中措辞严厉。

2. 获取政策优惠

首先，解决减税问题。启新成立不久，周学熙即恳请袁世凯咨明税务大臣、外务部、农工商部，准照湖北织布厂、火柴厂、北洋烟草公司等“纳正税一道，沿途概免重征，并豁免出口税项”，“以保商业而挽利权”。启新的洋灰、缸砖、花砖、研子土等制品，“无论运销何处，只令完纳正税一道，值百抽五，沿途关卡验明放行，免于重征”[③]。民国以后，此项特权依然有效，启新由此而保全的利益十分可观。其次，降低运输成本。启新与轮船招商局及各铁路局均订有减收运费合同，一般按七、八折收费。水泥系笨重货物，不能多装，运费也较廉，较之装别的货物吃亏太甚，所以各航运公司及铁路局都不太乐意运输，启新享有此项特权，经过长途运输而成本仍然在其他公司之下，故而获利甚丰。第三，拥有销售特权。当时国内建筑事业尚不发达，水泥用量以铁路工程为最大，启新尚未投产，即恳请袁世凯“饬关内外、京

① 郄宝山：《昆德一家人与开滦煤矿》，载于《工会信息》2014 年第 17 期，第 43 页。

② 贾熟村：《袁世凯集团与启新洋灰公司》，载于《衡阳师范学院学报》第 34 卷第 1 期，第 98 页。

③ 唐少君：周学熙与启新洋灰公司《安徽史学》，1989 年第 4 期，第 39 ～ 45 页。

张、京汉、正太、汴洛、道清、沪宁各铁路局查照购用”[1]，并与之订有长年购用合同，这样就保证了启新水泥的销路。此外，前文已经提到的燃料优惠问题。启新瓷厂作为启新洋灰公司的一部分，一直享有公司的特权。尽管汉斯·昆德承办瓷厂，开始独立经营，但在短暂的经营时间内，瓷厂与洋灰公司依然捆绑在一起，公司督查瓷厂的财务，昆德每月都要向洋灰公司报告营业及销售状况，从会计核查账目，也可看到督查的严谨性，使得昆德就财务问题每一项均要向总公司进行解释。

二、迎合市场需求

近代唐山瓷业无论缸窑体系还是启新体系，均以满足市场为导向，市场需要什么就生产什么，不是单纯地追求艺术品位的“空中楼阁”，而是在满足市场需求的基础上追求艺术水准。

（一）因市场所需，及时调整产品供给

近代唐山瓷业产品一直以产品类型多样著称，并不限定于日用瓷和陈设瓷单一品种。近代缸窑瓷业兴起之时，即从瓷器跨界到砖品生产。启新瓷厂则从建厂就生产日用瓷、小缸砖、铺地砖、卫生瓷等。随着工业的发展，缸窑体系从嫁妆瓷调整到生产卫生器皿、建筑砖等各种砖品，满足各种近代军事工业、民用工业的需求。启新瓷厂在汉斯·昆德经营时期是日用瓷和陈设瓷的黄金时期，同时卫生器皿、小缸砖、隔电瓷壶也是瓷厂创利的主打产品。到奥特·昆德经营时期，因战争原因，其工业瓷、建筑瓷、卫生瓷成为主打产品，日用瓷和陈设瓷反而退居其次。在唐山博物馆收藏的民国启新档案中，昆德呈送洋灰公司的函件汇也提到：“拟将获利较多之货逐渐多造。磁厂现时所造之各项货物以中国家庭普通需用之件为主，如式样简单价值必须低减，获利自然甚少，如以后花样较多价可增加，获利亦自然加多。电磁一项情形相似其普通之电磁件如磁夹及电话线所需之磁件价值极低，至制造复杂之高电磁件获利可以较多。”从这些档案材料中可知，启新瓷厂的市场定位非常明确，市场需要什么就制造什么，什么产品获利就多造什么。依据时局和市场需求，及时调整方向。以嫁妆瓷为例。

① 冯云琴：《官商之间——从袁世凯与周学熙北洋政权的关系看启新内部的官商关系》，《河北师范大学学报》，2003 年第 4 期，第 127 ～ 132 页。

晚清、民国时期嫁妆瓷作为一种文化的出现，代表了当时的一种风尚，也表达着人们对于新人的祝福及对美好生活的向往。嫁妆瓷在东北、华北地区尤为盛行。而东北、华北地区也正是唐山陶瓷的主要销售区域。市场决定了产品生产路径，在近代唐山陶瓷的日用瓷和陈设瓷产品中，无论缸窑还是启新，嫁妆瓷均为重要产品。

（二）因市场所需，纹饰题材体现世俗化和商品化

瓷器纹饰主要出现在日用瓷和陈设瓷上。嫁妆瓷即为主打产品，结婚嫁娶必以呈现喜庆、吉祥如意为目的。纹饰图案反映人们对“望子成龙”“登科及第”“多子多福”的期盼。如：唐山博物馆收藏的石榴纹蒜头瓶。画面是一儿童怀抱一颗石榴，石榴已成熟开裂，石榴籽溢满画面。石榴寓意“多子多福”。近代唐山瓷纹饰题材的一个最大特点是以人物故事纹居多，如庄子明绘“郭子仪拜仙”“大乔小乔”“郑玄文婢”“惜春作画”“三娘教子”“观音送子”“五伦图”“天女散花”等。这些都是家喻户晓、耳熟能详的故事，在评书、快板、相声等曲艺形式中以及年画、剪纸等民俗艺术中均广为流传。

另外，即使意境清幽的文人画也带上浓郁的商品气息。近代唐山陶瓷中有一些器物纹饰颇具文人意境。如釉下浅绛彩山水纹饰器物。所绘山水空灵深远，背面题字多为“秋水共长天一色”。画面极少见到人物，草草几笔山间草屋，文人远离尘世的孤独感油然而生。中国古代文人画中，在表现形式上多注重天地自然，人在山水之间，人的比例极小，以人类的渺小衬托自然的伟大。但是这些同一题材的绘画绘在多种产品上，虽笔法精炼，但构图重复不变，画面程式化，商品气息浓郁。

（三）因市场所需，力求降低成本

近代唐山日用瓷和陈设瓷在纹饰绘画上，画面疏朗，留白多，很少见到满工纹饰的产品。这种留白尽管是艺术所需，但也是节省色料、提高绘画速度的表现。以釉下浅绛彩山水纹系列、黛玉葬花系列最为明显，画面内容几乎相同，一方面证明这类题材深得用户喜爱，另一方面也是力求降低成本，提高市场竞争力。

三、中西文化交融

（一）中西交融的近代工业背景

清光绪四年（1878 年）李鸿章创办开平矿务局，唐廷枢任总办。唐廷枢从小接受西方教育，因此引进了大量先进的采煤器械。开平煤矿是中国第一座西法采煤煤矿，聘请了诸多外国专家和技术工人。在发展期间，开平煤矿及后来的滦州煤矿（后合并为开滦煤矿）的雇员遍及世界上十多个国家，数百名西方职员在此供职。在开滦档案馆里，至今依旧存有那些来自 19 世纪的档案文件，而且很多的文件都是一式两份，一份中文，一份英文，体现了在运营过程中煤矿受到的西方影响。开滦煤矿及其他大小煤矿的崛起，促生了唐山和周边地区很多产业，比如机械类、陶瓷类和水泥类等行业。1907 年的启新洋灰有限公司是中国最早的水泥厂。洋灰公司多次从丹麦购入机器，学习西方技术。启新老厂改为生产陶瓷后，由德国人汉斯・昆德担任总技师。1931 年《调查河北省之陶业》中记载："唐山一地之事例，所昭示吾人者，为以专家一人之力，遂使一旧式工业得行不少之改良。"[①]此"一人之力"的专家指的就是汉斯・昆德。汉斯・昆德让启新瓷厂直接与欧洲制瓷设备与技艺结合在一起，进入机械化生产。

（二）电力发展为引进国外机械化制瓷设备提供了前提

唐山启新瓷厂是中国最早引进机械化制瓷设备的瓷厂之一。这一切的前提是唐山近代电力的发展。唐山是中国最早用电的地区之一。电力为唐山瓷业发展提供了动力。早在 1907 年，"林西矿自备发电厂投入运行，是当时全国最大的煤矿自备发电厂，也是当年全国唯一的 25 周波发电厂"。启新瓷厂最初使用的是开滦供给的电力。1925 年，开滦供给启新瓷厂的电力价格提升。启新洋灰公司遂在甲厂引擎发电机房旁新建一座机房，安装一组德国西门子 4 800 千瓦、2 200 伏、25 周波汽轮发电机组，由三台德产立管式锅炉利用窑尾余热供汽，利用余热发电。投入运行后，发电成本大幅度下降[②]。启新瓷厂的电力问题就此解决。"缸窑瓷业"的制瓷机器最初靠柴油机提供动力，1931 年开始从开滦马家沟矿引进电力，1932 年用电动机取代柴油机。当唐山

① 《中国近代磁州窑史料集》之 1931 年 6 月 15 日《工商半月刊》之"调查河北省之陶业"，第 54 页。

② 李久生主笔：《启新水泥厂史》，内部资料，1989 年，第 30 页。

发电厂建成后，陶瓷工业的机器设备都有较多改善。

（三）引进国外制瓷工艺及装饰技法

近代唐山陶瓷产品中，除了缸窑体系中传统的粗瓷产品以及青花缸、凉墩等部分细瓷产品外，绝大部分都是注浆成型。石膏注浆成型是启新瓷厂产品的鉴定要素。石膏从德国购买，民国启新档案资料中有很多购买石膏的记录。同时，引进德国花纸贴花装饰技法。使用石膏模具的注浆成型工艺，提高了生产效率，也提升了产品标准化水平，成为产品装饰标准化的前提和基础。随之而起的花纸贴花工艺与注浆成型工艺相匹配。在花纸贴花出现之前，陶瓷以手绘纹饰为主，依据不同的器型赋予不同的纹饰内容，再进行不同的构图、布局，加上描绘和渲染。手绘纹饰，效率低，难度大，随着近代陶瓷进入机械化生产阶段，无法满足需求。花纸贴花工艺用各种有着色图案的贴花纸，规格统一，操作简单，成本低，适合大批量生产。

（四）机械化生产改变了瓷业生产方式

20 世纪 20—30 年代，唐山诸多窑场开始进入机械化制瓷阶段。据史料记载：“合泥之磙子，以机器代之。此类机器共有两种：一种以十马力之油机推动之；一种以十二马力者推动之。凡用此种机器合泥者，其原料（黏土）可无庸过筛。以自动机推动之轮盘，亦有安设者，其推动机为二马力。据调查同一之工作，因使用机器之故，其生产费较之用人工者，约低贱一半。其数目字可于下表观之。计所列各生产费数目，除骡队、画工及烧窑各费外，所有其他各项费用，自合泥以至烧窑，悉在计算之内。惟原料价格及职员薪水则概未列入。只于计算唐山用机器生产之费用时，加入百分之十机器贬值，及百分之三十之投资利息耳。”① 机器生产节约了人工投入资金，降低了成本，同时也改善了工人的工作条件。“唐山自采用机器后，劳工生活因亦改进。盖前此之时，唐山瓷业工人无论工作、休息、饮食、住宿，悉居于一室。其生活状况，较之彭城殆尤龌龊。今则情形改良甚多。居室之空气阳光，皆视前为考究。地板用洋灰制成，对于室内温度，亦加以相当之调和。凡各种工作，皆有特设之房屋备用。”② 机械化导致分工越来越细。缸窑一带瓷厂产生了“大碾、大磨、白泥、托货、彩绘、做缸、做碗、打管子、轧砖等生产班

①《中国近代磁州窑史料集》，第 50 页。

②《中国近代磁州窑史料集》，第 51 页。

组”[①]。小组与小组之间既有分工又有合作。

（五）大批西式造型产品充盈市场

近代唐山启新瓷厂生产大量西式造型器物，如花浇、果盘、黄油盒、咖啡杯、奶杯、刀叉餐具盒、钟表架等；另外，出现了一些西式造型、中式装饰技法的器物。如釉上彩山水纹的西式奶杯。启新瓷厂产品“中西合璧”的原因主要有三点：

第一，启新瓷厂主要经营者为德国人。启新瓷厂的独立经营者汉斯·昆德和其长子卡尔·昆德、次子奥特·昆德本身就是西方人。汉斯·昆德生于烧窑世家，其长子卡尔·昆德 1903 年 8 月 11 日出生在唐山，1933 年获柏林工业大学博士学位。1935 年至 1937 年 7 月，他曾在唐山启新瓷厂任厂长，其弟奥特·昆德任经理。后来他迁往南京担任江南水泥厂厂长，启新瓷厂由奥特·昆德任厂长。昆德父子的审美注定取向西方。

第二，启新瓷厂的很多订单直接来自西方。换句话说，就是专门为欧洲订制的产品，属于典型的西方日用瓷。

第三，当时有众多的西方人在唐山工作和生活。这些西式造型器物是这些人的生活必需品。开平矿务局是中国建立时间最早、规模最大的现代化煤炭企业。据《唐山：百年工业重镇演绎文化传奇》一文报道：“在开滦漫长的发展过程中，曾有 18 个国家大约 500 多名西方人在矿区供职，‘华洋杂居’一时成为普遍现象。”[②]500 多名供职人员中很多都是携带家眷来到唐山，那时唐山的街道随处可见“外国人”的身影。那一时期，唐山遍布着诸多别墅区专供矿区外国高级员司居住。据统计，“顶峰时期矿区共有洋房子 1 071 所”。除了别墅区，还修建了不同等级的员司俱乐部、酒店、赛马场等。因此，这些西式造型的瓷器浓缩着唐山的时代印记，反映了一个地区、一座城市的社会、经济、文化状态。

① 唐山陶瓷公司志编委会编：《唐山陶瓷公司志》，内部资料，1990 年，第 232 页。

②《南方日报》2010 年 7 月 23 日。

参考书目

一、档案

1. 民国时期启新洋灰公司及启新瓷厂档案，唐山博物馆藏
2. 民国时期开滦档案，开滦档案馆藏
3. 民国时期启新瓷厂档案，启新水泥博物馆藏
4.《天津商会档案汇编》，天津人民出版社

二、书籍

1. 张廷玉，等 . 明史 [M]. 北京：中华书局，1974.
2. 中央研究院历史语言研究所 . 明太祖实录 [M]. 北京：中华书局，2015.
3.《滦县志》，民国二十六年（1937 年）版本 .
4. 张佩纶 . 涧于日记 [M]. 南京：凤凰出版社，2018.
5. 董耀会 . 永平府志 [M]. 北京：中国审计出版社，2001.
6.《中国实业》，民国二十四年（1935 年）三月十五日版 .
7. 谢海林整理 . 张佩纶日记 [M]. 南京：凤凰出版社，2015.
8. 铁道部铁道年鉴编纂委员会 .《铁道年鉴（第一卷）》，民国二十二年（1933 年）版 .
9. 唐山工商日报丛书《唐山事》第一辑，民国三十七年（1948 年）版 .
10. 姜鸣整理 . 李鸿章、张佩纶往来信札 [M]. 上海：上海人民出版社，2018.
11. 江思清 . 景德镇瓷业史 [M]. 中华书局，民国二十五年（1936 年）版 .
12.《唐山陶瓷厂厂志》，内部资料，1991 年 .
13.《启新水泥厂史》，内部资料，1989 年 .

14.《邯郸陶瓷志》，内部资料，1990 年 .

15.《唐山陶瓷公司志》，内部资料，1990 年 .

16. 南开大学经济研究所、南开大学经济系 . 启新洋灰公司史料 [M]. 北京：生活 • 读书 • 新知三联书店，1963.

17. 戴建兵 . 中国近代磁州窑史料集 [M]. 北京：科学出版社，2009.

18. 唐山市政协委员会 . 唐山百年纪事 [M]. 北京：中国文史出版社，2002.

19. 冯先铭 . 中国陶瓷 [M]. 上海：上海古籍出版社，2001.

20. 陈帆 . 中国陶瓷百年史 [M]. 北京：化学工业出版社，2002.

21. 李洪发 . 古代永平府地区移民问题研究 [M]. 保定：河北大学出版社，2014.

22. 王长胜，李润平 . 唐山陶瓷 [M]. 北京：华艺出版社，2000.

23. 陈真 . 中国近代工业史资料（第三辑）[M]. 北京：生活 • 读书 • 新知三联书店，1961.

24. 孙毓棠 . 中国近代工业史资料 [M]. 北京：生活 • 读书 • 新知三联书店，1957.

25. 中国硅酸盐学会 . 中国陶瓷史 [M]. 北京：文物出版社，1982.

26. 张玉春 . 艺术釉 [M]. 北京：轻工业出版社，1976.

27. 吴秀梅 . 传承与变迁：民国景德镇瓷器发展研究 [M]. 北京：光明日报出版社，2012.

28. 马未都 . 瓷之纹（上册）[M]. 北京：故宫出版社，2013.

29. 宋美云，张环 . 近代天津工业与企业制度 [M]. 天津：天津社会科学院出版社，2005.

30. 闫永增 . 以矿兴市：近代唐山城市发展研究（1878—1948）[M]. 北京：中国社会科学出版社，2009.

31. 开滦（集团）有限责任公司档案馆 . 开滦史鉴 [M]. 内部资料，2012.

32. 吴仁敬，辛安潮 . 中国陶瓷史 [M]. 北京：国家图书馆出版社，2016.

33. 乐亭呔商之路编写组 . 呔商之路 [M]. 北京：中国社会科学出版社，2010.

34. 刘秉中 . 昔日唐山 [M]. 内部资料，1992.

35. 文明国 . 周学熙自述 [M]. 合肥：安徽文艺出版社，2013.

36. 耿玉儒，耿兴正 . 王筱汀与启新洋灰公司 [M]. 郑州：郑州中州古籍出版社，1994.

37. 冯云琴 . 工业化与程式化：唐山城市近代化进程研究 [M]. 天津：天津古籍出版社，2021.

38. 刘德山 . 唐山大事记 [M]. 北京：中央文献出版社，2014.

39. 熊中富 . 珠山八友 [M]. 上海：上海文化出版社，2008.

40. 谷氏族谱编委会 . 冀鲁豫谷氏族谱•河北丰润卷（第十二卷），燕喜堂藏版，2010.

41. 刘智泉 . 唐山喷彩瓷 [M]. 北京：轻工业出版社，1983.

42. 秦志新 . 唐山秦氏陶瓷世家 [C]// 唐山市政协文史委 . 唐山百年纪事 . 北京：中国文史出版社，2002.

三、论文

1. 赵鸿声，潘文博 . 唐山陶瓷艺术纵横谈 [J]. 河北陶瓷，1987（3）：8-16.

2. 赵鸿声 . 日用陶瓷制作 [J]. 河北陶瓷，1987、1988 年连载 .

3. 顾景清 . 试析中日花纸制版 [J]. 河北陶瓷，1984（1）：52-53.

4. 蒋绳武，周龙 . 丝网印刷 [J]. 河北陶瓷，1982（3）：24-30.

5. 张玉春 . 试谈陶瓷彩绘方法分类 [J]. 河北陶瓷，1982（2）：57-60.

6. 任庆海，李权兴，任欣欣 . 明初唐山移民考略 [J]. 唐山学院学报，2011，24（1）：17-19，22.

7. 黄荣光，宋高尚 . 技术的传统、引进和创新：唐山启新瓷厂发展述评 [J]. 科学文化评，18（1）：16.

8. 翟新岗 . 氧化锡对陶瓷色料釉呈色的影响 [J]. 佛山陶瓷，2006（9）：4.

9. 陈扬 . 晚清民国时期陶瓷业之新政及其影响 [J]. 东方博物，2011（1）：8.

10. 汪春菊，等 . 燃煤倒焰圆窑烧瓷及历史作用 [J]. 景德镇高专学报，2013，28（6）：2.

11. 唐少君 . 周学熙与启新洋灰公司 [J]. 安徽史学，1989（4）：7.

12. 葛士林 . 唐山最后的缸师傅 [N]. 唐山劳动日报，2018-09-17.

13. 李炳炎 . 近代枫溪潮州窑与大窑五彩瓷的创烧 [J]. 韩山师范学院学报，34（2）：5.

14. 郄宝山 . 昆德一家人与开滦煤矿 [J]. 工会信息，2014（17）：4.

15. 贾熟村 . 袁世凯集团与启新洋灰公司 [J]. 衡阳师范学院学报，34（1）：96-100.

16. 冯云琴 . 官商之间：从袁世凯与周学熙北洋政权的关系看启新内部的官商关系 [J]. 河北师范大学学报，2003（4）：127-132.

四、民国报纸

1.《大公报》

2.《京报》

3.《新天津》

4.《绥远西北日报》

5.《河北民国日报》

6.《庸报》

7.《益世报》

8.《申报》

9.《华北日报》

10.《晨报》

11.《河南民报》

12.《新江苏报》

13.《西北文化日报》

14.《劝业丛报》

15.《河北实业公报》

16.《青岛时报》

附录

民国时期启新瓷厂有关档案资料

附录一　报告唐山瓷厂交昆德代理订立合同事①

查本公司自东分厂西式砖窑租与开滦局后，所有唐山西分厂即专在制瓷上着意研究。进行前于洋灰师昆德欧战时回国之便，托其订购机械，物色人才，旋据雇得瓷业技师魏克，于民国十年（1921 年）冬到厂并由德国购到磨泥掺泥压泥以及制瓷转盘各种器械，当即添改房舍、教练、艺徒、讲求火候，一面在本国江西等处调查各种原料，次第进行。是为瓷厂业于第十、第十一、第十二届股东常会先后详晰报告。在案溯自瓷厂创办以来于今数载，几经改良进步，虽成色式样已较初时为优，出品亦日渐增多，惟洋机师薪资过巨，各种试验所费不资，成本较重，加以时局不靖，积货颇多，若不急图救济之法，公司难免受其影响。上年五月经董事会议决，瓷厂砖厂应照包办性质预定行本若干，每月造货销货归承办人负责，均定限度比较等。因爰与昆德魏克订立代理瓷厂合同十五条，以十年为限，估计瓷厂现有产业价值十二万元，由代理按年利一分付息，连进行之一切建设完全竣工全厂共约值洋十六万元。俟新建设备要使用之日起再按此数付息，均每半年付息一次，三年后公司按照代理所得实在净利抽取百分之三十，其火砖部及花砖部归代理尽力监造，每月每部由公司付给代理津贴各一百元。关于瓷厂销路及造货进行情形，每月代理作简单清单一份，每年作详细报告一份送交公司。此项合同业于上年六月三十日正式签订。近来各项工作如烧窑、制坯、上釉、彩画、制造等法皆有进步，照此办法承办人负有完全之责，公司无亏耗之虞，似于营业较为有益。所有瓷厂交昆德代理办法先经提交董事部公决外，兹届股东常会之期理合检同所订立合同报告，股东诸公查照。

照录代理瓷厂合同

兹将启新洋灰有限公司（以下简称洋灰公司）与昆德博士及魏克君（以下简称代理）所定代理瓷厂合同以十年为限，一切情形列下：

洋灰公司将现有之瓷厂房屋及机器（除火砖及花砖部外）均交与代理经营，并认可照所附函内指定地点为将来扩充瓷厂使用。昆德博士及魏克君现在所占之住房在此合同有效期内仍照常占用。

① 此份档案在启新水泥工业博物馆收藏。本附录其余档案均由唐山博物馆收藏。

所有隔电磁、小缸砖及各种磁件均归代理自造及销售。

按照估计，瓷厂现有产业价值十二万元，代理认可。照此数，按年利一分付息，俟现在进行之一切建设完全竣工后，全厂共约值洋十六万元。自此项新建设备要使用之日起，代理再按此数付息，每半年付息一次。

如将来瓷厂实业发达，须扩充时，所有应需建筑及购买机件等事代理须得洋灰公司认可后方能照办。

代理担任保管全厂完好及修理。将来合同期满代理交回时，所有一切产业机件等须与接受时所得之功效一样。

代理认可按照成本价值接受所造存货。化学药料以及其他库料等此项价款一年内付清。惟德国磁釉及其他物料用项太少者，另用一单。洋灰公司允许代理接受后随时□价，至迟以三年为限全价付清。

洋灰公司允许代理採取原料及矸子土等，不另外加价。

煤料及电力洋灰公司按原价供给，不另外加价。

所用之石膏数与重量与洋灰公司交换使用，即代理以废弃之石膏模子交换洋灰公司之□□，按此于洋灰公司并无损失。

三年后洋灰公司按照所得之实在净利抽取百分之三十（净利指除去资本一份年息及管理费修理费而言）。

火砖部及花砖部归代理尽力监造，一切遵照洋灰公司所嘱办理，每月每部洋灰公司补给代理津贴洋各一百元（共计津贴二百元）。

所有关于纳税运输等事仍由洋灰公司以洋灰公司名义办理，代理照货物卖价给洋灰公司百分之一经手费，凡由洋灰公司代销之货代理照付百分之五经手费，所有费用如关税运费等须均归代理缴纳。

洋灰公司有选定货物商标之权，起首□且用中文（唐）字。

关于瓷厂销路及造货进行情形每月代理作简单清单一份，每年作详细报告一份，送交洋灰公司。

若发生意外之事由双方按友谊情形会商办理了解。

中华民国十三年（1924 年）六月三十日　总理周

合同附件

（一）凡洋灰公司自用及酬应之货照成本计价以代理不赔钱为依，若售与洋灰公司有关之人特别减价，惟须由经理签字为凭。

（二）合同作废之时，须将所有试验配合材料之薄记及如何制造磁件之法交付俾使洋灰公司可以照常继续工作。

（三）魏克合同1924年六月十五日已届满，俟此次合同实行之日起即停止魏克薪水并付给魏克合同内回国川资二百磅。

中华民国十三年（1924年）六月三十日　经理周

附录二　启新瓷厂与启新洋灰公司就“旧存货品”问题的函件往来

一、1925年1月28日照译昆德致总事务所函

天津总事务所台鉴敬启者：自昆德接办磁厂以来，在前半年内因受战事及时局不靖影响，营业极不满意。此节已于月之十五日芜函奉陈一切矣。

查代理磁厂合同内之第十五条谓若发生意外之事由双方按友谊情形会商办理，了解今在昆德接办伊始即遇此意外之事，现在损失之重，若启新公司不假以极大辅助，昆德恐不能继续办理。前函所请各节，藉以救磁厂目下之困难。若蒙总协理批准，且商业不久，可以恢复旧观。则昆德等或能发展造货，设法推销使将来庶不致有所亏累。然查中国日下财政无定，商业前途一时尚难乐观，磁厂值此钝蹇之际，如所希望之发展一时不能如愿。现在似应考查当如何进行为宜也。

查旧存之货甚多，对于磁厂发展亦为莫大失利之点。此节前已叙及，现在必须设法将此项货物完全售出，此为昆德等首先之企望，是以曾请尊处核减此项货物成本，俾得牺牲减价出售以期将全数从速售罄也。且须知若不蒙尊处俯允，而磁厂困难情形仍复如是，使昆德不久或将来不能继续接济时，则所有各物当然交回启新公司而旧存各货价值亦当照现在磁厂接收办法办理也。

销售此项旧存各货，现仍有一种办法：即此项货物仍归启新公司产业，可照合适情形设法销售，惟如此办理恐又难免紊乱也。

查磁厂推销计画，现在尚未施行。因现在对于营业方面组织之经费仍取樽节，一俟时局渐定，最要亦须俟交通恢复后方能进行。现在磁厂对于在各大商埠扩充组织分销及广告等事，极为注意竭力研究，将来照此办理，且旧

存各货之成本如蒙同意减让得以售出，再日后商业情形日渐发展，不似日下之停滞，则磁厂或能有所企望也，肃此奉布敬请。

公安

昆德谨具

一九二五　一月二十八日

二、1926年6月29日昆德发启新洋灰公司函

查自去岁敝磁厂开工以来，适值商情凋疲，货价跌落，今岁景况愈不如前，故鄙人经济方面极感掣肘，刻查所欠灰厂各款，转瞬到期。鄙人实难筹付，除往来账目及欠款子息仍能竭力筹还外，所有本年租金万恳曲予取消为感。

磁厂昆德具

1926年六月廿九日

三、启新公司就1926年6月29日昆德来函的回复

七月五日致磁厂昆德函云：所请将上半年现金计洋七千五百0六元五角六分免收，碍难照准。又旧欠洋二万五千元，望速即请偿。二万五千元上半年利息应计洋一千二百五十元，现特别宽容，抵取半数。仅计洋六百二十五元，但仅此一次，不得成例。

四、1926年7月17日昆德再次复函启新洋灰公司

启新洋灰公司总经理金伯平先生台鉴敬启者：日前曾致函台端，请求对于磁厂之经济困难情形设法轻减。因鄙人甚至无款付给，贵公司今年上半年租金乃蒙于本月五日。覆书不但对于租金计洋七千五百零刘源五角六分要求立付，而对于鄙人旧欠洋五千元且催其清偿，咄咄逼人，诚令人惊惶无措也。然在平时鄙人自信对于贵公司各项债务，可以如期照付，但自接办瓷厂以来，因时局关系，以至事出非常，鄙人原知希图获利必先有若干银钱上之牺牲，殊不料开始不生利期间竟如此之延久也。此事业吸收之款总在十万元以上，将鄙人私蓄皆已耗尽，该数之大半固用于添置产业存货，然真正亏蚀之数，

亦殊不少。鄙人等曾竭力筹划，期得良好结果，而竟无效。实非吾人之咎，盖由于贵国政局纷乱不止，而至于据此原因，鄙人敢请贵公司稍为宽容予以援助。于鄙人蚀本时间，放弃应得之利益。承蒙尊处慨然允将鄙人旧欠上半年利息只取一般，曷胜铭感。鄙人经济负担虽未因此举而大见减轻，仍勉力寄上支票，用清往来账务。然鄙人实迫不得已，非所愿为，因目下磁厂事业尚须进行，几无经营资本在手，区区苦衷，当蒙洞鉴。故此时付清旧欠或仅其一部分，乃绝对不可能之事实。鄙人拟试将所存中国股票抵押借款，但鉴于目今时局恐各银行未必认为好抵押品而肯接手，一俟大局稍靖，则磁厂经济状况当然可有进步。鄙人允将初获利益以之陆续清偿所欠贵公司之债务焉。鄙人款项不但为磁厂所吸收，且须兼顾汉泊昆德公司之经费。该公司经费较其代贵处偶或订货所获之些许利益，则入不敷出，相差颇多，故请贵公司间接帮忙，莫如多多赐顾德国敝行。则幸甚矣！从前启新公司定单大半皆委托德国敝行办理，其时在家兄名下，公司并五损失，所敢奉告页。专此顺颂

筹祺

昆德谨启 北戴河

1926年七月十七日

五、1926年10月28日照译昆德对于启新瓷厂报告

仅将昆德及魏克自1924年七月起始接办启新磁厂至1926年六月计两年中所得之结果及意见简单报告于下：

（一）在接办时磁厂之情形及货物之成色不能担保此项事业可以将来成功。以先磁厂所造各项磁件按批运往天津。昆德等以为其销售颇广，但以后始知从前所运往天津之货大半堆存。彼时洋灰公司各分销家栈内未能照数售出。

（二）嗣后经磁厂之管理魏克君对于磁厂所用机器之效力及货物之品质竭力研究始渐有进益，于是磁件在市面之销售亦较前推广矣。

（三）至于设立分销亦须设法办理颇费时光，至今方将造货及销路之关系妥为立定。所有磁件多系运往天津、北京，再由该处分运至西南各处，而以唐山为发货之中心也。至在稍远地方，如奉天、济南、上海、汉口等处之销路，尚不十分畅旺。然照以往之经验如各地方之分销妥为组织，深信将来可以发达。

（四）磁厂之技术方面及营业方面虽日见发达，而前两年所得之经济结果

并不为佳，其最大原因不外由于自1924年秋季发生战事而影响于市面商业之经济也。

是以虽经接办两年而并未如希冀者稍得余利，为使磁厂继续工作起见不得已将自己私款垫入，虽区区利息亦不得收入。其接办后所欠洋灰公司之旧货款亦不能付清。昆德等所垫入之款（结至现时共计达十三万元）内中有若干计包括在现存货物之内。查以前接收洋灰公司之旧存货物，系按成本算价，而现时该旧存货物之确实价值不过值当初所付者百分之十。是以如昆德等必须将所欠洋灰公司之尾款数洋二万五千元按一分付息，即系将所有旧存货物完全售罄其所得之价款亦不过仅付二万五千元，一年内之一分利息而已。故次于战事之影响者即为此旧存货物之累而牵制磁厂之进行也。

磁厂接收之旧货系按成本计价。当时所造之货大半均含有试验之性质，价值较高，故难销售。此种情形，为初次开办者势所难免。然在签订合同时并未想到若是之失利也。是以深望洋灰公司明白：昆德等所处之地位实难担负如此之大损失，如洋灰公司肯将旧货按现时市面之售价计算则（原档案缺字）年签订合同之错误方能个有所补救也

（五）接办磁厂至今已经两载，其经济之情形异常困难。倘磁厂内部未使昆德等确实相信十分稳固及将来可得较好结果，则昆德恐早即停止承办。以前虽未稍得现利而对于磁件之品质及分销之组织办理均甚得当。倘以后华北从此平靖，市面之经济稳固自有较佳结果也。

以上所叙不过系指自接办后至本年六月底所经过之大致情形，谨再将近来所得之结果及将来如何工作及如何发展之程序从简叙陈于左尚祈鉴阅。数月前华北战事停止磁厂各货，因之逐渐增加销售，其售出之数几与所造之数相等。是以现存之各货希冀可以逐渐减少经济情形亦可较为活动此即可以将昆德以上所叙希冀各节证为正确也。

在战争期间磁厂经济之困难已达极点，现时已有转机，殊堪庆幸。至以后均以地方之平靖是赖按以往之经验，对于中国之政治发展至若何程度尚难预料。是以一俟稍有机会拟即备款，以待不虞之需，如将来能将以下之程序逐项实行不难达到希冀之目的也。

1. 推销存货

如以后货物之销路求胜于供，即有机会将唐山及各分销所存之积货逐渐售出，遇必须时即无余利亦可出售。

2. 拟将获利较多之货逐渐多造。磁厂现时所造之各项货物以中国家庭普

通需用之件为主，如式样简单价值必须低（减）获利自然甚少，如以后花样较多价可增加，获利亦自然加多。电磁一项情形相似其普通之电磁件如磁夹及电话线所需之磁件价值极低，至制造复杂之高电磁件获利可以较多。

如现时价值较高之磁货不能在市面上畅销，自应对于廉价可售大批者注意制造其价值较高之件，其销路渐广，其中以卫生磁件为最有希望。自试制卫生磁件成功以后，接收各处定单之多已成供不胜求之势矣。

3. 维持经济。使现在磁厂出货能力达到最高程度是为当务之急，现在经济方面尚未十分稳固是以在最近期内拟不加以扩充。

4. 扩充分销希冀所造之货不只在中国各地销售，须推销于中国较远地点及邻近各国。磁厂所造各货之销售虽以中国北部为主要之市场，仍应做较大规模之分销，倘在中国一部或他部因时局不靖商业感受不便时，磁厂仍能维持销路也。

结论

如中国北部以后时局安靖不再发生战争，且启新公司对于磁厂认可将以前旧存价值过高货物之极大担负，加以挽救，则磁厂虽从前亏损而按目下出货效力论已达到可以获利之时期矣。明年工作或可证明所造之货以何种为将来出品之主要部分，此节为将来从事计画扩充前所应须知也。

查磁厂所备结至现时之进度表指明 1924 年七月起每月之各项制造费及出品价值涨落情形，查 1925 年及本年初间固受战争影响造货锐减。是以彼时之工作费之比较亦不合莫由本年六月初间起磁厂之情形确实已有起色希冀日后仍能继续如斯也。

盈亏帐目情形查第一年亏洋四万另二百十二元二角三分，上年计亏洋二万另另四十九元三角八分，其亏损之最大原因当不外乎感受战争及旧存货物之影响，有以致之查商业感受战争及他项天灾之影响为人力所不能免。至旧存货物之影响惟有企望启新洋灰公司加以挽救且将旧存各项磁件等之价值俯允核减统按实在售价计莫为盼。

昆德谨具

1926 年十月二十八日

六、1927 年 2 月 3 日磁厂工作结果及进行报告

（一）查在接办磁厂伊始，所接收之旧存磁件有一大半虽持别减价亦不能

售出。嗣后只照启新公司对于此项磁件所要求之价值约百分之十计价，始行售出甚夥。此项旧存之货启新公司定价太高，昆德等担负过重。故迄今尚未将货款付清，至销售新造货物所进之款尚难抵付磁厂工作之一切开销及其它应付之债款。又加以战事及商业萧条，致昆德等之经济更感困难也。

（二）磁厂现在所造之新货悉照历来经验，在时局平定时，以何种货物在市面易于销售即专就何种制造。惜自 1925 年秋季，时局又变，是以在近数月内唐厂及各分销处积存各货为数甚多。前因相信时局或可早日平靖，故不愿减少出货，盖以少造出品，成本自然增加，唯至上年底，商业前途仍无较好希望，故决定将磁厂工作时间改为半班，至今仍继续减少出货且拟由夏历新年起，除只办理订妥定单应造之货外，其余者即全行停止工作也。

（三）兹附上磁厂进度表一幅。该表指明磁厂经济情形致乞查阅查出货数目多寡之线，在 1925 年前半年（即自昆德接办磁厂伊始）因从事改良制造出品，故该线下降，曾已降至约一年前之最低限度。嗣后不久又恢复原状且由 1925 年四月起至年底止，在此时期之出货线已超过以前程度，平均每月所出之货按实在卖价计算，约在一万一千至一万二千元之间。惟此数尚不十分确实，因有时营业情形变更，价值不能不因之而异。是以每月出货实在价值比较表内所记载之数约低百分之十。

现在加添新式烧磁件大窑一座，能出货甚多。但因时局影响不得不停止制造。此节前已奉陈矣。关于磁厂一切费用（计包括工资煤电并所有材料及修理等项），查表内所指之线在最后数月，虽出货增加，但该线仍向下降。此即表明工人及机器之效果均较前为佳也。

查磁厂费用以工资为最多，现在各工人手艺因渐渐长进可能制造较多上好成色之出品，且各工人有按包工规定之办法工作者，是以为多得工资起见均尽力工作。磁厂因之获利较大也。

煤电费用并各种材料及修理等费均较以前为低，有时改良磁厂费用亦包括修理项内，使用新式烧磁件大窑颇为经济，至其所用之煤与大窑出货数目按比例计算并未增加也。

磁厂之总费用计除以上所建厂内总费用外，仍须加薪水并营业费以及磁厂租金，共约计洋三千五百元。是以总费用与出货价值比较（减去约百分之十），按进度表所指，两数比较余利无几，似此在前半年内每月所造之货，若全数售出，则所剩之余利每月不过一千元。但每月售出之货按货价计算，时在不过九千元之谱（按最后时间之平均数）。因此成本多被积存之货占去。在中国大局未平靖及不能恢复原状前，磁厂营业当无若何进步希望。但在平定时间昆德等相信市面需求此项货物之数不仅与以前所造者相等，当有供不胜求之势。如磁厂每月所造之货达到一万四千元之数，即系按现在磁厂全厂工作能力估计之最多出数，且能全数售出则磁厂即算达到第一期兴盛之程度也

（四）磁厂各种出品之成色及形式均较前完备，即如缸件颜色之较好使用改良价值低廉之自造磁釉及颜色（高大力之粉红色蓝色及绿色），采用印花及烤花法并扩充改良制造隔电磁壶以及经过许久研究后所造之大号全套卫生器皿，均十分完美，此即由于工人手艺较好及经验较多，故出品成色日渐进步而成色较次之货日渐无形消灭矣。

（五）如铁路运货情形再行停滞，则磁厂恐因原料缺乏停止造货。查磁厂最要紧之原料为北戴河运来之瑛石及晶石，至于其它由欧洲购来之原料，如德国英国之矸子土及造釉用之化学药料以及机器备件等，现在所存者尚敷多时之用。

（六）结论

以上所陈各节，证明磁厂现在情形较前为佳且将来希望当亦不错，至于现在经济困难情形不过由于时局不靖所致，现在只有盼望中国全部早日太平也。

昆德谨具

1925年二月三日

七、1927年照译拟致启新磁厂函稿

唐山启新磁厂台鉴敬启者：上月二十五日尊函收悉，兹将敝处一件胪陈于下至祈查照

（一）按照合同自本年七月一日起敝处有抽取尊处所得实在净利百分之三十之规定。是以本照合同之真意，由该日起敝处对于尊处管理情形以及一切薄记及销售事务等项可得随时监察，至敝处进行此事之第一步，即系每月敝处酌派员司一人赴尊处公事房，核对所有之簿记一次，此簿记应由尊处交其校对不得拒绝。

（二）为便于考核及求必出每月应得时在所获净利之确实情形起见，拟请尊处按照十一月二十二日敝函所附上之损益对照表格式，每月造具一份，送交敝处。至于尊函所称无暇照搬一节，敝处难以承认，盖此项表册在完善管理上为不能缺少之件。然为尊处在起始时易于造具此项表册起见，拟请尊处

造具半年表册，即由 1927 年七月一日至十二月三十一日，照造一份，嗣后造具三个月表册，即由 1928 年一月一日至三月三十一日一份，由四月一日至六月三十日一份。俟由 1928 年七月分起即按每月照造一份擲下

（三）请将尊处上年（由 1926 年七月一日至 1927 年六月三十日）损益表册印底赐借一观。是幸此复即颂。

八、1928 年照译启新磁厂复函

启新洋灰公司台鉴敬启者：本月二十二日

大函启志一切照合同第十条所载，贵公司自本年七月起有抽取磁厂净利百分之三十之规定，固所深悉，但每月应送呈尊处损益表一份则未见何条明文也。按照合同所载，关于磁厂销路及造货进行情形，每月磁厂应作简单清单一份，每你那作详细报告一份送交贵公司瓷处业经坐办，每月送上月报以示进行及发展事宜，其中数码仅系概略之数，而非最终确数，将来或有些微更改，惟此种月报大体使吾人明晓磁厂发达情形而已。不能即用此项数码而造具损益表，因造此损益表必须盘查存货详如列表而实际上敝处无暇逐目如此也。又敝处殊不解。

贵处何故干预磁厂簿记账务事宜，此事应听敝处办理，由敝处自觉待至一定时期即每年年终必出当然以正式损益表送呈复核届时倘贵代表或会计即有所咨询，当详如解明，一一答复不误，鄙 磁厂去年进行情形，贵处想必十分满意，似不应再以此区区细事如损益表等来相烦饶。敝处总技师维克（魏克）君即皮奥君皆竭力为磁厂谋进益，冀其成功实已感觉困难。贵处本勿使之难上加难也。彼此利益 共应和衷共济为宜，倘贵处对于磁厂管理上有所不满或有不信任原因 举以直告，鄙人等当请昆德博士将鄙人等解惑，另易相当继任之人专此奉覆。敬颂

太绥

启新磁厂皮奥谨启

十七年（1928 年）十一月二十五日

附录三　启新瓷厂与启新洋灰公司就水泥花砖监理问题档案资料

一、1928 年 12 月 18 日启新洋灰公司致启新瓷厂瓷函件

启新磁厂台鉴敬启者：敝公司（启新洋灰公司）方砖花砖营业因本地砖厂地位便利，开支低微，故殊受影响。再目下大宗存货之脱售，势亦将经受许多困难，设仍继续尽量制造存储，则资本更将积压。为应付此种种环境起见，不得不减少出额。撙节开支至其最低之限度。敝处现决定于明年（1929 年）一月一日起，自行监工制造，所有委托尊处之方砖花砖建造职务，即应于本年年底停止。而磁厂合同第十一条，对于上项事件之规定条文，当同时自动失效。至希登照，于本年份内将各种应用品交代，敝公司是盼。

在这份档案的右上角题有“此事系李专董嘱办请核签洋文函”，李专董指的是李希明，也就是说这件事是李希明嘱托办理。

二、1928 年 12 月启新洋灰公司再次致函瓷厂

启新磁厂台鉴敬启者：查敝公司之火砖部及花砖部曾讬贵处代理监造并每月送津贴洋二百元，兹因成色太次，存货太多，现议嗣后应另派专员办理以专责成。自 1929 年一月一日起请贵处勿庸代为监造，敝公司每月亦不再送精铁洋二百元也。所有该部存料及应用物品望于年内点交。敝公司是盼。

从这份档案中我们发现，洋灰公司收回花砖的监造权是因为质量问题。

三、1928 年 12 月 28 日启新瓷厂复函洋灰公司

敬启者接奉本月二十五日大函敬悉　尊处（指的是洋灰公司）已决意将砖厂及花砖部收归自办，委托专家司理其事。但监理该砖厂系磁厂合同之一条，尊处竟任意删去此紧要之一条，此种举动敝处当抗议！认为破坏合同，至尊处所提之理由谓所制货品成色甚低等语，敝处绝对否认且亦不足为上述举动之充分理由。敝处可以举例证明所造花砖成色并不低次且较成立合同前

所造者为优。倘尊处果因其营业不佳存货太多而欲减轻费用，每月之津贴二百元，是又另一问题。敝处完全可以相谅，然亦应由双方变更合同中之某条也。查砖厂及花砖部归磁厂监理系为酬赏敝处关于纳税运输等事，付给尊处百分之一经手费（见合同第十二条），倘必出不与尊处商妥而遽决定只付千分之五经手费尊处能承认否耶？必不能也。兹遵照尊处所请将全部存货及该砖部各要件一并交与尊处拟派之代表，此事只好待昆德博士将来自行解决矣。

这份档案看到，洋灰公司收回花砖监理权之事，恰逢昆德回德国期间。

四、1929年1月3日启新洋灰公司致启新磁厂函

敬启者接奉上月二十八日大函敬悉

尊处已允将火砖部及花砖部所有存物交与敝处代表，即请与张管理接洽交其所派之人。敝处并欲知昆德君何时可以回华，凡于双方有益之事均可与之磋谈也。

五、1929年2月13日启新磁厂致洋灰公司函

启新洋灰公司台鉴敬启者：接奉1928年十二月二十五日大函敬悉

尊处已觉动取消磁厂合同中关于建立火砖部划转不之第十一条查十二月二十八日草函。业已表示敝处不以此举为然，敝意以为无论更改何条合同，应由双方同意也。兹故送上账单一纸，要求敝厂因此举而受佣金损失计洋一万三千二百元，即未履行此条合同，其余五年半之损失也祈照收，敝账为祷昆德君将于三月间回华，俟其到华可与之直接解决此事，而同时敝人等所可为者即向贵公司要求上述款数之赔偿而已。

六、1929年2月28日照抄唐厂敬字第五号来函

大函敬悉附下华洋函印底及洋文账单各一纸。照收关于取消磁厂合同中监理火砖部花砖部事，附抄磁厂来函，要求照付佣金损失一万三千二百元，属转呈。专董核阅并请示意见以便核定一节已呈专董阅过，比由专董面向皮奥加以诘问并斥其要求无理，彼谓该函纯系根据合同说话，即责以既以合同

为据，何以磁厂到期应分红利不按合同履行，必以先问昆德意见再行答复，何以此信又可自出主意且近年花砖缸砖成色有减无增，既担任监理，当要负责。去年花砖存至四十余万，成色低次，无法销售，不应责成监理人赔偿全数损失？又缸砖闸板所作不合且 欲开价又经手所购花砖模样与旧有者不能一律使用，不应负责？义务权利不能分离也。若然当由 所正式来函据理力争，一落函信恐难再 交谊。秉公处理矣。彼乃惶恐莫能置办允再具函向尊处声请保留前函暂勿答复，统俟昆德七八日后到唐，彼此商订，两方有益办法等语未知。

附录四　1929 年、1930 年、1931 年、1932 年、1933 年启新瓷厂营业及销售状况报告

一、1929 年 1 月至 12 月启新瓷厂报告

（1929 年全年的报告全部都是皮奥呈送，这一年昆德回国，皮奥负责瓷厂事务。）

一月：查核此次报告因旧历年放假故稍迟延。查本月份之销售极出数尚称满意。其开支项下包括 1928 年工人年赏，计洋二千二百九十八元。

二月：查核查本月份出货数目较少，但因旧历新年放假由二月九日至二十三日停工之故也。

三月：查阅查上海方面因新批货物运去较难，故该地销售数大为减色也。

四月：查唐山、天津及北平三处之销路尚属满意。惟上海方面因新批货物不能运去，故销数仍少。但在本月（五月）内已运货物一批至上海，希冀该地销售本月可较前为佳耳。敝处现下工人纠纷仍然不少，且最近铁路车辆又不易索到，诸感困难，致使敝处蒙受另外之话费也。

五月：查本月份北平销售数较上月为低，因在五月内车辆缺乏，不克将新批货物运去之故也。

六月：查本月份之出货数因工潮未静，故不如前数月为佳。至于销售情形，因值淡月，亦较前为低。查夏季营业向来不甚兴旺，但希冀秋季可以恢复旧观也。

七月：查本月份之销路仍不佳。希冀秋季可有进步。但以目下观察，雨水过大，各地水灾恐销路亦无甚希望也。

八月：本月皮奥仅呈送报表，未进行文字说明。

九月：查九月份之销售甚佳。在最近数星期内售给上海小缸砖数大批订于十一、十二月及明年一月交货，现在尚有许多客户探价。惟因出货有限，不能接受定单也。

十月、十一月：查阅查此两月内上海销路颇盛，以卫生器皿及小缸砖为最佳。希冀以后在上海仍能获满意之营业也。

十二月：缺。

二、1930年1月至12月启新瓷厂报告

一月：查上海一月份之销数增加甚多，但唐山、天津及北平各地销售皆极不佳。希望下几月内当有进步也。

二月：查阅查本月份营业状况不佳。虽属淡月，实为近年所未有，只上海销售尚属满意。敝厂现在丰田设立分销一处，希冀下月内可获较好成绩。三月份内唐山营业已稍见进步，但天津、北平等处仍复不振。

三月：查阅查唐山本月内营业稍佳，但天津、北平销售之数不如前数年。是月之多，自己四月份可得有进步。近数星期内运往天津、北平、上海以及奉天各项磁件为数甚多。各处分销近数星期内营业不劣，上海售出隔电磁壶及卫生器皿不少。希冀四月份内上海至少可以售泽八千元之谱也。

四月：查四月份之开支项下与出货数比较似嫌太多。因为各分销装运大批货物，是以第四项所用筐槽芦席等料用去不少。希冀下月份内营业可有进步。现在所造之磁件及卫生器皿足敷销售。惟小缸砖所存无几，因已将所造之小缸砖几将全数运往上海，故该地夏月营业当甚活动也。

五月：查阅本月份唐山、北平及天津之营业均不见佳，但上海销路较为畅旺也。

六月：查阅因本月正值淡月，故销售之数为低，查夏季生意向来减色，但希冀秋季生意可以畅旺也。

七月：查核查自本年初瓷厂管理方面曾经改组及得程君在簿记上之美满帮助后，现时能以较为清楚详细之费用分类送呈，鉴核。七月份之造货成绩初视之极不满意，因开支项下较出货价值约超过八千元之多。但实际上并不

如斯之甚，盖须知敝查现下对于出品及存货之价值十分注意考虑，一俟此项货物售出后所获进款当然较多。因七月份之销售极不畅旺，敝查曾以大批货物送运各分销，尤以运往上海者为最。是以运费及装筐费等为数亦大至，目下销售情形已见畅达，希冀较佳，营业指日可待也。

八月：查阅查本月份并未达到满意，结果一切而费用仍高而销路亦未达到所希冀之数也。但目下销路已稍形进步，尤以上海未最显著。自八月份起市上所需亦渐渐增加。是以希冀本年最后数月及明年初当可获较佳结果也。

九月：查磁厂销路渐渐进步，至今仍日见增益，惟辽宁分销方面之销路极不满意。因东北各省营业异常萧索，倘以后该地情形仍无进步，盖则磁厂不能不在明年正月将此费用较大之分销关闭也。兹据天津方面报告，谓江西磁器目下不能北来，且恐一时无新货运到，希冀磁厂之货品不久可望畅销，一俟实行畅销再为相机酌量加价，俾将成本加高之货物加以调整也。

十月：查阅查本月份之磁厂出货价值较以前为高，因所造之卫生器皿成本较大，有以致之也。至于销路，今年秋季来，唐贩货者较前数年为少，此节颇属失望，想系由于地方不静之故，至其他各地分销之营业仍复迟滞或间有数处稍见起色也。

十一月：鉴核查该月份之结数仍呈不佳之象，其销售项下之数低减而开支项下增加甚多。关于开支项下增加之故，系因是月预备矸土及磁釉较多。本月份又未获用尽且在修理费用项下将一千余元之钢模费加入，按此项钢模费应归产业项下，俟在十二月份报告内再为更正。据此而论，事实上十一月份之开支并未超过寻常之数也。至十二月份之销售，市面上已大见起色。

十二月：查收查该月营业颇有起色，产量之大以本月为最高。其销数之多亦称斯年之冠。然今年元二两月份当有逊色，尤以二月份因休假及复工后工人缺额之故致减少出货，开支则因发给酬劳所费至，钜今幸承各分销处纷纷大批订购订货之中，以泰丰属于卫生器皿，预料今后营业当复呈佳象也。

三、1931 年 1 月至 12 月启新瓷厂报告

正月：查该月正值新年假期，故出货减少，其各地销售之数尚称满意。惟沈阳方面销路不畅。加之该处新立磁厂，产品竞争，因之销售大为减色也。

二月：查二月份以付给员司及工人酬劳并因旧历新年停工以及新年后工人脱班种种原因。故是月成绩极为不良，幸三月份内之一切情形已显有进步也。

三月：查磁厂营业自本月初已有显著进步。各地销路亦属满意，因之旧存各货售出甚多。

查磁厂各部现在之工作已达到充量产额。然当有若干项货物不能照造。故未能供胜于求也。制造及销售方面，虽较进步，但经济方面仍复拮据。此节半系由于添购原料所致而银价跌落亦为一种大原因也。

四月：查是月内之一切情形与上月无甚出入。各地需要之货物为数不少，订购卫生器皿之定单为数尤多，具有供不胜求之势。

查现在因银价跌落所有由外洋订购之原料价值增涨，故磁厂随遇使用外洋黏土设法用本地原料代替，惟数量甚少，结果尚佳。如掺用较多，不但颜色不甚鲜明，且易破裂。至于使用其他中国原料所作之试验，均归失败。现时由辽宁得到一种土样，查看情形似属可用，然尚须先行作一试验也。

五月：查是月内之出货数与上月无甚出入。但一切费用为数颇高。一半系由于所购入之各项材料较实在，用去之数为多，即系有若干磁釉及掺合好之原料以备夏月造货使用者，又因本月为各分销处运去之货甚多，运费一项所费较多，故也。

查天津及上海两处之销路情形减色，现在各地订购卫生器皿日益加多，即华北等处亦复不少，敝处现时如尽量制造此项货物，则他种货物因限于窑之产量，当然减少出数，如添筑窑一二座于磁厂造货之处，理当有所增进也。

六月：查本月销售情形良好，惟出货低减。其原因半系由于纪念日放假所致，半系因为拟减少使用外洋原料起见，作新原料掺合试验之故也。

查造货销售及修理等项，其费用之高已成为一紧要问题。此节已在所附之上年年报内请加以特别注意焉。

七月：查本月份之营业显然已有所进步，惟造货出数远未满意，希冀炎热之夏季过去后，工人之工作效率当可轻速也。

八月：鉴阅查本月内因代山东各磁厂制造磁釉为数甚多，故是月份之出品树木为本年来最多之月。

又是月份售出之数较前数月为少。近年来各地抵制日货，故询购电磁者甚多，希冀后数月内之营业可见活动也。

九月：核查各窑之产量对于继续制造大号卫生器皿不敷使用，故本月份出货项下之价值不及上月为多，然开支项下数目较高，因昼夜开磨，预备原料较实用之数多，故也。至于本月之销路尚稳满意。

十月：查核查造货项下之价值身高，其较高之故一因由本月起各项磁件之价值增加百分之十至二十，盖据以前各销货地点之调查，虽将价值增加亦有推销之可能，迨至九月间，中日事变，华北之销路全然停顿，即如津市之分销数星期内费但未能销售并旧账亦未能收还。故现时之经济情形已感不稳，是以不得已随市价由十一月份起核减百分之十，故本月份造货项下之价值虽因加价增高，不鞲算为确实之数，尚须保留作为十一月份减价时抵补之用也。

山东博山磁釉公司曾向敝处订购大批磁釉亦为增加造货数不少之原因。该公司虽允每月取货若干，惟现在展期取货，故磁厂以后营业难期畅旺也。

十一月：查核查敝厂自造之新窑已于本月告成。故出货较前增多，由本月份报告内之出货项下可以见之。

惟以日本事变未息，故售货之收入锐减，即如天津方面已有数星期未见销售，辽宁方面则完全停顿，市面萧条如此，复加以新窑之重大开销，故磁厂流动资本之支出，实为以前所未见也。

十二月：查核查是月分所造之隔电磁壶及小缸砖为数较高，至于卫生器皿之出数与上月亦不相上下，但普通磁件因销路低减，故所造亦少也。天津市面情形已稍见恢复，十二月分本为旺月，而销路竟如愿颇为失望。

查十二月份开支项下费用较高，其 重要原因系因装货项下所用材料费用过巨之故，且因所存之稻草有一部分因存放经年受潮损坏。此外，又因装运小缸砖所用木条铁箍较多，故致费用增加也。

四、1932 年 1 月至 12 月启新瓷厂报告

一月：核查是月分因发给工人及职员年赏，故开支项下为大，并因工作缺少不得不将绘花工人遣散，发给遣散费，又因修理项下费用为多，以及电力加价，种种原因，致本月费用若是之高也。

敝处前曾接的订购隔电磁壶之定单不少，以上海放买呢为最多。故敝处对于制造此项货物特别着重希冀华南销路畅旺，或可抵补上年年底华北营业之失利。惟以上海事变扩大致此种希望完全消减也。且敝处以资本缺乏，故自旧历年后不得不大事缩减工作，而来日盼上海分销汇寄货款以济需用，奈迄今无消息也。

二月：核查自上海事变后，营业停顿，本月份磁厂之销售仍属不振。所有上海方面雇主所欠之大批款项，虽于一月间到期，应即归还，然汇到者为数极微。故今年磁厂之经济更感困难，再磁厂以缺少流动资本二三月间之工

作不得不酌量减少。现时之营业较前稍见进步，故自四月一日起，又开全工，惟市面情况尚不十分稳固，值此危险之际磁厂经济之维持仍感极端之困难也。

三月：核查本月份之销售已见活动，普通磁器在华北销售者已渐恢复原状。由上海方便订购电磁者已有定单寄到，惟卫生器之销路迄今尚不畅旺。敝处现以旋轮之半数专造电磁件外，所有各项磁土磨及鏇活部之一部分仍作夜工。

目下各处归送欠款者异常迟慢，尤以上海拖欠各款为甚。故敝处仍感缺少活动资本之困难，倘政治上不再发生变化，希冀五月份之营业或可得有进益也。

四月：核查辽宁分销之报告未克届时寄到。故四月份之报告因之迟寄辽宁之分销业已取销所有存货均经点交，三义永代作东省之经理家矣。

四月分造售两项均极满意，但五月份上海方面之营业异常萧条。某大主顾之大批电瓷停止订货且订购卫生器皿者之定单亦迄未寄到。故卫生器一项不得不从少制造，上海方面所欠敝处之款，在三万以上，已付者为数甚微，是以敝处之经济仍延线不振也。

五月：核查敝处因所借到卫生器皿及隔电磁壶之定单五朵，是以此项物品之制造亦十分减少，然敝处对于制造各种坯子 仍继续充量出货，故所用之原料等项为数较高，但所用原料等项价值并未在五月份报告内列入也。

查磁厂销路因上海营业异常减色，颇受影响，盍该地人又多起始购买价值低廉之日本隔电磁壶且该地因时局尚未平靖，一切建筑多从缓举行，是以卫生器皿及小缸砖之需求亦属寥寥，所幸近数星期来似稍见起色也。

六月：唐山启新洋灰公司台鉴敬启者：兹附上 1932 年六月份报告至祈鉴核查本月份之制造结果仍未满意，其最大原因系由于订购卫生器皿者较少。故此种器皿之制造因之亦加以限制。又六月份费用较高之原因半由装运上海及青岛大批货物所致也。

上海方面所欠之款又经汇到若干，似此磁厂本年经济窘迫之状况暂时稍得补救，目下市面情形已较前略有进益也。

七月、八月：唐山启新洋灰公司台鉴敬启者：兹附上 1932 年七八月报告各一份至祈鉴核查两月份各月出货总值，大致相同，计在三万元之数。该项数目在价值较昂货品（卫生器皿）之销路未恢复以前不能多为增加。上海市场以前销售此种卫生器为数甚夥，今亦呈冷淡之状。华北销路虽尚不劣，然尚未能为之补救也。

本厂收到电瓷点单甚多。故以场内机器之一部专用制造隔电器之用。惜因日货竞销致将该种货品之价值低减甚多。

上海购户归款甚迟，是以敝处金融仍延线不振也。

九月：查核该月份出货之总值及销售之收入均较所希望者为低，故该月份为不佳之一月。

在往常时现在系一年中销售最佳之季，以政局不安感受影响及恐变乱再起，具有戒心，故市面情形显然未能恢复原状耳。沪上营业尤觉失望，卫生器皿及小缸砖之销路为数不多，而归还欠款者仍迟延如故也。

十月：核查该月份各种制造之出数均形增加。又制磁机轮逐渐用以制造隔电器。然为维持各种瓷器出数，不使减少起见已增加工人从事训练，惟该机轮均被原有工人占用，故该部必须添加夜班。同时，原料磨部亦须添加夜班，以资供给多需之原料。

所希冀之秋季畅销迄未如愿，殊未可惜，以致多量之存货堆集于分销各地，故经济之困难仍极紧迫也。

十一月：核查该月份制造出数与上月大致相同而销售之数则较前甚多。惟售出之数多系记账办法，故实际收入颇不足减轻经济之困难耳。现值旧历年关，鄙人将银行存款尽数支出，除付经常费外，仅能将较大之债务“启新公司半年利息、员工酬劳金及购置粘土等等”偿清至于贵公司之往来账本，拟于上年底结清而未克如愿，实深抱歉，鄙人希冀贵公司对于此项往来账允再展缓也。

十二月：鉴核查本月份因时局益感不安，故营业情形不振，但在往常时目下当为一年中销售最佳之季也。

五、1933年1月至12月启新瓷厂报告

一月：核查新年放假停工多日，致本月份造货出数较低，然卡纸项下除应付普通薪水及工资外，又付给职员酬劳及工人年赏，故为数较高。按历年情形旧历年前销货较多，但今年并未增加。是以于收入上无何补助。故本月份之成绩极不满意，所幸二月内情形稍有进步，各处所需之隔电磁壶、小缸砖以及卫生器皿均日渐增加也。

二月：鉴核查该月系在旧历年假息工之后，其制造出数尚未恢复原状。但因临时减价二销售增加，同时对于从速付款者给予特别折扣。故归还货款

者甚多，嗣后华北营业又呈停滞之状。一因上月减价售货之举仍充满市面，再因时局影响所致。幸上海订货者不少，故厂内工作尚称忙碌也。

三月：鉴阅查该月分制造出数比以往各月均较增高。但北平、天津之销售因时局影响特别减少，又上海归还之货款亦无良好结果，该处又呈停滞状况，希冀以后之销售可以增多。上海订购隔电磁、卫生器、小缸砖者尚多，而现时天津方面则极为萧索也。

四月：鉴阅查该月份制造出数与往月相差无几。该月因有大批货物运往天津、上海故开支总额项下数目增大，值兹交通阻隔之时，尚能运出大批存货，殊堪告慰，故各处分销之存货。除上海外尚敷小数也，天津、北平、唐山等地之销路因时局关系颇受影响，故不得已将工作停止一部分。现在工作者计卫生器皿、小缸砖及隔电磁各部约有工人六十人，天津、上海订购大批小缸砖。此砖均有存货，一俟交通恢复即可起运卫生器皿之定单，寄到者亦多，至于隔电磁之销路，上海方面似稍降低，但敝处所希冀者，在数星期内再收到大批定单，如本月内交通恢复，敝处自能恢复全厂工作也。

五月：查核查是月分之造货产额因唐山及唐地附近发生时局纷扰，尤因厂内淘来难民居留数星期之久，故结果极劣。工资项下开支为数仍属最高，且超过制造费用。敝处自七月一日起已商得工人同意减少工资率百分之十。此节业经用极平靖办法与工人商妥，因工人方面纵使减低工资，似亦愿恢复工作也。

关于销货费用项下在五月十八日发生时局变化，以前曾为上海及天津两处去大批货物，故运费及关税项下为数又甚高，至于华北销路数年来成绩极劣，但上海销路定货不少。希冀下月仍复如斯。

目下敝处用大车装货运至河头，由该地改装驳船，分运塘沽及天津，似此运输所费当属不资。惟各货待用甚急也，希冀目下再多接各地定货单，并望交通不久恢复，一切情形货可复原也。

六月：鉴核查是月份，因此地被日军侵占，故磁厂工作结果极劣且因减少工人三分之二工作者，只约全数三分之一。故造货出数较前月减少一半，但因各工头仍须留用，照给工资，是以工资项下与造货出数比较为数自较高也。关于天津、北平及唐山之销路，因受此影响，一落千丈，只赖上海销售尚佳，得以维持工作。所幸华北时局在八月内已见有进步，且天津、北平及上海所需之卫生器亦日渐增多，至上海方面小缸砖之需要仍复如前，但隔电磁壶因日货及上海本地造货家加紧竞争，故销路不及以前也。总之敝处希冀度过难关而努力应付重大担负也。

七月：鉴核查本月份因敝厂未能全部工作，故出数仍低，但由八月十日起，已恢复全班工作矣，又是月份之货因用大车运至河头装船，故运费项下之数目属不资也。

天津、北平及唐山销售情形较上月已略见恢复，至于上海方面是月正值天气炎热，销路较为低减，但八月份之销路已见进步，希冀难关已度过矣。

八月：鉴阅查本月货物之销路稍见起色，但仍不足以恢复充量制造，其积存未售之货以磁件居多，殆将资本占尽，为缩减每月开销起见，对于此种目下不急需之货物，不得不将制造加以限制，只有卫生器皿隔电器之小缸砖等已恢复充量工作也。

九月：鉴阅查该月内制造出数仍较所希冀之数为低，现存大批上海定单计订购卫生器皿及隔离电磁等件希冀下月内可获良好结果。九月份之销售仍属不振，即上海方面亦只销七千元之货，天津与北平市场已被低价之日货及江西瓷所充斥，敝处已不得不效法将该两处之货价减低，俾可竞销也。

十月：鉴阅查该月制造出数颇属满意。惟销售数目仍极低减。按每年此时为畅销之月而结果如此，故极失望，销售既低收入自少，是以鄙人之经济已恐慌万状矣。

十一月：鉴阅查该月内各种情形仍未为满意，制造出数因受不良磁窑之影响，竟较前减少，其销售之数虽较前稍佳，但远不及所希冀者。进来某种货物之需要尚称活跃，鄙人因而希冀能将目下经济危机度过也。

十二月：鉴阅查该月由上海分销收入之款异常增加，至于华北市场之销售虽天津有显著之进步，按货价低减情形而论，仍欠满意。为清理沈阳及青岛之存货牺牲甚居。故营业实际之记过实大减色。年终盘货原料方面不幸发觉差数，其短少之数完全列入是月份开支项下，故该月开支项下原料费数目加大也。

后　记

如果从着手征集“近代唐山瓷”算起，到逐步进行系统的研究、整理、调研、写作，再到今天本书的出版，时间足有十年之久。所谓十年磨一剑，大抵如此。尽管因能力所限这剑磨得远非“干将、莫邪”，但至少开启了我职业生涯中一段新的学术历程。

在所有文物类别里，我对中国古代瓷器情有独钟。但是，这份热爱一直停留在“爱与痛的边缘”。毕竟，唐山博物馆没有那么多馆藏可供上手赏鉴，这对于学习鉴定者来讲是致命的短板。直到我偶然接触到近代唐山瓷，这份热爱终于找到了落脚点。

10 年以前，唐山博物馆开始征集近代唐山瓷。在这期间我结识了诸多唐山收藏界朋友，如刘希甫、黄志强、马连珠、李国利、孙照程、翟国辉、申恩等师友，他们给予了我很多帮助，为我的写作提供了大量实物资料。特别是带有纪年款、署名款、厂名款的瓷器，成为鉴定的标准器。通过一段时间的研究，我提出近代唐山瓷业分为两大体系的观点，即“缸窑体系”和“启新体系”。两大体系的观点一确立，繁杂无序的实物立刻变得条理清晰起来。

2016 年，我参加了《中国工艺美术全集 · 河北卷 · 陶瓷篇》的编纂工作。这一全集有统一的撰写格式，在其中“唐山窑”的写作中，因格式所限，总有意犹未尽之感。第一，全集中仅限于日用瓷和陈设瓷产品。第二，大量篇幅侧重于 1949 年之后。第三，考虑到其他窑口的比例平衡问题，不便把“唐山窑”内容过于加重。由此，促成我另行撰写《近代唐山陶瓷》的想法。最初拟定名《近代唐山陶瓷》，但是近代唐山陶瓷产业的特点是产品类型丰富，除日用瓷、陈设瓷外，还有卫生瓷、电瓷、小缸砖、水泥花砖等，仅定名为《近代唐山陶瓷》实有不妥，遂改名为《近代唐山瓷业》。

2022 年，在唐山疫情封控期间，我和一些同事 24 小时驻守在博物馆，我们一起策划、设计《开新启昧——民国唐山“启新瓷”特展》，到文物库房对所有近代唐山瓷进行摸底，遴选展品，再提调到展厅布展。在其他人居家隔离时，我们这个策展团队每天早晨 8 点就进入展厅，中午 12 点从展厅出来；下午 1 点继续进入展厅，晚上八九点才结束，回到办公室每晚我都要工作到零点以后。大家都极其珍惜这个过程，认为这是难得的机会能够近距离接触实物，每一件都可以上手，看胎、看釉、看彩、看款。把不同纪年的瓷器排列起来，把同一画师的作品排列起来，看胎釉的变化，看色料的变化，看款识的变化。

除了存世器物为书稿的写作提供了珍贵资料外，唐山博物馆收藏的民国启新瓷厂档案也成为本书的写作基础。如启新瓷厂给洋灰公司的月报表、洋灰公司对瓷厂账目的监查记录、旧货盘存档案等。这批档案解决了很多疑问。譬如，关于花纸贴花装饰技法的时间问题，之前很多论文提出中国最早的花纸贴花是 20 世纪 40 年代引自日本，并且最先用于搪瓷装饰上。在启新档案中，我们发现了 1929 年瓷厂化学存料中已有“烤花纸”一项，花纸贴花产品被称为“muffle”，属于细瓷件，并非用于搪瓷上。再如，关于色料中加入氧化锡可使颜色变淡变浅问题，一直以来认为唐山最早使用氧化锡是 1946 年，这里 1929 年的档案中已有购入氧化锡的记录。还有关于水泥花砖烧制问题。在此之前，在《天津档案汇编》中，关于水泥花砖都是启新洋灰公司在做广告，找不到瓷厂生产花砖的资料。水泥花砖到底算不算瓷厂的产品？在档案中有了明确的答案：水泥花砖曾由瓷厂监理制造，后被洋灰公司收回，双方就此引发争议，等等。

写作过程中除了得到收藏界朋友的大力支持外，启新水泥博物馆的侯晓军主任也为我“雪中送炭”。有一次我们俩微信聊天，她说她在查找启新的老档案，我说如果发现有关启新瓷厂的就帮我留心一下。没多久，她发给我“汉斯 · 昆德承办合同”，这 15 条合同是研究启新瓷厂的关键，有了这 15 条合同，诸多疑问迎刃而解。

唐山地方文化的研究学者葛士林、娄友坤、马连珠、刘天昌等老师也是我的良师益友。葛士林老师和马连珠老师的调研记录也被我引用到书稿里。我曾就“启新瓷厂”还是“启新磁厂”问题请教娄友坤老师，他说应该用“启新磁厂”。但是因《唐山陶瓷厂厂志》和一些论文中均使用“启新瓷厂”，以致引用时造成混乱，遂本书一致改用“启新瓷厂”。刘天昌老师是研究“丰润张氏家族”的专家，为我提供了很多张佩纶、袁世凯与唐山陶瓷相关的资料。同时，通过他的引荐，最新编纂的《谷氏族谱》入藏唐山博物馆，也为我的研究提供了新的依据。

王作勤师傅被称为“唐山最后的缸师傅”，80余岁高龄，几次被我们请到博物馆，为我们讲解粗瓷大缸的烧制情况。庄国亮先生是民国启新瓷厂画师庄子明的后代，我曾前往他家中拜望，听他讲师从王大凡的往事，听他讲他的三爷“庄子明”，听他讲用粉煤灰制作炻器。书稿中关于唐山嫁妆瓷配置的资料由庄国亮先生提供。我经常向刘希舜、范有祥、李剑平等陶瓷大师叨扰、讨教，对我的提问，他们从来都是知无不言、言无不尽，令我鼓舞和感动。

此外，摄影家郑文忠先生，为我提供《唐山陶瓷史画》的高清照片。书法家常利老师、陈启壮老师也给予我诸多帮助，一些瓷器上的书法字体我识别不清时，二位老师不吝赐教。唐山市图书馆的穆桂平馆长多次帮我从国家图书馆数字资源库查证史料。

我的诸多同事，和我一起征集、整理、研究、策展，他们在照片拍摄、整理、实物尺寸测量过程中付出了辛苦劳动。我们一起共事、一起努力工作的情景已刻印在岁月的年轮上，铭记于心。

一切都是最好的安排。

我一直信奉这句箴言，如同信奉因果。如果本书的写作和出版是一个“果”，那么我对中国古代瓷器的热爱就是“因”，20余年扎根在唐山博物馆是“因”，一路走来遇到诸多对我关爱有加的领导和好友是“因”，带领我的团队征集文物、策划展览是“因”。再往前追溯，获取硕士学位时得到河北师范大学秦进才教授的论文指导是“因”，30多年前读大学时歪打正着学习文博专业也是“因”。人生没有白走的路，每一步都算数。你读过的每一本书、去过的每一个地方、结识的每一位朋友，都可能构筑并达成你今后岁月里的某一个“果”。

感恩这份工作，感恩生活，感恩世界。

鲁　杰

2023年于唐山博物馆

完稿于三年疫情结束之际